双高引领·智创未来：

电子信息与ICT专业群校企合作岗课赛证一体化新型教材

基于项目驱动的 Python 语言程序设计

主　编　刘艺琴

副主编　马千知　余灿玲

清华大学出版社

北京交通大学出版社

·北京·

内 容 简 介

本书共包含 7 个部分，即绪论、5 个项目、课程拓展。绪论部分介绍了课程的定位及课程的素质目标、能力目标、知识目标等；5 个项目分别涵盖了 Python 在文件操作、数据分析、数据可视化、管理信息系统及网络爬虫等方面的相关知识点、综合项目案例及技能训练；课程拓展部分主要介绍与本课程紧密相关的岗位、竞赛、证书及相关的知识和技能需求。

本书既可作为高等职业教育人工智能应用技术、软件技术、计算机应用技术等专业的教材使用，也可供 Python 语言编程爱好者参考使用。

图书在版编目（CIP）数据

基于项目驱动的 Python 语言程序设计 / 刘艺琴主编. — 北京 : 北京交通大学出版社 : 清华大学出版社，2025.1

ISBN 978-7-5121-5158-1

Ⅰ. ① 基…　Ⅱ. ① 刘…　Ⅲ. ① 软件工具－程序设计－高等学校－教材　Ⅳ. ① TP311.561

中国国家版本馆 CIP 数据核字（2023）第 251029 号

基于项目驱动的 Python 语言程序设计
JIYU XIANGMU QUDONG DE Python YUYAN CHENGXU SHEJI

责任编辑：张利军
出版发行：清 华 大 学 出 版 社　邮编：100084　电话：010-62776969　http://www.tup.com.cn
　　　　　北京交通大学出版社　邮编：100044　电话：010-51686414　http://www.bjtup.com.cn
印 刷 者：艺堂印刷（天津）有限公司
经　　销：全国新华书店
开　　本：185 mm×260 mm　印张：15.75　字数：395 千字
版 印 次：2025 年 1 月第 1 版　2025 年 1 月第 1 次印刷
定　　价：59.00 元

本书如有质量问题，请向北京交通大学出版社质监组反映。对您的意见和批评，我们表示欢迎和感谢。
投诉电话：010-51686043，51686008；传真：010-62225406；E-mail：press@bjtu.edu.cn。

前　言

党的二十大报告强调，推动战略性新兴产业融合集群发展，构建新一代信息技术、人工智能等一批新的增长引擎。新一代信息技术的高速发展，不仅为我国加快推进智造强国、网络强国和数字中国建设提供了坚实有力的支撑，而且将促进百行千业升级蝶变，成为推动我国经济高质量发展的新动能。Python 作为人工智能、信息技术领域应用最广泛的编程语言之一，在各行各业中扮演着至关重要的角色。通过系统地学习 Python，学生能够通过编程解决实际问题，优化用户体验，并利用数据分析支持决策，与全球数字化发展趋势保持同步。这就要求学生不仅要精通编程技能，还需在实际应用中不断地适应和创新，开拓新的应用领域和解决方案。

本书基于“岗课赛证”融通的一体化开发，为相关课程和对应职业技能等级证书的学习和考核提供系统性的内容支撑。本书采用项目导向、任务驱动的组织模式，通过构建真实的编程任务场景来解析软件开发中所需的理论知识和技能要点。

在本书的创作过程中，编写团队进行了深入的市场调研，分析了众多领先技术企业对 Python 程序设计岗位的专业技能需求。同时，编写团队广泛搜集并研究了大量国内外关于计算机科学和软件开发的文献资料，以确保教材内容既具有理论深度，又符合实际应用需求，从而形成了以下几个鲜明的特色。

1. 职业标准与教学标准深度融合

本书融合了先进的教学方法和课程要求，全面覆盖了从 Python 基础知识到实际应用的各个环节。通过这种全面而深入的教学方式，学生在课程结束时将能够熟练掌握关键的工作技能，从而在职场竞争中占据优势，并为未来的职业发展打下坚实的基础。

2. 实践与理论的紧密结合

本书通过校企合作模式，实现了理论与实践的紧密结合，确保教学内容与行业需求高度一致。每个教学单元都围绕实际案例展开，包括理论讲解、任务实施和技能训练，为学生提供真实的行业实战经验。

同时，本书开发有配套的在线开放课程、教学课件、微课、习题答案等类型丰富的数字化教学资源，实现了教学内容的电子化、知识展示的多维化、信息流通的网联化、信息管理的自动化、学习互动的增强化，可进一步提升学生自主学习的效率。

本书由刘艺琴担任主编，由刘艺琴、马千知、余灿玲、周勤生、刘春华共同编写。其中，刘艺琴负责全书统稿并编写前言、绪论、项目 1 和附录 A；余灿玲负责编写项目 2；马千知负责编写项目 3；周勤生负责编写项目 4；刘春华负责编写项目 5。在编写过程中，编者参考了大量相关书籍及最新研究资料，且大部分均已在书后参考文献中列出，在此一并表示衷心感谢！

由于作者水平有限，书中不足之处在所难免，敬请广大读者及同行专家批评指正。

编　者

2025 年 1 月

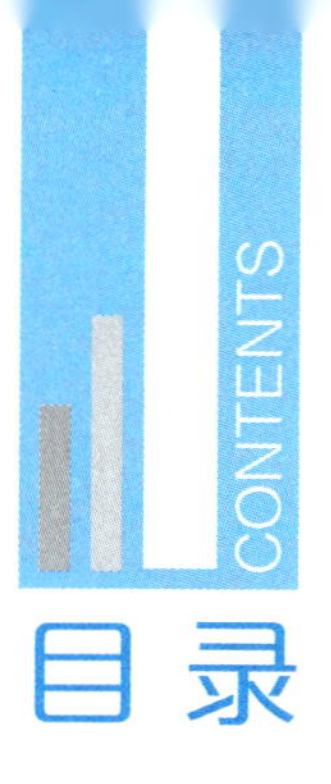

目录

绪论 1

项目1 人口普查数据文件读写 5

知识准备 7

1.1 数据 7

1.1.1 数据的概念 7

1.1.2 数据的获取途径 8

1.2 计算机程序 9

1.2.1 计算机程序的概念 9

1.2.2 编写程序的目的 9

1.2.3 程序处理的对象 10

1.3 Python 的安装与使用 10

1.3.1 Python 的下载及安装 10

1.3.2 Python 的命令行使用方式 12

1.3.3 Python 的文件操作方式 12

1.4 变量 13

1.4.1 变量的概念 13

1.4.2 变量的命名规则 14

1.5 程序结构 15

1.5.1 顺序结构 15

1.5.2 分支结构 16

1.5.3 循环结构 17

1.6 函数 18

1.6.1 函数的概念 18

1.6.2 函数的类型及使用 18

1.7 库 24

1.7.1 标准库 24

1.7.2 第三方库 25

1.8 注释 26

1.8.1 单行注释 26

1.8.2 多行注释 ······ 27
任务实施 ······ 27
1. 人口普查数据读取 ······ 27
2. 人口普查数据保存 ······ 29
知识拓展 ······ 30
1. os 库的文件操作 ······ 30
2. os 库的路径操作 ······ 31
3. 相对路径和绝对路径 ······ 32
项目 2 受高等教育人口情况统计 36
知识准备 ······ 38
2.1 环境搭建 ······ 38
2.1.1 Anaconda 的安装 ······ 38
2.1.2 Jupyter Notebook 的使用 ······ 39
2.2 数据类型 ······ 42
2.2.1 基本数据类型 ······ 42
2.2.2 复合数据类型 ······ 45
2.2.3 数据类型的查看 ······ 51
2.2.4 数据类型的转换 ······ 52
2.3 控制语句 ······ 53
2.3.1 if 语句 ······ 53
2.3.2 for 循环语句 ······ 55
2.3.3 while 循环语句 ······ 56
2.3.4 嵌套循环 ······ 57
2.4 输入输出 ······ 57
2.4.1 输入 ······ 58
2.4.2 输出 ······ 58
任务实施 ······ 62
1. 全国大专学历总人数及占比 ······ 62
2. 各地区大专学历总人数及占比 ······ 63
3. 各地区大专人数占比与全国水平的比较 ······ 64
4. 各地区受高等教育人数及占比 ······ 65
知识拓展 ······ 66
1. Python 运算符及其优先级 ······ 66
2. break 语句与 continue 语句 ······ 71
3. 字典推导式与列表推导式 ······ 72

项目 3 劳动力人口数据分析 77

知识准备 79

3.1 数据分析与数据可视化 79

3.2 pandas 库 79

3.2.1 pandas 库简介 79

3.2.2 Series 对象 80

3.2.3 DataFrame 对象 85

3.3 matplotlib 库 89

3.3.1 matplotlib 库简介 89

3.3.2 画布的创建 90

3.3.3 子图的创建 91

3.3.4 标签信息的添加 92

3.3.5 常见图表的绘制 94

3.3.6 颜色、线型、标记的设置 96

3.3.7 绘制图形的保存 97

3.4 数据合并 98

3.4.1 merge()函数 98

3.4.2 join()函数 99

3.4.3 concat()函数 100

3.5 数据清洗 101

3.5.1 空值和缺失值的处理 102

3.5.2 重复值的处理 103

3.5.3 异常值的处理 103

任务实施 104

1. 全国劳动力人口数据的获取与读取 104

2. 全国劳动力人口数据的预处理 108

3. 2019 年全国劳动力人口分布情况分析 112

4. 2019 年各省区市劳动力人口占比分析 115

5. 2009—2019 年全国劳动力总人口变化情况分析 117

6. 2009—2019 年 top5 省区市劳动力人口变化情况分析 119

知识拓展 122

1. numpy 库简介 122

2. ndarray 数组对象 122

3. ndarray 数组的索引和切片 125

4. ndarray 数组的运算 126

5. numpy 库中的统计函数 128

项目 4 人口信息管理系统开发 133

知识准备 135

4.1 Pycharm 开发工具 135

4.1.1 Pycharm 简介 135

4.1.2 Pycharm 的下载 135

4.1.3 Pycharm 的安装 136

4.1.4 Pycharm 的基本使用 138

4.2 函数 139

4.2.1 函数的定义 139

4.2.2 函数的调用 142

4.2.3 函数的参数 143

4.2.4 函数的返回值 144

4.3 类和对象 145

4.3.1 面向对象 145

4.3.2 类和对象的概念 146

4.3.3 类和对象的创建与使用 147

4.3.4 封装 149

4.4 继承 150

4.4.1 继承的概念 150

4.4.2 继承的使用 152

4.5 异常 154

4.5.1 异常的概念和使用 154

4.5.2 内置异常类型 156

任务实施 157

1. 界面设计 158
2. 人口数据加载 170
3. 用户登录 178
4. 人口信息添加 181
5. 人口信息修改 185
6. 人口信息删除 194
7. 人口信息搜索 196
8. 项目总结 197

知识拓展 199

1. Lambda 表达式 199
2. 函数的递归 200
3. 多态性 201
4. 静态方法 202

5. 特殊方法 ······ 203

项目 5 人口数据爬取 208

知识准备 ······ 210
5.1 HTTP 的基本原理 ······ 210
5.1.1 URL ······ 210
5.1.2 超文本 ······ 210
5.1.3 HTTP 请求及响应的基本过程 ······ 211
5.2 HTML 网页基础 ······ 213
5.2.1 HTML ······ 213
5.2.2 HTML 标签及其基本结构 ······ 214
5.2.3 节点树及节点间的关系 ······ 215
5.2.4 HTML 标签属性 ······ 216
5.3 网络爬虫的基本原理 ······ 217
5.4 requests 库 ······ 218
5.4.1 requests 库的安装 ······ 218
5.4.2 requests 库的基本用法 ······ 218
5.5 BeautifulSoup 库 ······ 219
5.5.1 BeautifulSoup 库的安装 ······ 219
5.5.2 BeautifulSoup 库的基本用法 ······ 220
5.5.3 标签属性和值的获取 ······ 221
5.5.4 文档树搜索 ······ 222
任务实施 ······ 223
1. 获取网页 ······ 224
2. 分析网页 ······ 225
3. 解析网页 ······ 225
4. 存储数据 ······ 226
知识拓展 ······ 227
1. JavaScript 渲染 ······ 227
2. JSON 数据的请求 ······ 228
3. Scrapy 简介 ······ 229

附录 A 课程拓展 235

参考文献 239

Python 概述

Python 与
其他编程语言

绪　论

作为一种高级编程语言，Python 已经成为人工智能领域中最流行的编程语言之一。人工智能技术已被列入国家重大科技项目，是引领新一轮科技革命和产业变革的战略性技术，是推动中国高质量发展的关键技术。Python 与人工智能的关系是密不可分的，它们互为支撑、共同前进。目前，Python 被广泛用于各种领域，包括 Web 开发、数据科学、人工智能、机器学习、网络爬虫、系统自动化、游戏开发等。

1. Python 语言的特点

（1）流行性：Python 是目前全球最流行、产业最急需的一门编程语言，像谷歌搜索引擎、大型视频网站 Youtube、国内豆瓣网上几乎所有的业务、国内知名的问答社区网站知乎等都是使用 Python 开发的。

（2）易学性：Python 的语法清晰简洁，对新手非常友好，使其成为初学者的理想选择。Python 采用强制缩进的方式来表示代码块，使得代码结构更加直观。以下是 3 段分别用 C++、Java 和 Python 编写的代码，3 种代码的功能完全相同，但是 Python 相对于其他两种语言来说更简洁、更易学、更接近于人类的思维，尤其是当程序较为复杂时，更能体现出 Python 的优势。

C++编写的代码如下：

```
#include<iostream>
using namespace std;
int main()
{
cout<<"中国很伟大!";
}
```

Java 编写的代码如下：

```
public class Main{
public static void main(String[] args)
{
system.out.println("中国很伟大!")
}
```

Python 编写的代码如下：

```
print("中国很伟大!")
```

（3）强大的库：Python 拥有强大的标准库和第三方库，提供了许多用于各种任务的实用模块，如文件处理、网络编程、数据库交互等。此外，Python 的第三方库非常丰富，包括科学计算、数据分析、机器学习、Web 开发等。

（4）动态类型的语言：Python 是动态类型的语言，开发者不需要在声明变量时指定其类型。这可以使代码更加简洁，但也需要开发者注意运行时可能出现的类型错误。

（5）解释型语言：Python 是解释型语言，它在运行时解释代码，而不是像一些编译型语言那样先编译为机器码。这使得 Python 更易于调试和测试，同时也使得其跨平台特性更加突出。

（6）面向对象：Python 是一种面向对象的语言。这意味着在 Python 中可以创建类和对象，使用类继承和多态等面向对象的特性。

（7）跨平台：Python 可以在多种操作系统上运行，包括 Windows、Linux 和 Mac OS。这使得 Python 对于需要在不同操作系统间移植代码的开发者非常具有吸引力。

（8）强大的社区支持：Python 有一个活跃的开发者社区，这使得 Python 有大量的开源资源和文档，极大地方便了开发者学习编程和解决问题。

2. 课程定位

Python 语言程序设计是零基础、应用型、项目驱动的专业基础课。

（1）零基础：指 Python 是一种入门级的编程语言，没有任何编程语言基础的学生都可以学会。

（2）应用型：指本课程面向高职学生，以培养应用型人才为目的，让学生掌握使用 Python 进行基本数据分析处理、数据可视化、管理信息系统开发、网络爬虫等技能。

（3）项目驱动：指本课程以实际项目为例进行课程设计，覆盖项目分析、项目设计、项目开发的整个过程。

（4）专业基础课：Python 是人工智能、计算机应用、软件技术等各类计算机相关专业的专业基础课，是机器学习、深度学习、数字图像处理、计算机视觉等各门专业核心课的前续课程，这门课程的相关知识掌握得越好，为后面的专业核心课程打下的基础就越牢固。

3. 课程目标

本课程的目标分为素质目标、能力目标和知识目标。

1）素质目标

（1）通过项目案例，如人口普查数据分析，让学生了解国家的人口状况、经济发展、社会问题等，增强对国家宏观战略和政策的理解。

（2）强调 Python 技术在社会发展中的应用和影响，如其在智慧农业、智慧医疗、智慧城市建设、智能制造等领域中的作用，提高学生对技术实践中社会责任和伦理责任的认识。

（3）讨论 Python 和人工智能在国家科技创新战略中的重要角色，使学生认识到学习 Python 的国家意义和时代价值。

（4）结合国家重大需求和个人职业规划，引导学生思考如何将专业技能应用于国家建设，激发爱国心和报国志。

（5）通过分析与国家发展紧密相关的社会热点问题，如大数据在社会管理中的应用，让学生了解技术对社会的积极影响。

（6）在课堂讨论中加入对技术伦理、数据隐私保护等问题的探讨，培养学生的批判性思维和伦理判断能力。

2）能力目标

（1）锻炼学生 Python 文件操作、数据处理、数据分析与可视化、管理信息系统开发、网络爬虫等多方面的技术应用能力。

（2）通过不同项目的实操训练，使学生能够进行有效的软件设计和开发，掌握从概念到实现的全过程。

（3）通过实际项目的开发，让学生学会独立分析需求、设计解决方案并实现项目；培养学生的项目管理和团队协作能力，提高学生从项目设计到项目开发的综合实践能力和解决实际问题的能力。

（4）培养学生的自学能力，使学生能够不断更新和拓展自身的技术知识，为其后续在人工智能、机器学习、网络爬虫等领域的深入学习打下坚实的基础。

3）知识目标

本课程旨在通过项目式学习，使学生掌握 Python 语言完整的知识体系。每个项目均对应 Python 知识体系的部分内容。

（1）通过项目 1 的学习，掌握 Python 语言的缩进特征、变量的使用、注释、函数的调用、程序结构、os 库对文件的操作等知识。

（2）通过项目 2 的学习，掌握各种数据类型和各类程序结构，以及实现不同程序结构的控制语句，包含 if 语句、for 语句、while 语句等。

（3）通过项目 3 的学习，掌握使用 pandas 库对数据进行合并、清洗、统计，使用 matplotlib 库绘制饼状图、柱状图及折线图等知识。

（4）通过项目 4 的学习，掌握函数的定义、调用、类的定义，以及对象的使用、异常处理等知识。

（5）通过项目 5 的学习，掌握 requests、BeautifulSoup 库，以及网络爬虫的相关技术，构建 Python 语言完整的知识体系。

总体来说，本课程目标就是让学生在学习中提升思想素养，掌握实际项目开发过程，构建 Python 语言完整的知识体系。

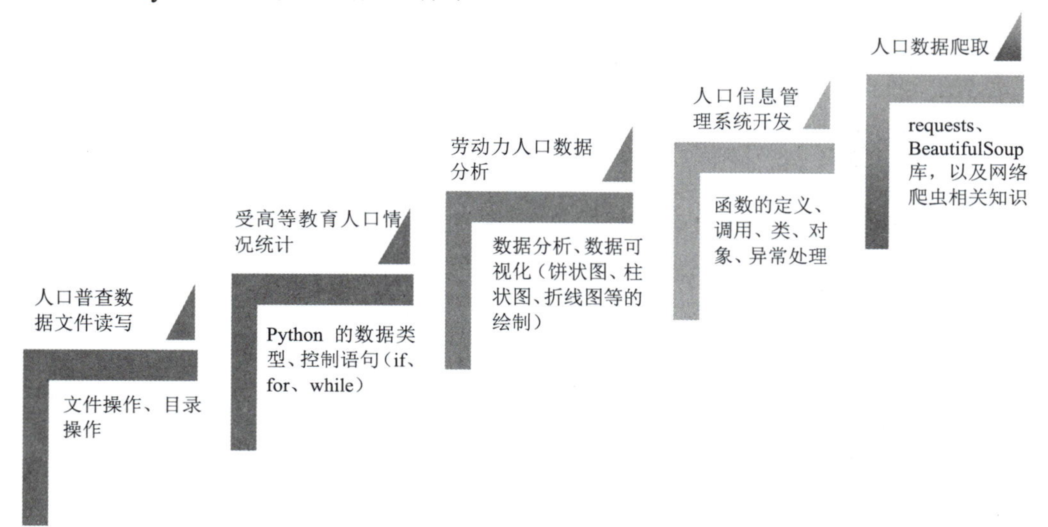

4. Python语言的应用领域

（1）数据科学：Python拥有丰富的数据科学库和框架，如NumPy、pandas、Scikit-learn等，可用于数据清洗、分析和可视化。例如，使用Python可以下载和分析Google Trends数据，以了解不同时间和不同地点的搜索趋势；通过Python，可以清洗和分析数据，并使用可视化库将其呈现。

（2）Web开发：Python拥有许多优秀的Web框架，如Django和Flask，可用于构建高性能的Web应用程序。例如，Pinterest是一个非常受欢迎的社交媒体平台，它使用Django框架作为后端开发工具。Django的对象关系映射功能简化了数据库操作，同时其强大的模板语言和视图函数使Pinterest能够构建出具有良好用户体验的Web界面。Django的高性能和可扩展性使得Pinterest能够处理大量的用户请求，为用户提供实时更新和个性化推荐等功能。

（3）网络爬虫：Python拥有许多流行的网络爬虫库，如Scrapy和BeautifulSoup，可用于自动化数据收集和信息提取。例如，一个新闻网站想要从其他新闻网站中提取文章的标题和摘要，就可以使用Scrapy框架编写爬虫程序来抓取目标网站的内容，并使用XPath或CSS选择器从HTML或XML页面中提取所需信息。

（4）自动化测试：Python的Selenium库可用于自动化测试，帮助开发人员编写自动化的测试脚本。Selenium库可以用于测试和验证Web应用程序中的数据。例如，可以编写Python脚本来自动测试和验证Web页面中的表格、表单和其他数据元素是否正确地显示和交互。Selenium库还可以用于自动化Web任务。例如，可以编写Python脚本来自动登录、浏览、搜索和完成其他Web任务，从而节省时间和提高效率。

（5）人工智能：Python拥有许多人工智能库和框架，如TensorFlow和PyTorch，可用于构建深度学习模型和应用。例如，当前最流行的ChatGPT就是用Python语言编写的。

（6）游戏开发：Python拥有许多游戏开发库，如Pygame和PyOpenGL，可用于游戏开发。

项目 1

人口普查数据文件读写

项目 1 相关资源

学习目标

知识目标

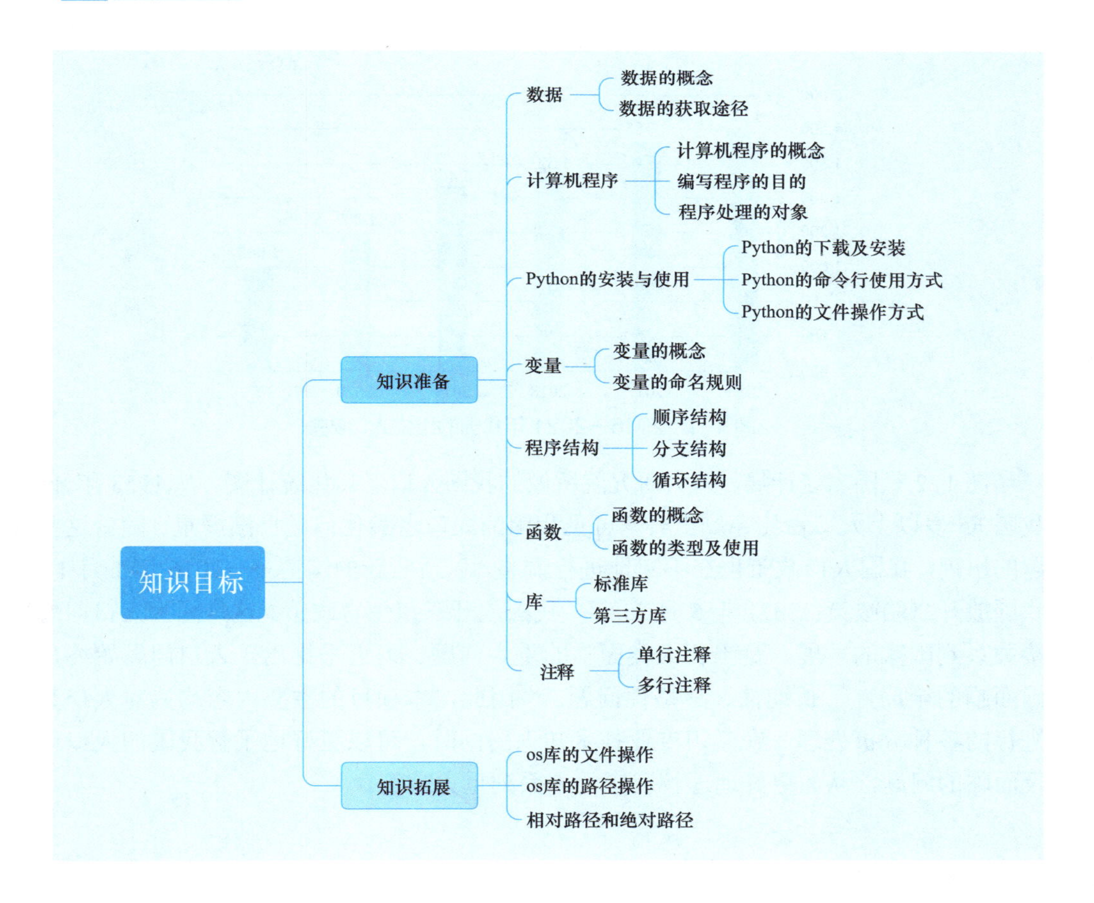

能力目标

熟练使用 Python 语言对各种类型的文件进行读写操作。

素质目标

在进行数据操作时要确保数据的准确性、真实性和可靠性，避免数据泄露、伪造及篡改，培养学生高标准的职业素养；使用数据时要明确数据的来源，培养学生的诚信意识和责任感，提高学生的数字素养。

项目背景

图 1-1 为 2016—2021 年我国的出生人口数据。由图 1-1 可以看出，我国的出生人口从 2016 年的 1 883 万人下降到 2021 年的 1 062 万人，在急剧下降。

图 1-1　2016—2021 年我国的出生人口数据

图 1-2 是国家统计局、恒大研究院所做的我国人口老龄化统计图。从 1953 年开始，我国 65 岁以上人口占比急剧上升，可见我国的人口老龄化问题日渐严重。随着这些问题的出现，我国人口政策也在不断地进行调整，以适应新的国情——2016 年 1 月 1 日，我国放开二胎政策；2021 年 5 月 31 日，我国放开三孩生育政策。这是因为人口问题直接关系到国家的发展，是当代人类面临的重大问题。习近平指出，人口问题始终是我国面临的全局性、长期性、战略性问题。[①] 因此，本项目的主要内容均为对人口数据进行的各种分析处理，在学习专业技术知识的同时，可以更好地了解我国的人口现状及面临的问题，从而更好地理解我国的一系列重大政策。

① 吴晶，胡浩. 习近平对人口与计划生育工作作出重要指示[EB/OL]（2016-05-19）[2023-06-19]. http://jhsjk.people.cn/article/28361543.

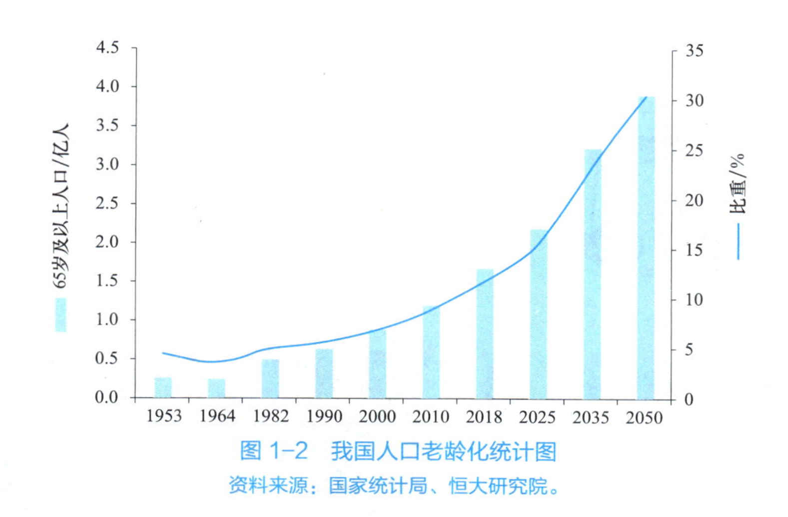

图 1-2　我国人口老龄化统计图

资料来源：国家统计局、恒大研究院。

任务情景

某数据分析人员需读取第七次全国人口普查的人口概要文件 line.xlsx。该文件存放在 D:\python\data 路径下。任务要求为：分别显示该文件中两个表单 sheet1 和 sheet2 的内容，并将两个表单的内容存放到 E:\population\data 路径下，分别命名为 line1.xlsx 和 line2.xlsx。

本项目使用的开发环境如下。

（1）操作系统：Windows 10。

（2）Python 版本：Python 3.10。

知识准备

1.1　数　　据

数据、计算机程序、Python 的安装与使用

1.1.1　数据的概念

数据是否只是我们所指的 1、2、3……？

答案是否定的。在计算机领域，数据（data）是事实或观察的结果，是对客观事物的逻辑归纳，是用于表示客观事物的未经加工的原始素材，可以是文字、声音，也可以是图片或者视频，如图 1-3 所示。

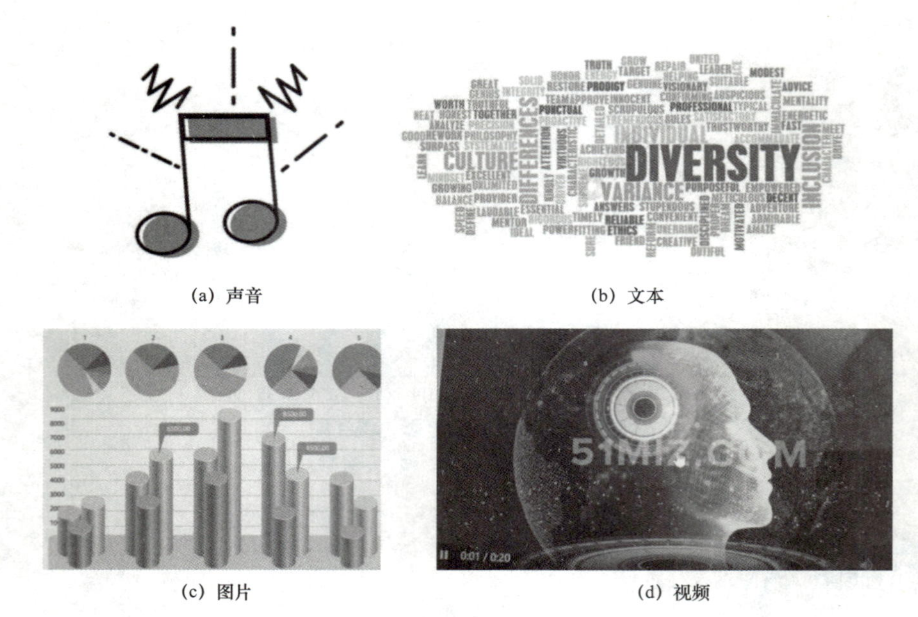

(a) 声音　　(b) 文本

(c) 图片　　(d) 视频

图 1-3　各类数据

1.1.2　数据的获取途径

一般情况下人们通过三种途径获取数据：第一种是通过网络爬虫程序从网络上获取数据；第二种是自己收集数据；第三种是从网上下载数据，比如国家统计局、CEIC（香港环亚经济数据有限公司）、万得等机构的网站上可以下载各行业的各类数据，如图 1-4 所示。

图 1-4　数据的获取途径

本项目使用的人口普查数据就来自国家统计局官方网站。

1.2　计算机程序

1.2.1　计算机程序的概念

计算机程序是一种计算机可执行的代码，通常由一组计算机能识别和执行的指令组成，运行于电子计算机上，这些指令可以完成特定的任务或执行特定的操作。

计算机程序的处理过程如图 1–5 所示。

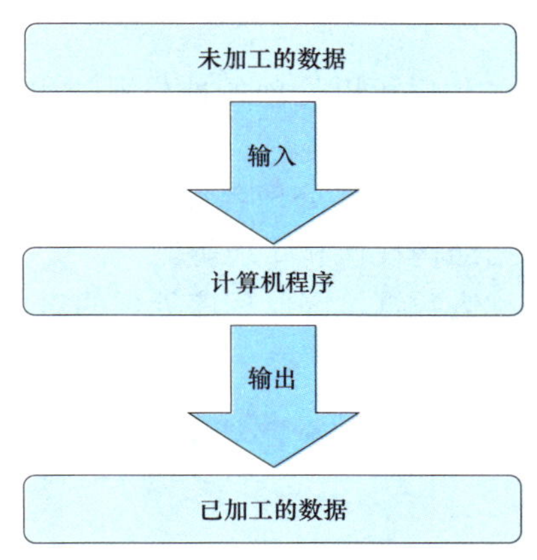

图 1–5　计算机程序的处理过程

1.2.2　编写程序的目的

编写程序的目的是解决特定的问题或实现特定的功能。编写程序可以有以下多种目的。

（1）解决特定问题：程序可以用于解决各种不同类型的问题，例如数学计算、数据存储、图像处理、视频剪辑等。

（2）提高效率：程序可以帮助人们更高效地完成工作，提高生产力和效率，例如自动化的、重复的任务。

（3）增强安全性：程序可以用于保护数据和系统免受攻击和恶意行为的影响。

（4）娱乐和教育：程序可以用于娱乐和教育目的，例如游戏、动画、教育软件等。

（5）商业应用：程序可以用于商业目的，例如电子商务、物流管理、金融交易等。

? 动动脑

思考一下，编写程序还可以解决哪些问题？

1.2.3 程序处理的对象

程序处理的对象可以是任何形式的数据或信息，具体包括以下几种类型。

（1）数字和数值数据：程序可以处理各种数学计算和数据，如加减乘除、统计计算、数值模拟等。

（2）文本和字符串数据：程序可以处理各种与文本和字符串相关的任务，例如文本搜索、文本比较、文本翻译、文本编辑等。

（3）图像和图形数据：程序可以处理各种与图像和图形相关的任务，例如图像处理、图像识别、计算机图形学等。

（4）音频和声音数据：程序可以处理各种与音频和声音相关的任务，例如音频处理、音频识别、音频合成等。

（5）视频和流媒体数据：程序可以处理各种与视频和流媒体相关的任务，例如视频处理、视频编辑、视频压缩等。

（6）数据库和数据结构：程序可以处理各种与数据库和数据结构相关的任务，例如数据查询、数据更新、数据结构设计和实现等。

以上所有的程序对象统称为数据，因此程序处理的对象就是数据。

1.3 Python 的安装与使用

1.3.1 Python 的下载及安装

Python 的官网地址为 www.python.org。进入官网之后，依次选择 Downloads | Windows，进入 Windows 版本 Python 的下载页面。该页面有各种版本的 Python，找到 Python 3.10.11 版本，选中 Windows installer (64-bit)，如图 1–6 所示，下载适合 64 位操作系统的版本（可根据自己的计算机系统进行版本选择）。

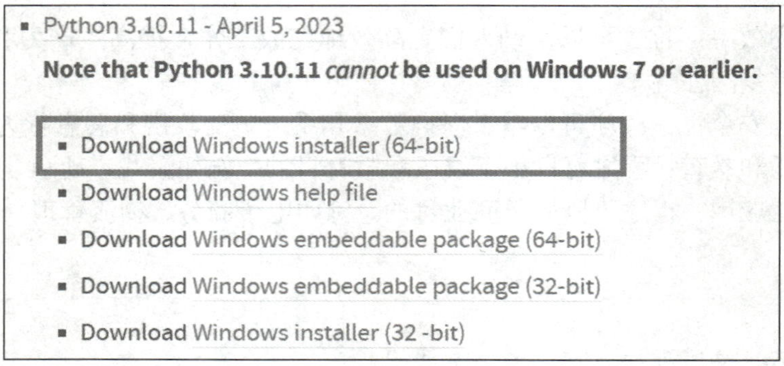

- Python 3.10.11 - April 5, 2023

  Note that Python 3.10.11 *cannot* be used on Windows 7 or earlier.

  - Download Windows installer (64-bit)
  - Download Windows help file
  - Download Windows embeddable package (64-bit)
  - Download Windows embeddable package (32-bit)
  - Download Windows installer (32 -bit)

图 1–6 Windows 版本 Python 下载选项

下载完成后，双击安装文件便可开始安装 Python。在图 1–7 中选择 Customize installation（自定义安装），并同时勾选 Add python.exe to PATH，将 Python 添加到系统路径。

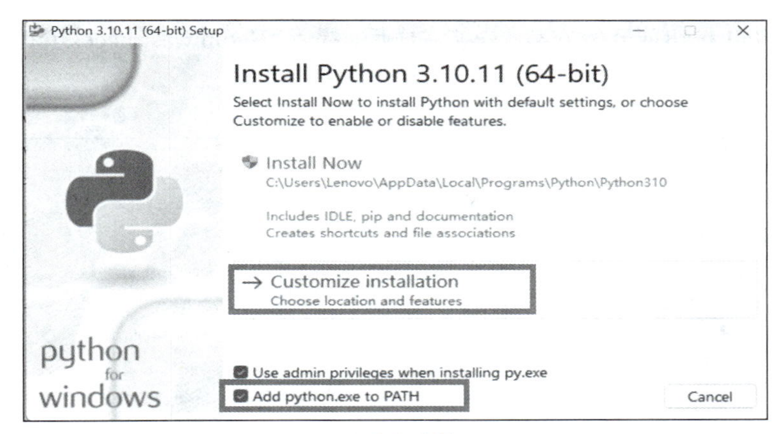

图 1–7　自定义安装 Python

选择 Optional Features 选项卡中的默认选项，如图 1–8 所示。

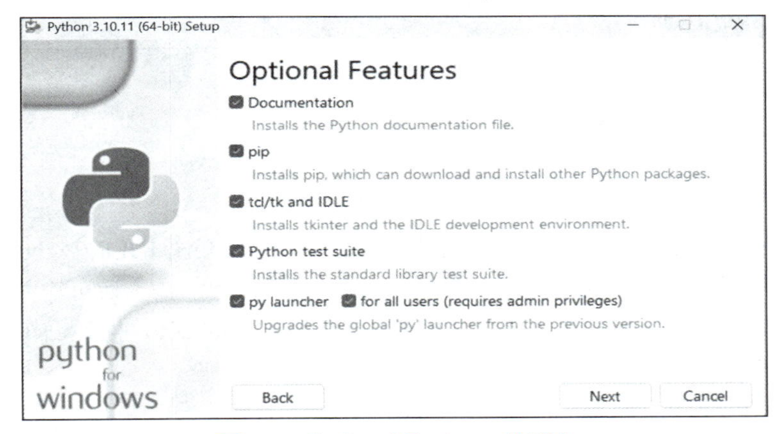

图 1–8　Optional Features 选项卡

单击 Next 按钮后进入 Advanced Options 选项卡，按默认选项并选择安装路径，如图 1–9 所示。

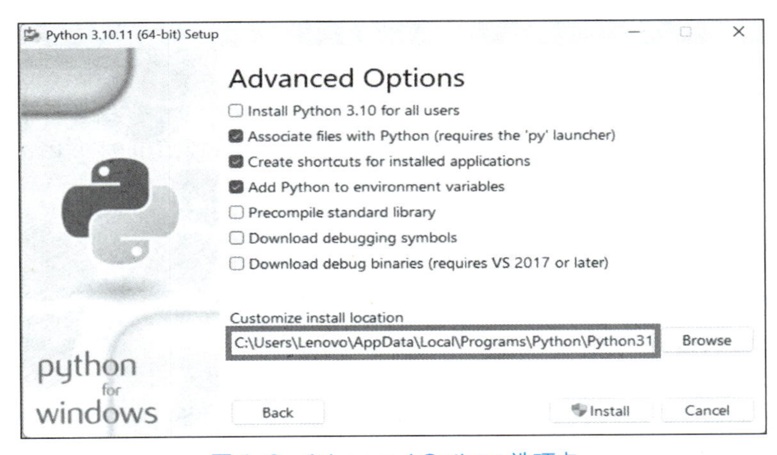

图 1–9　Advanced Options 选项卡

单击 Install 按钮便开始安装。安装完成后，提示“Setup was successful”，如图 1–10 所示。

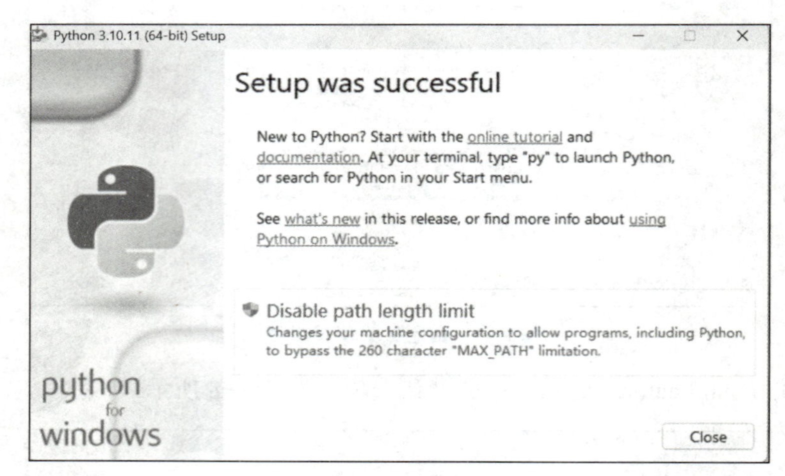

图 1–10　安装成功

单击 Close 按钮结束安装。

1.3.2　Python 的命令行使用方式

启动命令行方式：单击【开始】按钮，找到 Python 3.10，单击 IDLE (Python 3.10 64-bit) 进入 Python 命令行窗口，如图 1–11 所示。在命令提示符“>>>”后可输入命令：比如输入 2+3，然后回车，可以看到计算结果为 5；再输入 100*200，然后回车，可以看到计算结果为 20000。

```
IDLE Shell 3.10.11
File  Edit  Shell  Debug  Options  Window  Help
Python 3.10.11 (tags/v3.10.11:7d4cc5a, Apr  5 2023, 00:38:17) [MSC v.1929 64 bit (AMD64)] on win
32
Type "help", "copyright", "credits" or "license()" for more information.
>>>
```

图 1–11　Python 命令行窗口

1.3.3　Python 的文件操作方式

在命令行窗口单击打开 File 菜单，选择 New File 菜单项即可创建 Python 文件，在此处可以输入代码。

【例 1–1】创建 Python 文件。

```
a=2+3
print(a)
print("Hello World!")
```

输出结果：

```
5
Hello World!
```

代码解析：

3 行代码均需要顶格左对齐，其中 a=2+3 表示将 2+3 的值赋值给 a，print(a)表示将 a 的值输出，print("Hello World!")表示输出双引号中字符串的值。代码输入完成后，选择菜单 Run｜Run Module 菜单项，就会提示需要保存程序，然后选择合适的保存位置，并将程序命名为 1.1.py，确定后程序会自动运行。

1.4　变　量

变量

1.4.1　变量的概念

变量是一个用于存储数据的名称。变量可以是基本数据类型，如数值类型和字符串类型；也可以是复合数据类型，例如列表、字典、元组、集合。复合数据类型将在项目 2 中进行讲解。

【例 1–2】数值类型变量。

```
a=2
print(a)
a=10.8
print(a)
```

输出结果：

```
2
10.8
```

代码解析：

首先给变量 a 赋值为 2，再通过语句 print(a)输出变量 a 的值，输出结果为 2；然后给变量 a 重新赋值为 10.8，再调用语句 print(a)输出变量 a 的新值，新的输出结果为 10.8。由此可见，变量的值可以改变，对变量重新赋值，变量就可以获取新的值。

字符串类型的变量主要用于存放字符串，需要添加单引号或者双引号用来表示字符串，而数值类型的变量则不需要添加引号。

【例 1–3】字符串变量。

```
name="Lei Feng"
print(name)
name="张建国"
print(name)
```

输出结果：

```
Lei Feng
张建国
```

代码解析：

首先给变量 name 赋值为“Lei Feng”，然后通过语句 print(name)输出变量 name 的值“Lei Feng”，再通过语句 name ="张建国"给 name 重新赋值为“张建国”，然后通过语句 print(name)输出变量 name 的值，输出结果为“张建国”。

动动手

在例 1–3 中，试着将 print(name)改为 print("name")，会发现输出的是字符串 name，而不是变量 name 的值，原因是给 name 加了双引号，程序认为需要输出的是“name”这个字符串，而不是变量 name 的值。

1.4.2 变量的命名规则

变量的名称需要满足一定的规则，否则程序运行会出错。变量的命名规则主要包含以下几点。

（1）变量名应该以字母或下划线开头，不能以数字开头，例如：

```
a4 （正确）
4a （错误）
```

（2）变量名只能包含字母、数字和下划线，例如：

```
num_s （正确）
num#  （错误）
```

（3）变量名区分大小写，如 age 和 Age 是不同的变量名。

（4）变量名应该具有描述性，能够清晰地表达变量的含义。

（5）变量名不能与 Python 中的保留字（关键字）相同。

概念小贴士

保留字（也称为关键字）是指被编程语言赋予了特殊意义的单词或标识符。这些保留字在语言的语法中扮演着重要的角色，不能用作变量名、函数名或其他标识符，因为它们已经被用于表示特定的程序结构或命令。例如，import 用于引入库，class 用于定义类，def 用于定义函数等。

程序员们为了使自己编写的代码能够更容易地在同行之间交流，经常采取统一的、可读性比较好的命名方式。当前，比较流行的变量命名方法有驼峰式命名法、蛇形命名法。

驼峰式命名法指混合使用大小写字母来构成变量和函数的名称。驼峰式命名法有两种风格：小驼峰法和大驼峰法。

小驼峰法将变量名的第一个单词小写，后面的单词首字母大写，例如：

```
employeeSalary(员工工资)
studentName(学生姓名)
```

上述两个变量的第一个单词首字母小写，第二个单词首字母大写。

大驼峰法将所有单词的首字母都大写，例如：

```
EmployeeSalary(员工工资)
StudentName(学生姓名)
```

上述两个变量的名称中，第一个单词和第二个单词的首字母均为大写。

蛇形命名法将所有单词的字母均小写，字母之间用下划线连接，例如：

employee_salary（员工工资）

student_name（学生姓名）

职业小贴士

在团队当中，所有成员需要有统一的命名规范，包括变量名、函数名、类名及程序名等，这样不仅提高程序的可读性、一致性及可维护性，同时也可以提高团队协作效率。

程序结构

1.5 程序结构

程序结构是指程序中各个部分之间的关系和组织层次，无论是用何种语言编写的程序，均由 3 种类型的程序结构组合而成：顺序结构、分支结构、循环结构。

1.5.1 顺序结构

顺序结构是指按照语句的先后顺序，自上而下依次执行的结构，如图 1–12 所示。

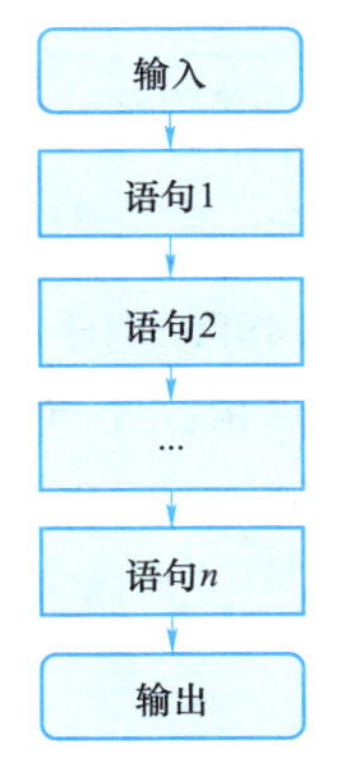

图 1–12　顺序结构

【例 1–4】顺序结构。

```
a=100
b=200
c=b-a
print(c)
```

输出结果：

```
100
```

代码解析：

Python 以缩进来表示程序的层次结构，这 4 个语句之间为先后顺序，无层次结构，因此 4 个语句均顶格对齐。程序执行过程为从上往下依次执行，先给变量 a 赋值为 100，再给变量 b 赋值为 200，然后将 b–a 的值赋值给变量 c，最后输出变量 c 的值，输出结果为 100。

1.5.2 分支结构

分支结构是指在程序的控制流程中，根据某个条件的结果来选择执行不同的代码块，如图 1–13 所示。通常使用 if 语句来实现分支结构。if 语句包含一个条件表达式和一个代码块，当条件表达式的值为真时，程序将执行代码块中的语句；否则，程序将执行 else 代码块中的语句。

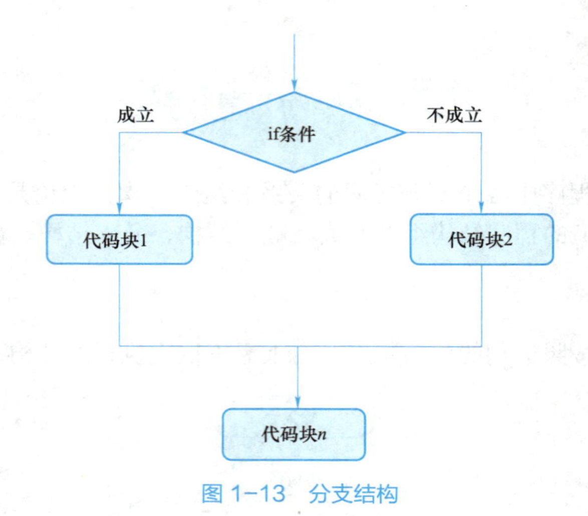

图 1–13 分支结构

分支结构在程序设计中非常常见，可以用于实现各种逻辑控制，例如判断、选择、循环等。通过使用分支结构，程序可以根据不同的条件执行不同的代码块，从而实现更加灵活和多样化的功能。

【例 1–5】分支结构。

```
a=80
if a>60:
    grade="合格!"
    print("恭喜过关!")
else:
    grade="不合格!"
    print("加油!")
print("处理完成!")
```

输出结果：

```
恭喜过关!
处理完成!
```

代码解析：

书写该程序时须注意程序的层次结构。如果条件 if a>60 成立，则执行语句 grade=

"合格!"及 print("恭喜过关!")，因此语句之间存在层次关系，语句 grade="合格!"及 print("恭喜过关!")相对于 if 语句须缩进，但是这两个语句之间只有先后关系，因此须左对齐。如果条件 if a>60 不成立，则执行 else 语句。else 语句和 if 语句是同一层次，因此 if 语句和 else 语句须左对齐。grade="不合格!"及 print("加油!")是 else 语句成立时执行的语句，因此相对于 else 语句须缩进，并且这两个语句须左对齐。最后一个语句 print("处理完成!")和 if 语句、else 语句之间只有前后关系，没有层次关系，无论 if 语句是否成立都会执行，因此最后一个语句和 if 语句、else 语句须左对齐。因为 a=80，所以条件 if a>60 成立，执行语句 grade="合格!"及 print("恭喜过关!")，程序输出“恭喜过关!”，并且执行最后一个语句 print("处理完成!")，输出 “处理完成!”。

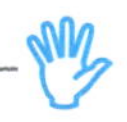
动动手

将例 1–5 中的 a 赋值为 50，运行程序后查看输出结果。

1.5.3　循环结构

循环结构是一种常见的程序控制结构，它允许程序在执行过程中反复执行某个过程，直到满足特定的条件为止。循环结构包括 while 循环、do-while 循环和 for 循环。循环结构如图 1–14 所示，当 while 条件成立时执行循环体，直到 while 条件不成立后退出循环。

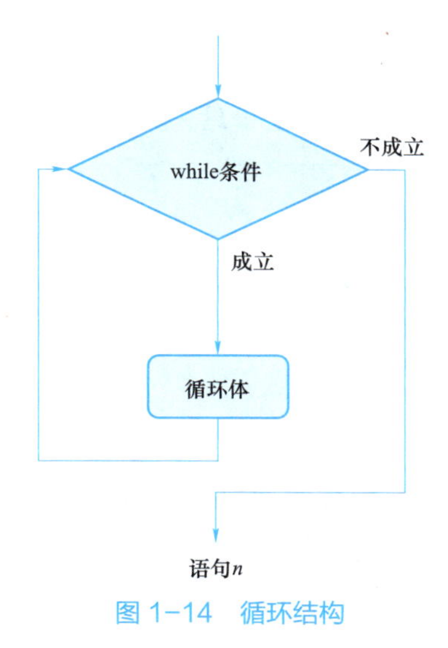

图 1–14　循环结构

【例 1–6】循环结构。

```
a=10
while(a>0):
    print(a)
    a=a-1
print("a 终于小于 0 了")
```

输出结果：

```
10
9
8
7
6
5
4
3
2
1
a 终于小于 0 了
```

代码解析：

首先，给变量 a 赋值为 10。然后，执行条件判断 while(a>0)。如果 a>0 成立，执行循环体。循环体为两个语句：print(a)和 a=a−1。循环体相对于 while 语句要缩进。执行完循环体后再次执行条件判断 while(a>0)。如果条件成立，再次执行循环体，直到 a>0 不成立而退出循环体。最后执行 print("a 终于小于 0 了")。具体而言，程序第一次循环输出 10，第二次循环输出 9，以此类推，分别输出 10、9、8、7、6、5、4、3、2，第 10 次循环输出 1，之后再次执行 a=a−1 时，a 的值变为 0，此次再进行条件判断，a>0 不成立，程序退出循环，执行循环语句后面的语句 print("a 终于小于 0 了")。

如果第一句设定 a=1，则程序的输出结果是什么？

1.6 函　数

函数

1.6.1 函数的概念

函数也叫功能，它是对数据与代码的封装，可以实现代码的复用。在程序设计语言中，函数是一个可以重复使用的代码块，用于执行特定的任务，并且可以接受输入（参数）并返回一个结果（返回值）。

1.6.2 函数的类型及使用

函数的形式如下：

```
函数名(参数 1,参数 2,...)
```

函数名后面的小括号中是函数的参数。参数可以是变量，也可以是表达式；函数的参数可以是 0 个、1 个，也可以是多个；函数可以是基本数据类型，也可以是自定义类型。无论函数是否有参数，函数后面的小括号均不能省略。

Python 中的函数分为 Python 内置函数、库中的函数及自定义函数。自定义函数将在项目 3 中讲解。

1. 函数的类型

1）内置函数

Python 内置函数是 Python 语言中已经定义好的函数，可以直接在程序中使用，不需要自己编写。这些内置函数通常用于执行一些常见的操作，如数学计算、字符串处理、文件操作等。

【例 1–7】内置函数的使用。

```
print("China is a great Country! ")
x=abs(-100)
print(x)
```

输出结果：

```
China is a great Country!
100
```

代码解析：

第一行语句调用 Python 内置函数 print()输出字符串“China is a great Country!”；第二行语句调用 Python 内置函数 abs()求−100 的绝对值，并将函数的返回值赋值给变量 x；第三行语句调用 Python 内置函数 print()输出变量 x 的值。

表 1–1 为 Python 常用的内置函数。

表 1–1　Python 常用的内置函数

函　　数	功能描述
abs(x)	返回 x 的绝对值，例如 abs(-42)返回 42
len(x)	返回对象（字符、列表、元组等）的长度或项目数，例如 len('hello')返回 5
type(x)	返回一个对象的类型，例如 type(123)返回<class 'int'>
input(prompt)	从用户处获取一个字符串输入，例如 pop=input("请输入中国人数：")，运行后在屏幕输入 1400000000，则 pop 就获得一个值 1400000000。此时，如果用 type(pop)输出 pop 的数据类型，则为<class 'str'>字符类型，因为使用 input()函数获取的所有内容均以字符串格式存放
eval()	将字符串当作有效的表达式来求值并返回计算结果，调用 a=eval(pop)，将 pop 从字符串转换为整型赋值给 a，此时调用 type(a)，输出<class 'int'>
sum(iterable)	返回可迭代对象的元素总和，例如 sum([1,2,3])返回 6
max(args[,key])	返回给定参数的最大值，例如 max([1,2,3])返回 3
min(args[,key])	返回给定参数的最小值，例如 min([1,2,3])返回 1
print(x,y,*args)	输出信息到标准输出流，可接受任意数量的参数

续表

函　数	功能描述
open(file[,mode[,buffering]]):	打开一个文件并返回一个文件对象，例如 f=open('myfile.txt')打开名为 myfile.txt 的文件
int(x[,base])	将一个数字或字符串转换为整数，例如 i=int(255.2)将'255.2'转换为整数 255
float(x)	将一个数字或字符串转换为浮点数，例如 f=float(255)将 255 转换为浮点数 255.0
bool(x)	将一个值转换为布尔值（True 或 False），例如 b=bool(0)将'0'转换为 False

2）库中的函数

Python 最大的优势就是拥有 10 万个左右的库。这些库中包含了大量的函数，可以实现丰富的功能。如果需要使用这些库函数的功能，只需要引入库，就可以调用库中的函数实现相应的功能。

【例 1–8】库中函数的使用。

```
import math              #引入库
a=math.sqrt(5)           #调用库中的函数 sqrt()求平方根
b=math.pow(5,2)          #调用库中的函数 pow()求幂值
c=math.sin(20)           #调用库中的函数 sin()求正弦值
print(a)
print(b)
print(c)
```

输出结果：

```
2.23606797749979
25.0
0.9129452507276277
```

代码解析：

第一行语句通过关键字 import 引入 math 库，该库主要提供一组数学函数，包括各种数学计算和转换功能；第二行语句通过调用求平方根函数 math.sqrt()求 5 的平方根；第三行语句调用求幂函数 math.pow()求 5 的平方；第四行语句调用求正弦函数 math.sin()求 20 的正弦值；最后三行语句调用 print()函数查看运行结果。

2. 使用内置函数操作文件

文件一般有 3 种状态：保存在硬盘的文件处于保存状态，此时没有被任何程序使用；当文件通过 open()函数打开后，就处于占用状态，此时可以对文件进行读写操作；操作完成后可以使用 close()函数将文件关闭，此时文件又回到保存状态，如图 1–15 所示。

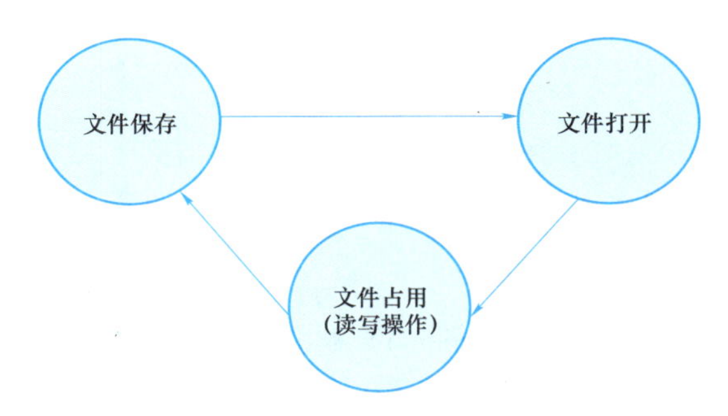

图 1–15　文件的 3 种状态

文件操作的步骤如图 1–16 所示。

图 1–16　文件操作的步骤

① 文件的打开：open()函数。
② 文件的读取：read()函数读取整个文件。
　　　　　　　readline()函数读取一行。
　　　　　　　readlines()函数读取多行。
③ 文件的写入：write()函数。
④ 文件的关闭：close()函数。

【例 1–9】使用 Python 内置函数 open()打开文件。

```
file=open("D:\\python\\population.txt",encoding='utf-8')
pop=file.read()
file.close()
print(pop)
```

输出结果：

```
第七次全国人口普查公报（第二号）——全国人口情况
根据第七次全国人口普查结果，现将 2020 年 11 月 1 日零时我国人口的基本情况公布如下：
一、总人口
全国总人口为 1443497378 人，其中：
普查登记的大陆 31 个省、自治区、直辖市和现役军人的人口共 1411778724 人；
香港特别行政区人口为 7474200 人；
澳门特别行政区人口为 683218 人；
台湾地区人口为 23561236 人。
二、人口增长
全国人口[6]与 2010 年第六次全国人口普查的 1339724852 人相比，增加 72053872 人，增长 5.38%，年平均增长率为 0.53%。
三、户别人口
全国共有家庭户[7]494157423 户，集体户 28531842 户，家庭户人口为 1292809300 人，集体户人口为 118969424 人。平均每个家庭户的人口为 2.62 人，比 2010 年第六次全国人口普查
```

的 3.10 人减少 0.48 人。

四、民族人口

全国人口中，汉族人口为 1286311334 人，占 91.11%；各少数民族人口为 125467390 人，占 8.89%。与 2010 年第六次全国人口普查相比，汉族人口增加 60378693 人，增长 4.93%；各少数民族人口增加 11675179 人，增长 10.26%。

代码解析：

第一行语句使用 Python 内置的 open()函数打开指定路径下的文件，然后赋值给变量 file，其中 open()函数有两个参数——第一个参数是文件的路径和名称，第二个参数是文件的编码方式；第二行语句调用 file.read()函数读取整个文件的内容，并赋值给变量 pop；第三行语句调用 file.close()函数关闭文件，释放占用的资源；最后一行语句使用 print(pop)输出文件内容，运行后可以看到输出结果为全文，并且格式和原文相同。

【例 1-10】使用 Python 内置函数 readline()读取文件。

```
file=open("D:\\python\\population.txt",encoding='utf-8')
pop=file.readline()
file.close()
print(pop)
```

输出结果：

第七次全国人口普查公报（第二号）—全国人口情况

代码解析：

本例将 read()函数替换为 readline()函数，运行后发现只读取了文本文件中的第一行内容。

【例 1-11】使用 Python 内置函数 readlines()读取文件。

```
file=open("D:\\python\\population.txt",encoding='utf-8')
pop=file.readlines()
file.close()
print(pop)
```

输出结果：

['\ufeff　　第七次全国人口普查公报（第二号）—全国人口情况\n', '　\u3000 根据第七次全国人口普查结果，现将 2020 年 11 月 1 日零时我国人口的基本情况公布如下：\n', '\u3000\u3000 一、总人口 \n', '\u3000\u3000 全国总人口为 1443497378 人，其中：\n', '\u3000\u3000 普查登记的大陆 31 个省、自治区、直辖市和现役军人的人口共 1411778724 人；\n', '\u3000\u3000 香港特别行政区人口为 7474200 人；\n', '\u3000\u3000 澳门特别行政区人口为 683218 人； \n', '\u3000\u3000 台湾地区人口为 23561236 人。\n', '\u3000\u3000 二、人口增长\n', '\u3000\u3000 全国人口[6]与 2010 年第六次全国人口普查的 1339724852 人相比，增加 72053872 人，增长 5.38%，年平均增长率为 0.53%。\n', '\u3000\u3000 三、户别人口\n', '\u3000\u3000 全国共有家庭户[7]494157423 户，集体户 28531842 户，家庭户人口为 1292809300 人，集体户人口为 118969424 人。平均每个家庭户的人口为 2.62 人，比 2010 年第六次全国人口普查的 3.10 人减少 0.48 人。\n', '\u3000\u3000 四、民族人口\n', '\u3000\u3000 全国人口中，汉族人口为 1286311334 人，占 91.11%；各少数民族人口为 125467390 人，占 8.89%。与 2010 年第六次全国人口普查相比，汉族人口增加 60378693 人，增长 4.93%；各少数民族人口增加 11675179 人，增长 10.26%。\n']

代码解析：

本例将 readline()函数替换为 readlines()函数，运行后发现读取了文件的所有行，但是内容格式发生了变化，将原文中的每一行作为列表中的一个元素，整篇文章以列表的形式输出（列表类型后续会做讲解）。

写入文件前首先要打开文件。调用 open()函数打开文件时，需要在第二个参数中设定打开方式。打开方式有 3 种，如表 1–2 所示。如果打开方式设置为 x，则表示创建文件，如果文件已经存在，则返回错误；打开方式设置为 a，表示追加写，如果文件已经存在则不创建，将要附加的内容写入文件末尾，如果不存在则创建文件；设置为 w 表示覆盖写，如果指定文件不存在，则创建一个文件，如果文件已经存在则覆盖原文件内容。文件打开后再调用 write()函数可以给文件写入内容。

表 1–2　Python 内置函数 open()打开文件的方式

文件打开方式	说　明
x	创建文件。如果文件已经存在，则返回错误提示
a	追加写。如果文件已经存在，则不创建文件，而是将要附加的内容写入文件末尾；如果文件不存在，则创建文件
w	覆盖写。如果指定文件不存在，则创建一个文件；如果指定文件已经存在，则覆盖原文件的内容

【例 1–12】创建新文件 p.txt，并写入“中国是一个伟大的国家”。

```
file=open("D:\\python\\p.txt","x")
file.write("中国是一个伟大的国家")
file.close()
```

代码解析：

第一行语句使用 open()函数创建文件 p.txt，创建后赋值给变量 file，其中第二个参数设置为"x"，表示以 x 方式创建文件 p.txt；第二行语句调用 file.wirte()函数将“中国是一个伟大的国家”写入文件中；第三行语句关闭文件。运行后可以看到该路径下新建了文件 p.txt。如果在运行程序之前该路径下已经有文件 p.txt，则程序运行后会报文件已存在的错误。

【例 1–13】打开文件 p.txt，追加写入“中国是一个多民族国家!”。

```
file=open("D:\\python\\p.txt","a")
file.write("中国是一个多民族国家!")
file.close()
```

代码解析：

第一行语句中，open()函数的第二个参数设置为"a"，表示追加写，即将要写的内容追加到原文件的末尾；第二行语句调用 file.wirte()函数将“中国是一个多民族国家!”追加到原文件的末尾；第三行语句关闭文件。运行后查看文件内容，发现在原文件的末尾追加了“中国是一个多民族国家!”这句话。

【例 1–14】创建新文件 p.txt，并写入“中国拥有光荣的历史传统!”。

```
file=open("D:\\python\\p.txt","w")
file.write("中国拥有光荣的历史传统！")  #新写入的内容将覆盖原有的内容
file.close()
```

程序解析：

第一行语句中，open()函数的第二个参数设置为"w"，表示覆盖写。如果文件存在，则新写入的内容将覆盖原文件中的所有内容；如果文件不存在，则创建文件。第二行语句调用 file.wirte()函数新写入“中国拥有光荣的历史传统！”并覆盖原有的内容。第三行语句关闭文件。该程序运行后，打开文件 p.txt 查看，发现原文件中只剩下“中国拥有光荣的历史传统！”这一句话，原来的内容全部被覆盖了。

库

1.7 库

库是完成一定功能的代码集合，是供用户使用的代码组合。在 Python 中，有标准库和第三方库，标准库可以直接使用，而第三方库则需要先安装再使用。

1.7.1 标准库

1. 标准库的使用

Python 的标准库包含了很多有用的模块和函数，用于支持 Python 程序的编写。标准库在安装 Python 时会一同安装，不需要再单独安装。引入标准库后，就可以使用库中的函数了。

【例 1-15】标准库中函数的使用。

```
import os    #os 库是与操作系统相关的库
os.mkdir("D:\\test")

from datetime import date    #与日期时间相关的库
print(date.today())
```

代码解析：

第一行语句 import os 引入 Python 的标准库 os。第二行语句 os.mkdir ("D:\\test")调用 os 库中的函数 mkdir()在 D 盘下创建文件夹 test。运行后，发现 D 盘下创建了一个文件夹 test。如果再次运行该程序，则程序会报错，原因是第一次运行时已经在 D 盘生成了一个名为 test 的文件夹，第二次运行时又创建了同样名称的文件夹，报错类型为文件已存在错误。需要注意的是，调用库中的函数的语法格式是“库名.函数名(参数)”。第三行语句表示从 datetime 库中引入 date。第四行语句表示调用 date 的 today()函数获取当天的日期，再调用 print()函数将当天的日期输出。

2. Python 常用的标准库

（1）math 库：提供了一些数学函数，例如求平方根函数 math.sqrt()、指数函数 math.pow()、对数函数 math.log()等。

（2）random 库：提供了生成随机数的功能，可以生成各种类型的随机数。例如，random.randint(10,20)生成 10～20 之间的一个随机整数，random.randrange(10,200,5)生成一个 10～200 之间以 5 为步长的整数数组。

（3）os 库：提供了与操作系统交互的功能，例如文件和目录的创建、删除、移动等操作，还可以获取系统环境变量等信息。例如，os.listdir(path)可以返回指定路径下的文件和目录列表，os.makedirs(path)可以递归创建多级目录，os.remove(path)可以删除指定路径下的文件。

（4）datetime 库：提供了处理日期和时间的函数，可以获取当前日期和时间、计算日期和时间的差值等。例如，datetime.date()可以创建一个表示特定日期的对象，datetime.time()可以创建一个表示特定时间的对象，datetime.datetime()可以创建一个表示特定日期和时间的对象。

（5）json 库：提供了处理 JSON 格式数据的功能，可以将 JSON 格式数据转换为 Python 对象，或将 Python 对象转换为 JSON 格式数据。

（6）re 库：提供了正则表达式匹配的功能，可以用于字符串的匹配、替换等操作。

以上仅是 Python 标准库中的一小部分模块，Python 的标准库非常丰富，包含了众多用于各种场景的模块和函数。通过查看 Python 官方文档可以了解更多标准库的内容。

1.7.2　第三方库

1. Python 第三方库的安装

第三方库在使用之前需要先安装。安装方式是单击【开始】按钮，在搜索框输入“cmd”命令并回车后进入命令行，在命令行处输入安装命令。Python 中安装库的命令格式为：

```
pip install 库名
```

例如，要安装 numpy 库，则安装命令为：

```
pip install numpy
```

通过 pip 命令安装库时，首先会查找相关的服务器，然后从该服务器下载库的资源，下载完成后再进行安装。一般情况下，默认服务器下载速度较慢，因此人们经常会指定安装的服务器。从指定服务器下载并安装库的命令为：

```
pip install 库名 -i 服务器地址
```

常用的国内速度较快的服务器如下。

清华大学：https://pypi.tuna.tsinghua.edu.cn/simple。

阿里云：https://mirrors.aliyun.com/pypi/simple/。

网易：https://mirrors.163.com/pypi/simple/。

豆瓣：https://pypi.douban.com/simple/。

例如，要使用清华源安装 pandas 库，命令格式为：

```
pip install pandas -i https://pypi.tuna.tsinghua.edu.cn/simple
```

2. Python 常用的第三方库

Python 语言之所以能够快速流行并取得巨大的成就，与其拥有强大的第三方库有着密不可分的关系。Python 有约 10 万个第三方库。以下介绍几个常用的第三方库，使用之前需要先进行安装。

（1）numpy 库。numpy 是 Python 科学计算的基础包，支持大量的维度数组和矩阵运算，包含复杂的函数库，如线性代数、傅里叶变换、随机数生成等。

（2）pandas 库。pandas 是一个强大的数据处理库，可以处理各种数据结构和数据类型，包括系列、数据框、日期和时间、缺失值等。

（3）matplotlib 库。matplotlib 是 Python 的绘图库，可以创建各种类型的图形和图表，如线图、柱状图、散点图、直方图等。

（4）scikit-learn 库。scikit-learn 是 Python 最流行的机器学习库之一，包含大量的机器学习算法和实用程序，如分类、回归、聚类、降维等。

以上列举了 Python 最常用的几个第三方库。大家可以通过 Python 第三方库的官网查找相关的第三方库。

动动手

选择以上任意一个第三方库进行安装，并练习使用其中的函数。

1.8 注　　释

注释

在 Python 中，注释是用于解释代码的一种方式。注释不会对代码执行产生任何影响，它们只是为了帮助开发者更好地理解代码。

Python 中的注释有两种形式：单行注释和多行注释。

1.8.1 单行注释

单行注释以#开头，从#到该行结束都是注释内容。

【例 1-16】单行注释。

```
pop=1409778724                #pop 存放第七次人口普查我国总人口
pop_male=721416394            #pop_male 存放第七次人口普查我国男性人数
pop_female=688362330          #pop_female 存放第七次人口普查我国女性人数
print(pop)
print(pop_male)
print(pop_female)
```

输出结果：

```
1409778724
721416394
688362330
```

代码解析：

上述代码中，前 3 行代码中每行后面都以#开头来注释该行中变量存储的数据的意义。注释是为方便理解代码而写入的，在程序运行时，注释不会被执行。

1.8.2 多行注释

多行注释在注释的首尾使用 3 个单引号（'''）或 3 个双引号（"""）。

【例 1-17】多行注释。

```
print("下面是使用 3 个单引号的注释")
'''
使用 3 个单引号分别作为注释的
开头和结尾
'''
print("下面是使用 3 个双引号的注释")
"""
使用 3 个双引号分别作为注释的开头和结尾
可以一次性注释多行内容
这里面的内容全部是注释内容
"""
```

输出结果：

```
下面是使用 3 个单引号的注释
下面是使用 3 个双引号的注释
```

代码解析：

书写代码时，所有的单引号、双引号及小括号必须是在英文状态下写入，否则程序会报错。在该例中，有效代码只是两个 print()语句，其余行均为注释，不参与程序的运行。

使用注释可以增强代码的可读性，使代码更易于理解和维护。因此，在编写代码时，建议在关键部分添加注释，以便他人可以更好地理解代码。

任务实施

人口普查数据文件读写

读取 D:\python\data 路径下第七次人口普查的人口概要文件 line.xlsx，显示该文件内容，并将该文件存放到 E:\population\data 文件夹中，两个表单分别保存为 line1.xlsx、line2.xlsx。

完成步骤如下。

（1）读取文件并输出文件内容。

（2）创建指定文件夹 E:\population\data。

（3）将文件 line.xlsx 中的两个表单分别存放到 E:\population\data 路径下，并分别命名为 line1.xlsx、line2.xlsx。

1. 人口普查数据读取

数据文件 line.xlsx 存放在 D:\python\data 路径下，其内容如图 1-17 所示。

	A	B	C	D	E	F
1			大学前教育	大学教育	工作	老人
2	地区	总人口	0~19岁	20~29岁	30~59岁	60岁以上
3	全　　国	1409778724	326068078	166789007	652903421	264018218
4	北　　京	21893095	3225064	3255190	11114251	4298590
5	天　　津	13866009	2487823	1769047	6606451	3002688
6	河　　北	74610235	19111469	7080979	33605739	14812048
7	山　　西	34915616	7441033	4516464	16351094	6607025
8	内 蒙 古	24049155	4382940	2514097	12394885	4757233
9	辽　　宁	42591407	6423490	4086322	21127128	10954467
10	吉　　林	24073453	3875634	2277452	12369202	5551165
11	黑 龙 江	31850088	4675277	2992280	16786841	7395690
12	上　　海	24870895	3146480	3719990	12188963	5815462
13	江　　苏	84748016	16439406	9612025	40191240	18505345
14	浙　　江	64567588	11490931	8531457	32472516	12072684
15	安　　徽	61027171	14986515	7074085	27497335	11469236
16	福　　建	41540086	10037321	4903074	19961822	6637869
17	江　　西	45188635	13024542	5047950	19491362	7624781
18	山　　东	101527453	24157877	9074688	47074082	21220806
19	河　　南	99365519	29312688	10362693	41726090	17964048
20	湖　　北	57752557	11989340	6414305	27553917	11794995
21	[illegible]	[illegible]	[illegible]	[illegible]	[illegible]	[illegible]

Sheet1　Sheet2　+

图 1-17　数据文件 line.xlsx 的内容

由图 1-17 可以看到，数据文件 line.xlsx 下有两个表单：sheet1 和 sheet2。下面分别读取 sheet1 和 sheet2 中的数据。

1）读取 sheet1 中的数据

首先引入 pandas 库。pandas 库主要用于数据分析处理。下面使用 pandas 库来操作文件。首先确保 pandas 库已经安装完成，然后通过任务 1-1 中的代码来读取和输出 sheet1 中的数据。

【任务 1-1】读取数据文件 line.xlsx 中 sheet1 的内容并输出。

```
import pandas as pd    #引入 pandas 库并起别名 pd
pop=pd.read_excel('D:\\python\\data\\line.xlsx')
print(pop)
```

代码解析：

第一行语句引入 pandas 库，并给 pandas 库取别名为 pd，后面所有使用该库的地方均要使用 pd。第二行语句调用 pd.read_excel()函数读取指定路径的文件，此处文件名要带后缀。本例读取 D:\python\data 路径下的文件 line.xlsx，并将读取结果赋值给变量 pop。最后一行语句输出 pop 变量的内容，输出结果为文件 line.xlsx 中 sheet1 的内容，因为默认情况下均输出 Excel 表格中第一个表单的内容。

2）读取 sheet2 中的数据

如果要读取数据文件 line.xlsx 中其他表单的内容，需要设定参数，比如要读取 sheet2 表单的内容，则参数如任务 1-2 中的代码所示。

【任务 1-2】读取数据文件 line.xlsx 中 sheet2 的内容并输出。

```
import pandas as pd    #引入 pandas 库并起别名 pd
pop=pd.read_excel('D:\\python\\data\\line.xlsx',sheet_name=1)
print(pop)
```

代码解析：

本例首先引入 pandas 库，然后调用 pd.read_excel()函数读取文件。这里的函数有两个参数：第一个参数指明读取文件的路径及名称，第二个参数指明读取该文件的表单的索引号。Python 中的排序均是从 0 开始的，因此 sheet1 的序号为 0，sheet2 的序号为 1。本例中的 sheet_name=1 表示读取第二个表单。

2. 人口普查数据保存

接下来的任务是创建指定的路径 E:\population\data，将数据文件 line.xlsx 中的两个表单分别存放到 E:\population\data 下，分别命名为 line1.xlsx、line2.xlsx。

对文件夹的操作需要用到 os 库。os 库是 Python 的标准库，不需要安装，可以通过引入后直接使用。

【任务 1–3】将数据文件 line.xlsx 中的两个表单保存到指定路径下，并分别命名为 line1.xlsx 和 line2.xlsx。

```
import pandas as pd      #引入 pandas 库
import os                #引入 os 库
os.makedirs("E:\\population\\data")  #创建路径
pop1=pd.read_excel("D:\\python\\data\\line.xlsx")  #读取表单 1
pop2=pd.read_excel("D:\\python\\data\\line.xlsx",sheet_name=1)  #读取表单 2
pop1.to_excel("E:\\population\\data\\line1.xlsx")  #保存表单 1
pop2.to_excel("E:\\population\\data\\line2.xlsx")  #保存表单 2
print("处理完成！")
```

代码解析：

第一行语句引入 pandas 库。第二行语句引入 os 库。第三行语句调用 os.makedirs() 函数创建指定路径 E:\population\data。第四、五行语句分别读取文件 line.xlsx 中的 sheet1 和 sheet2。第六行语句调用 pop1.to_excel()函数将 pop1 中的内容保存到指定路径下，并命名为 line1.xlsx。第七行语句调用 pop2.to_excel()函数将 pop2 中的内容保存到指定路径下，并命名为 line2.xlsx。程序运行后，在 E:\population\data 下会看到所保存的两个文件。

项目完整代码如下：

```
import pandas as pd  #如果报错缺少 openpyxl，请使用命令 pip install openpyxl 安装即可
import os            #引入 os 库
num_population=pd.read_excel("D:\\python\\data\\line.xlsx")  #读取表单 1
num_han=pd.read_excel("D:\\python\\data\\line.xlsx",sheet_name=1)  #读取表单 2

#创建路径
os.makedirs("E:\\population\\data")

num_population.to_excel("E:\\population\\data\\line1.xlsx")  #保存表单 1
num_han.to_excel("E:\\population\\data\\line2.xlsx")         #保存表单 2
print("处理完成！")
```

知识拓展

os 库的使用

os 库是 Python 中内置的一个标准库，提供了访问操作系统的功能。它可以完成一些基本的文件和目录管理任务，例如创建、删除、移动、复制、获取文件的属性等；还可以执行一些系统级的任务，例如获取环境变量、修改工作目录、生成随机数等。总的来说，os 库提供了与操作系统交互的大量功能，是 Python 开发者不可缺少的重要工具。本模块通过案例介绍几个 os 库中常用的函数。

1. os 库的文件操作

1）os.rename()函数

os.rename()函数是 os 库中用于重命名文件的函数，它不仅支持单个文件重命名，还支持批量文件重命名。

【例 1-18】 文件重命名。

```
import os
src="D:\\python\\population.txt"
dst="D:\\python\\re_population.txt"
os.rename(src,dst)
```

代码解析：

程序中，第一行语句引入 os 库，第二行语句将要修改的文件路径和名称字符串赋值给变量 src，第三行语句将修改后的文件路径和名称字符串赋值给变量 dst，第四行语句调用 os.rename(src,dst)将 src 代表的文件改名为变量 dst 中所起的名字。

2）os.remove(path)函数

os.remove(path)函数用于删除指定路径的文件。如果指定路径的文件不存在，则报错。

【例 1-19】 删除文件。

```
import os
os.remove("D:\\python\\test.txt")
print(os.getcwd())
```

代码解析：

调用 os.remove(path)函数删除 D:\python 下的文件 text.txt。如果文件不存在，则程序会报错。

3）os.listdir(path)函数

os.listdir(path)函数可用于获取指定路径下的所有文件名。

【例 1-20】 列出指定文件夹中所有的文件名。

```
import os
file_name=os.listdir("D:\\python")
print(file_name)
```

代码解析：

调用 os.listdir(path)函数获取 D 盘下 python 文件夹中所有文件的名字。

os 库常用的函数如表 1–3 所示。

表 1–3　os 库常用的函数

函　　数	功能描述
os.rmdir(path)	删除一级目录。如果目录不存在，报错
os.removedirs(path)	递归删除多级目录。如果目录不存在，则删除到目录存在为止
os.chdir(path)	切换到指定目录
os.getlogin()	获取当前系统登录用户名
os.cpu_count()	获取当前系统虚拟 CPU 的个数

2. os 库的路径操作

在 os 库中，常用的路径操作函数有：os.rmdir(path)函数，用于删除单层目录；os.removedirs(path1)函数，用于删除多层目录；os.getlogin()函数，用于获取当前系统登录用户名；os.cpu.count()函数，用于获取虚拟 CPU 的个数。

1）os 库中几个常用的路径操作函数

【例 1–21】常用的 os 库路径操作函数。

```
import os
path="D:\\py\\test\\pro"
path1="D:\\py\\test"
os.rmdir(path)                    #删除单层目录
os.removedirs(path1)              #删除多层目录
print(os.getlogin())              #获取当前系统登录用户名
print(os.cpu_count())             #获取虚拟 CPU 的个数
```

代码解析：

os.rmdir(path)函数用于删除单层目录，执行后只能删除给定路径的最后一层目录；os.removedirs(path1)函数用于删除参数中指定路径的所有文件夹；os.getlogin()函数用于获取当前系统登录用户名；os.cpu_count()函数用于获取虚拟 CPU 的个数。

2）os.path.join(path,*paths)函数

该函数用于路径拼接。

【例 1–22】os.path.join(path,*paths)函数。

```
import os
data_path=os.path.join("D:\\python","test.txt")
data_path1=os.path.join("D:\\python","data","line1.xslx")
print(data_path)
print(data_path1)
```

输出结果：

```
D:\python\test.txt
D:\python\data\line1.xslx
```

代码解析：

os.path.join(path,*paths)函数将两个参数进行拼接，形成一个新的路径 D:\python\test。

该函数可以有多个参数，运行后可以将后面所有的参数拼接成新的路径。

动动手

尝试增加参数的个数来进行练习。

3）os.path.exists(path)函数

该函数用于判断路径是否存在。

【例 1-23】os.path.exists(path)函数。

```
import os
data_path=os.path.join("D:\\python","test")
if not os.path.exists(data_path):
     os.mkdir(data_path)
     print("创建路径成功！ ")
else:
    print("路径已存在！ ")
```

代码解析：

os.path.exists(path)函数用于判断路径是否存在，存在则返回 True，不存在则返回 false。如果在创建路径之前先判断其是否存在，可以避免一些错误。例如，设定路径 data_path=os.path.join("D:\python","test")，if not os.path.exists(data_path):在函数前加了一个 not，表示路径不存在。如果路径不存在，则调用 os.mkdir()函数创建路径 data_path，并输出“创建路径成功!”；否则，执行 else 语句，输出“路径已经存在!”。

os 库中常用的路径操作函数如表 1-4 所示。

表 1-4　os 库中常用的路径操作函数

函　　数	功能描述
os.path.exists(path)	判断路径 path 是否存在，存在返回 True，不存在返回 False
os.path.isfile(path)	path 对应的文件是否存在，存在返回 True，不存在返回 False
os.path.isdir(path)	path 对应的是否为目录，是返回 True，否返回 False
os.path.getatime(path)	返回 path 对应文件或目录最近一次的访问时间
os.path.getsize(path)	以字节为单位，返回 path 对应文件的大小

3. 相对路径和绝对路径

1）相对路径

相对路径是相对于程序自身的路径，其他位置的文件和路径，只能通过内部访问。

假如代码 file_op.py 的存放位置为 E:\population\file_op.py，则其访问文件 line.xlsx 的方式随着 line.xlsx 的存放位置的不同而不同。

（1）若 line.xlsx 的存放位置为 E:\population\line.xslx，则访问路径为 line.xslx。因

为此时 line.xlsx 与 file_op.py 在同一个文件夹下，因此可以直接访问。

（2）若 line.xlsx 的存放位置为 E:\population\data\line.xslx，则访问路径为 data\line.xslx，此时 file_op.py 与 data 在同一文件夹下，因此程序运行后会先找到文件夹 data，然后再找到 line.xlsx。

（3）若 line.xlsx 的存放位置为 E:\line.xslx，则访问路径为..\line.xslx，“..”表示回退一层路径，也就是从 file_op.py 当前的路径 E:\population 回退到 E:，从而找到 line.xlsx。

2）绝对路径

假如代码 file_op.py 的存放位置为 E:\population\file_op.py，其代码访问文件 line.xlsx 的绝对路径的方式如下。

（1）若 line.xlsx 的路径是 E:\population\line.xslx，则访问路径为 E:\population\line.xslx。

（2）若 line.xlsx 的路径是 E:\population\data\line.xslx，则访问路径为 E:\population\data\line.xslx。

（3）若 line.xlsx 的路径是 E:\line.xslx，则访问路径为 E:\line.xslx。

可见，绝对路径不关注程序的存放位置，只关注所要访问的文件在计算机中的存放位置。

技能训练

1. 选择题

（1）以下关于 Python 中“缩进”的说法，正确的是（　　）。

A. 缩进必须为 4 个空格

B. 缩进在程序中长度统一且强制使用

C. 缩进可以在任何语句之后，表示语句间的包含关系

D. 缩进是非强制的，仅为了提高代码的可读性

（2）在 Python 中，可用作单行注释的符号是（　　）。

A. //　　B. #　　C. []　　D. {}

（3）在 Python 中，可用作多行注释的符号是（　　）。

A. '''　　B. ###　　C. ///　　D. comment

（4）以下变量命名中，正确的是（　　）。

A. for　　B. else　　C. x　　D. 3a

（5）Python 对代码的缩进要求（　　），同一个级别的代码块的缩进量必须相同。如果不采用合理的代码缩进，将抛出 SyntaxError 异常。

A. 非常严格　　B. 严格　　C. 宽松　　D. 不作要求

（6）在 Python 中，可以接受用户输入并返回字符串的函数是（　　）。

A. input()　　B. eval()　　C. print()　　D. pow()

（7）若用 eval()函数计算 1+5 的和并输出，以下语句中正确的是（　　）。

A. print(eval(1+5))　　B. print(eval("1"+"5"))

C. print(eval("1+5"))　　D. print("1+5")

（8）若通过 input()函数输入两个数据 a 和 b，a=input("请输入数据 a 的值:")，b=input("请输入数据 b 的值:")，以下能够正确输出 a 与 b 之和的语句是（　　）。

A. print(a+b)　　B. print("a+b")

C. print(float(a)+float(b))　　D. print(int(a)+int(b))

2. 判断题

（1）在 Python 中，缩进是用于表示代码块或语句的开始和结束。（　　）

（2）在 Python 中，变量名必须以字母或下划线开头，并且只能包含字母、数字和下划线。（　　）

（3）Python 3.x 版本完全兼容 Python 2.x 版本。（　　）

（4）在 Python 中，变量名是区分大小写的。（　　）

（5）在 Python 中，所有关键字都可以作为变量名。（　　）

（6）input()函数可以接受用户输入并返回一个字符串类型的值。（　　）

（7）Python 使用 input()函数获取输入：输入为字符串，则返回字符串；输入为数值，则返回也是数值。（　　）

（8）print()函数可以接受多个参数，并将它们依次输出到控制台。（　　）

（9）Python 是一种静态语言，不需要编译器将代码转换为可执行代码。（　　）

3. 实操题

D:\python\data 路径下的文件 outline.xlsx 中有多个 sheet，其中第三个 sheet 为“1-1a 各地区户数、人口数和性别比(城市)”，试读取该 sheet 中的数据并进行显示，然后单独保存在 D:\python\data 下，命名为“pop_ratio.xlsx”。

项目 2

受高等教育人口情况统计

项目 2 相关资源

知识目标

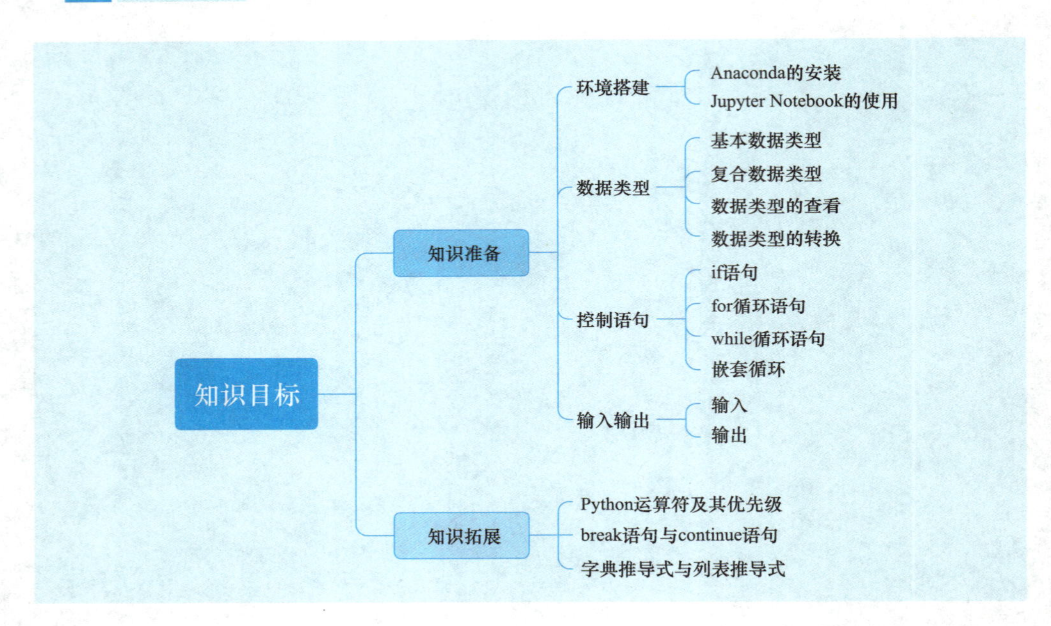

能力目标

熟悉并掌握 Python 语言的数据类型；熟练运用控制语句、输入输出操作；能够根据实际需求选择合适的数据类型来存储和处理数据；能够根据程序逻辑需求，合理设计并使用控制语句；能够使用 input()函数、print()函数实现输入输出。

素养目标

本项目旨在通过运用 Python 语言的数据类型、控制语句及输入输出语句等基础知识，对第七次人口普查中各地区 25 岁以上人口受高等教育情况进行深入分析。通过这一切入点，希望能够全面了解我国各地区大专及以上高等教育普及的实际情况。通过对比不同地区的教育普及情况，学生可以更加深入地理解我国教育发展的独特性和优势，从而增强民族自豪感和爱国主义精神。同时，这也是一次深刻的教育实践，通过数据分析这一方式，引导学生认识教育普及的重要性，提升实践能力和价值观念。

项目背景

项目背景及环境搭建

随着国家的快速发展，教育越来越被重视，特别是受大专及以上高等教育的人数越来越多。在 2000 年，大专及以上学历人数只有 4 000 万左右；到了 2020 年，大专及以上学历人数就达到了 1.6 亿左右，20 年间受高等教育的人口增长了 3 倍。图 2-1 为 1964—2020 年我国人口受教育情况。

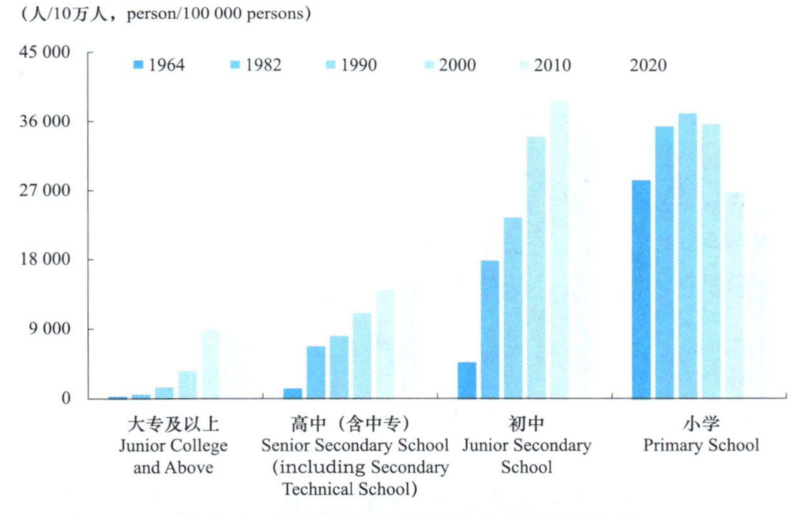

图 2-1　1964—2020 年我国人口受教育情况

资料来源：国家统计局官网。

习近平总书记强调，教育兴则国家兴，教育强则国家强。[①] 高等教育近几十年的高质量发展，持续为实现中华民族伟大复兴的中国梦提供智力支撑与人才支持。国家要从制造大国走向智造强国，离不开人工智能技术的助力，更离不开当今莘莘学子的付出和努力。作为新时代的青年学子，应该肩负起为国家繁荣和社会进步而努力奋斗的重任，通过努力学习和专业实践，为国家的智造强国建设贡献自己的力量。

---

① 习近平. 习近平在北京大学师生座谈会上的讲话[EB/OL]（2018-05-03）[2024-01-23]. http://jhsjk.people.cn/article/29961631.

任务情景

某数据分析人员要全面了解我国各地区受大专及以上高等教育的人数及占比的实际情况。于是，他（她）从国家统计局官方网站上获取了第七次人口普查数据中我国各地区 25 岁以上人口受高等教育情况的数据，并开始了自己的数据统计与分析之旅。

在项目实践中，该数据分析人员首先介绍数据类型、控制语句、输入输出语句等相关知识点，接着生成与获取全国大专学历总人数及占比数据，然后运用 for 循环语句计算与输出各地区大专学历人数数据，并运用 if 语句判断各地区大专学历人数占比高于还是低于全国水平，最后应用 while 循环语句计算并输出各地区受高等教育的人数及占比。

本项目使用的开发环境如下。

（1）操作系统：Windows 10。

（2）Python 版本：Python 3.10。

（3）开发工具：Anaconda3→Jupyter Notebook。

2.1 环境搭建

本项目在 Windows 10 操作系统、Anaconda3 环境下开发。Anaconda 是一个开源免费的 Python 发行版本，包含了 Conda、Python 等众多科学包及其依赖项。该版本可以便捷地获取和管理包，同时还可以对 Python 环境进行统一管理。

2.1.1 Anaconda 的安装

打开浏览器，在地址栏中输入 Anaconda 的官方下载地址 https://www.anaconda.com/download，进入 Anaconda 的官方下载网站，如图 2-2 所示。

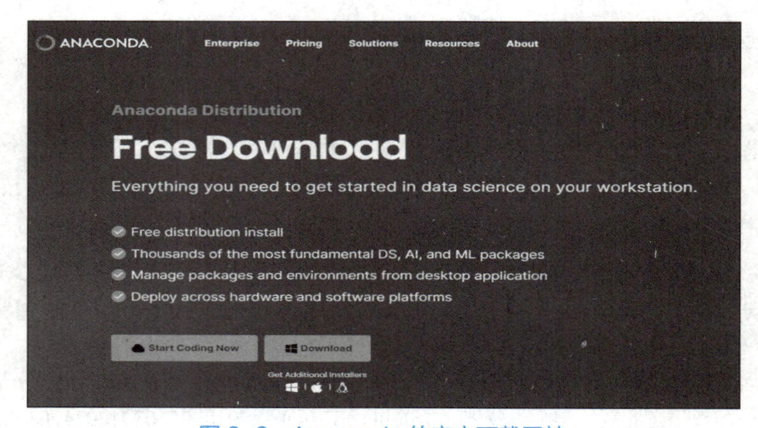

图 2-2 Anaconda 的官方下载网站

单击 Download 按钮，进入图 2-3 所示的下载页面，选择 Windows 版本下的 64-Bit Graphical Installer 进行下载。

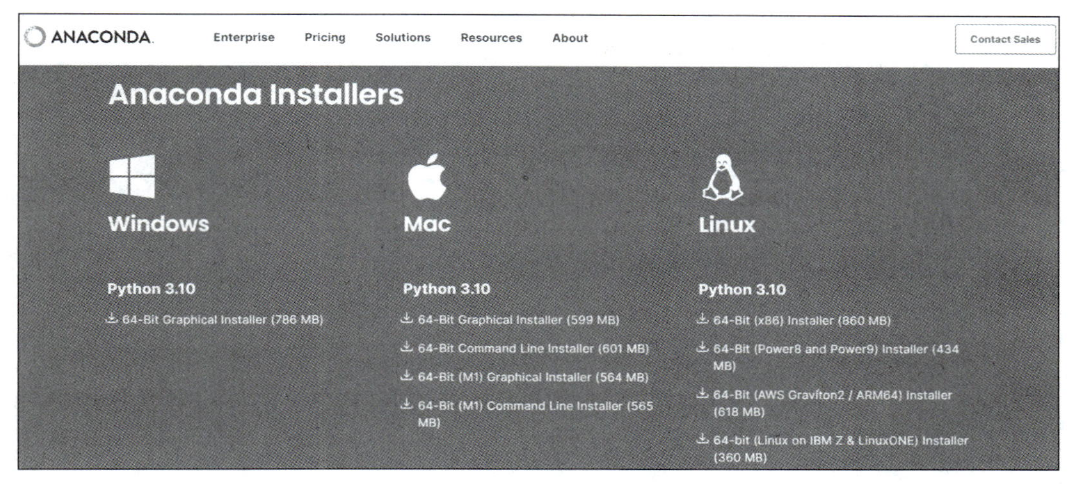

图 2-3　Anaconda 下载页面

下载完成后，双击安装文件按提示进行安装。当进入图 2-4 所示的安装界面时，勾选两个复选框选项，单击 Install 按钮完成安装。

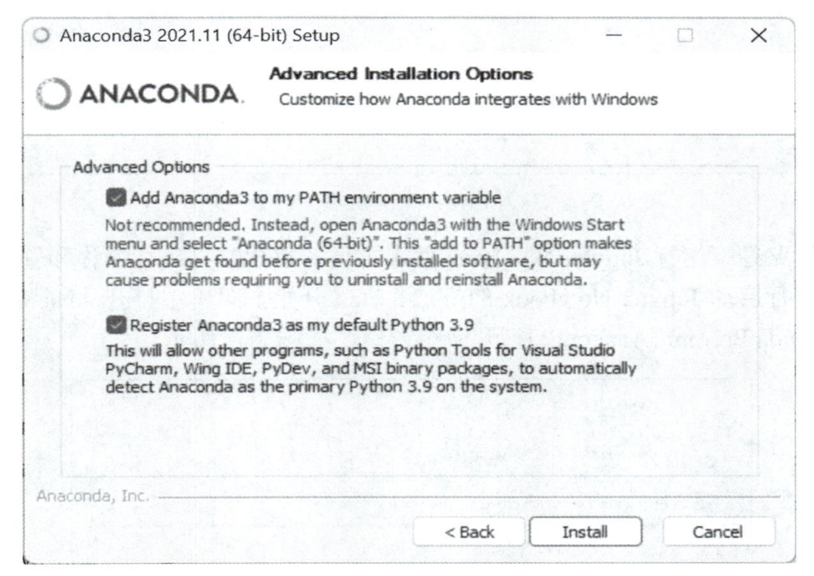

图 2-4　Anaconda 安装界面

2.1.2　Jupyter Notebook 的使用

安装完成后，在【开始】菜单的所有应用中找到 Anaconda3 (64-bit)文件夹，然后单击 Jupyter Notebook (Anaconda)启动程序，如图 2-5 所示。

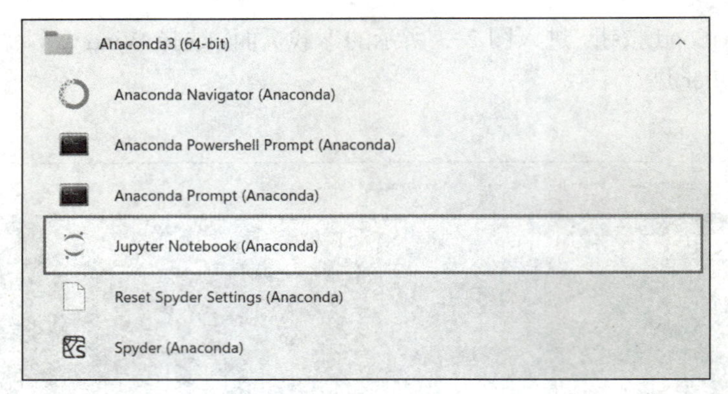

图 2-5　启动 Jupyter Notebook

程序启动后进入默认路径（C:\Users\当前用户名），如图 2-6 所示。页面中列出的文件目录正是默认路径中已存在的文件目录。

图 2-6　Jupyter Notebook 默认路径

在默认路径下运行 Jupyter Notebook 并不方便对自建文件进行操作和管理，因此推荐使用命令行启动 Jupyter Notebook 的方法。在【开始】菜单中打开 Anaconda3 目录，单击 Anaconda Prompt (Anaconda)打开命令窗口，如图 2-7 所示。

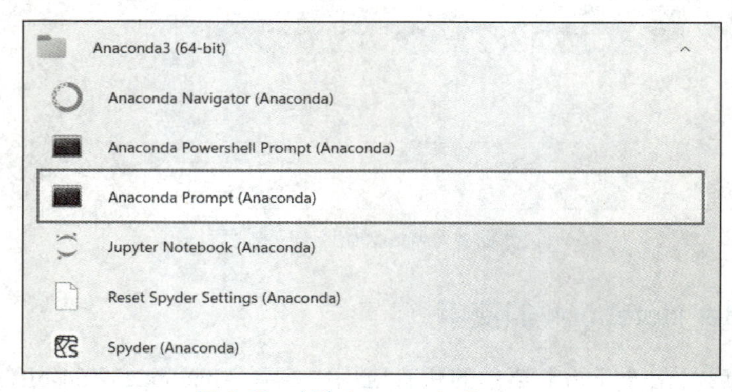

图 2-7　启动 Anaconda Prompt

在命令窗口中输入指定路径，如“jupyter notebook D:\Python”，回车执行即可在D:\Python 路径下打开 Jupyter Notebook 工具，如图 2-8 所示。

图 2-8　输入指定路径

1. Python 文件的创建

Jupyter Notebook 是一个基于网页的交互式计算环境，它本身支持多种语言的开发，但常用于 Python 的开发。

Jupyter Notebook 的本质是一个 Web 应用程序，客户端运行于浏览器，其优点是交互性强，便于创建和共享程序文件，支持实时代码、数学方程、可视化和 Markdown，尤其适用于需要频繁修改、实验的场景，比如数据分析、测试机器学习模型等。

若要在 Jupyter Notebook 环境下创建 Python 文件，在主界面单击右上方的 New 按钮，选择 Python 3 即可，如图 2-9 所示。新建文件的页面包含菜单栏、命令按钮区域和代码编辑区域，如图 2-10 所示。新建的文件默认以.ipynb 为后缀名保存。

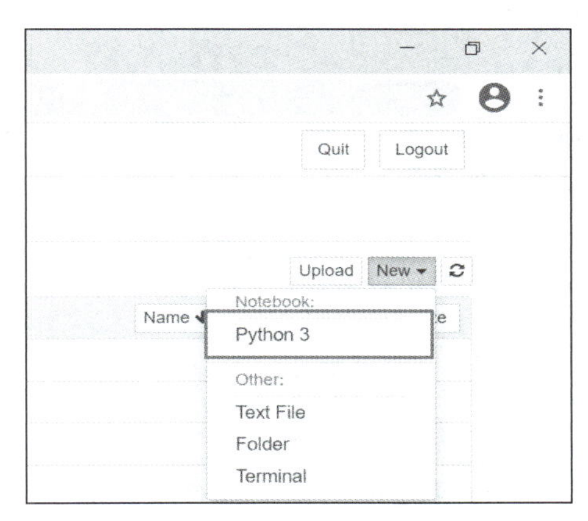

图 2-9　新建 Python 文件

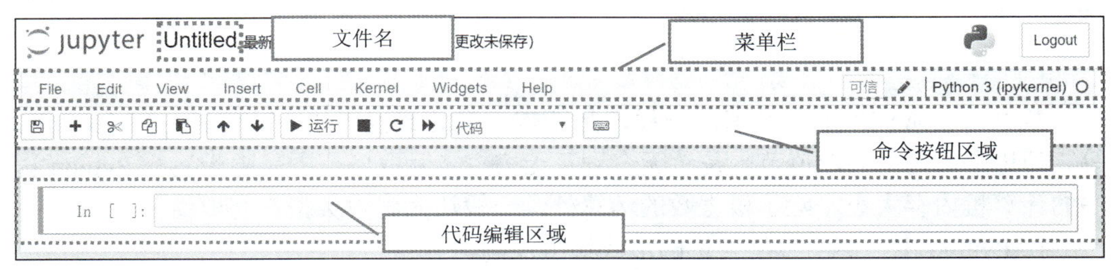

图 2-10　新建 Python 文件的页面布局

2. Python 代码的编辑和运行

代码编辑区域支持两种模式：Python 代码模式和 Markdown 模式。编写 Python 代码时，输入单元格为代码模式，单击【运行】按钮（或使用 Shift+Enter 组合键），即可输出运行结果，如图 2-11 所示。

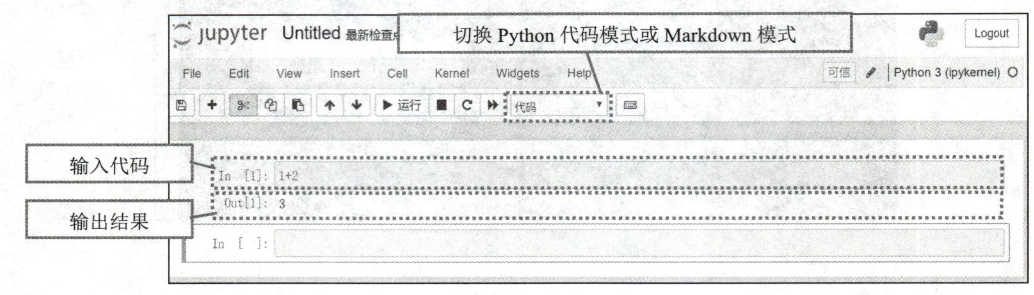

图 2-11 Jupyter Notebook 的代码编辑窗口

2.2 数据类型

Python 的数据类型可分为基本数据类型与复合数据类型。

2.2.1 基本数据类型

基本数据类型包含数值类型、字符串类型。

基本数据类型

1. 数值类型

数值类型有整型（int）、浮点型（float）、布尔型（bool）和复数型（complex），如表 2-1 所示。

表 2-1 数值类型

数值类型	中文解释	说 明	示 例
int	整型	不带小数的数值	666，−99
float	浮点型	带小数，用十进制或科学计数法表示	1.0，10.17，3.1e2
bool	布尔型	True 表示真（1），False 表示假（0）	True，False
complex	复数型	复数（complex），以 j 结尾表示复数	1+1j，0.123j，1+0j

1）整型

整型与日常使用的整数写法一样，是不带小数的数值，如 666、−99、0、3、107 等。理论上，整型的取值范围是负无穷到正无穷，实际取值范围受限于运行 Python 程序的计算机内存大小。除了极大数的运算外，一般认为整数类型没有取值范围。

在 Python 中，声明整型变量的形式如下：

```
age=19, score=90, apples=10
```

2）浮点型

Python 语言要求所有浮点数必须带有小数部分，小数部分可以是 0，比如 1.0。浮点数有两种表示方法：十进制表示和科学计数法表示，比如 10.17、3.1e2、3.14、−8.99 等。

在 Python 中，声明浮点型变量的形式如下：

```
height=1.63, weight=52.6, apple_price=9.9
```

3）布尔型

布尔型只有 2 个值（True 和 False），即只有对与错两种取值的数据类型。通常 True 表示真值 1，False 表示假值 0。

```
TA=True
FB=False
```

4）复数型

复数型是 Python 的内置类型，直接书写即可。Python 语言支持复数，不依赖于标准库或者第三方库。

复数由实部（real）和虚部（imag）构成。在 Python 中，复数的虚部以 j 作为后缀，具体格式为：a+bj，a 表示实部，b 表示虚部。

【例 2–1】复数型。

```
k=6+1.1j
print("k=",k)
print("k 的数据类型:",type(k))
```

输出结果：

```
k= (6+1.1j)
k 的数据类型: <class 'complex'>
```

2. 字符串

1）字符串的定义

字符串（string），又称文本，是由任意数量的字符，如中文、英文、数字、各类符号等组成，所以叫作字符串。

有 3 种不同的字符串定义法：单引号定义法、双引号定义法与三引号定义法。前两种定义方法基本是一样的，等号左侧是字符串变量名称，右侧的字符串放在单引号或双引号中。

【例 2–2】字符串（一）。

```
edu1='高等教育'          #单引号创建字符串变量
edu2="高等教育"          #双引号创建字符串变量
```

三引号定义法通常被用于长段文字或说明，只要引号不结束，就可以任意换行。三引号的组成方式可以是 3 个双引号的组合，也可以是 3 个单引号的组合。

注意：三引号除了具有定义字符串的功能外，还常常用于注释，二者写法一样，且同样支持换行操作。使用变量接收三引号定义的字符串，它就是字符串；不使用变量接收三引号定义的字符串，它就可以作为多行注释使用。因此，添加了引号且有变量接收的数据都是字符串。

【例 2–3】 字符串（二）。

```
#三引号（三单引号或三双引号）创建字符串变量
edu3='''高等教育及占比'''
edu4="""昆明滇池
        高原明珠"""
```

2）字符串转义字符

在使用字符串时，一些字符具有特殊含义。若需要原样输出字符而不触发特殊含义，可以使用反斜杠进行转义。例如'Hello'World'，中间的'会被识别为单引号，但如果想要输出单引号，则应写为'Hello\'World'。在 Python 中，反斜杠是转义字符，可以与其他字符结合，使其具有不同的含义。

字符串中，有以下几种常用的转义字符。

\\——反斜杠符号。

\’——单引号。

\”——双引号。

\e——转义。

\b——退格（Backspace）。

\n——换行。

\f——换页。

\r——回车。

3）字符串运算符

Python 常用的字符串运算符如表 2–2 所示。其中，str1= '投我以桃'，str2='，'，str3='报之以李'。

表 2–2 Python 常用的字符串运算符

运算符	描　述	示　例	示例结果
+	字符串连接	str1+str2+str3	'投我以桃，报之以李'
*	重复输出字符串	str1*2 str2*3	'投我以桃投我以桃' '，，，'
in	若字符串中包含指定字符，返回 True，否则返回 False	'桃' in str1 '李' in str2	True False
not in	若字符串中不包含指定字符，返回 True，否则返回 False	str2 not in str1 '李' not in str3	True False
[]	通过索引获取字符串中的字符	str1[3] str3[2]	'桃' '以'
[:]	通过索引获取字符串中的部分字符	str1[0:3] str3[2:]	'投我以' '以李'

2.2.2 复合数据类型

在 Python 中，集合（set）、列表（list）、元组（tuple）、字典（dict）都是复合数据类型。学习复合数据类型是为了能够高效批量存储或使用多份数据。

1. 集合

1）集合的定义

复合数据类型——集合、列表

集合是包含 0 个或多个数据项的无序组合，可无序地记录一堆不重复的 Python 数据。集合非常重要的功能是自动删除重复元素，即任何数据最多只能在集合中出现一次。如果希望能够过滤掉数据集中的重复数据，那集合是非常好的选择。

定义空集合的方法如下：

```
变量名称=set()
```

在 Python 中，set 表示集合。

【例 2–4】定义空集合。

```
education=set()
```

代码解析：

例 2–4 定义了一个变量名为 education 的空集合。

【例 2–5】集合赋值后输出。

```
education={"中国","高等教育","高等教育","College"}
print(education)
```

输出结果：

```
{'中国', 'College', '高等教育'}
```

代码解析：

在例 2–5 中，集合变量 education 中定义了 4 个元素，注意集合是用{}初始化元素的。该变量中元素“高等教育”出现了 2 次，在输出变量 education 后，发现字符串"高等教育"已被去重，且集合内元素的顺序是随机无序的。

结果可见：集合元素自动去重且无序。

2）集合的函数与方法

集合类型的操作函数与方法较多，其中 5 种常用的集合函数与方法如表 2–3 所示。

表 2–3　5 种常用的集合函数与方法

序号	描　述	说　明
1	集合.add(元素)	给集合中添加一个元素
2	集合.remove(元素)	移除集合内指定的元素
3	集合.pop()	从集合中随机移除并返回一个元素
4	len(集合)	记录了集合的元素数量，返回整数
5	集合.clear()	将集合清空

【例 2-6】集合的函数与方法。

```
edu={"中国","College","高等教育"}
edu.add("精神文明")          #给集合中添加元素
print(edu)
edu.remove("精神文明")       #删除集合中的元素
print(edu)
print(edu.pop())             #从集合中随机移除并返回一个元素
print(edu)
print(len(edu))              #获取集合中元素的个数
print(edu.clear())           #清空集合
print(edu)
```

输出结果：

```
{'College', '高等教育', '中国', '精神文明'}
{'College', '高等教育', '中国'}
College
{'高等教育', '中国'}
2
None
set()
```

2. 列表

1）列表的定义

列表是复合数据类型中使用最频繁的数据类型，可有序记录一组可变序列数据。

列表以[]作为标识。列表内的每一个数据，称为元素。列表可以容纳多个元素，每一个元素可以是任意类型的数据，如字符串、数字、布尔值等。列表内每一个元素之间用逗号隔开。

在定义一个空列表时，通常有以下两种方法。

方法 1：

变量名称=[]

等号左侧是列表变量名称，右侧只需一对空中括号即可定义一个空列表。

【例 2-7】定义空列表（一）。

```
education1=[]
```

代码解析：

例 2-7 定义了一个变量名为 education1 的空列表。

方法 2：

变量名称=list()

等号左侧是列表变量名称，右侧的 list()表示列表。

【例 2-8】定义空列表（二）。

```
education2=list()
```

代码解析：

例 2-8 定义了一个变量名为 education2 的空列表。

【例 2-9】定义列表。

```
education3=['A','云南',3,3.14]  #元素之间以逗号分隔，可为多种数据类型
```

代码解析：

例 2-9 定义了变量名为 education3 的列表。列表内有 4 个元素，分别为不同的数据类型，第 1、2 个元素是字符串，第 3 个元素是整数，第 4 个元素是浮点数。列表中元素之间用逗号分隔。

2）列表的下标索引

列表是序列，列表中的每一个元素都有其位置下标索引，通过索引可以访问列表。

下标索引法分为两种方式：一种是正向索引，即第一个元素的下标为 0，向后依次递增；另一种是反向索引，即最后一个元素的下标从-1 开始，向前依次递减，如图 2-12 所示。

列表的下标索引

education = ['中国', '教育强国', 3 , 3.14]

下标(从前向后)　0　1　2　3　从前向后，编号从0开始递增

下标(从后向前)　-4　-3　-2　-1　从后向前，编号从-1开始递减

图 2-12　下标索引法的两种方式

【例 2-10】列表的下标索引。

```
education=['中国','教育强国',3,3.14]
print(education[1])      #输出左边第 2 个元素，下标为 1
print(education[2])      #输出左边第 3 个元素，下标为 2
print(education[-1])     #输出最后一个元素，下标为-1
print(education[-4])     #输出从右往左的第 4 个元素，下标为-4
```

输出结果：

```
教育强国
3
3.14
中国
```

若需要取出连续的多个数据，则可以使用切片方法。其语法格式如下：

列表[起始:结束:步长]

切片方法的语法格式中，起始下标能够被取到，但结束下标则取不到，步长通常默认为 1。起始、结束、步长可以分别忽略不写。若不写起始下标索引，则默认从 0 开始；若不写结束下标索引，则默认为取到最后一个元素；若不写步长，则默认步长为 1；若三者均忽略不写，即列表[::]，则获取列表中的所有元素。

【例 2-11】分别用正向索引和反向索引获取例 2-10 中下标为 1、2 的两个元素。

```
education=['中国','教育强国',3,3.14]
print(education[1:3])       #正向索引获取
print(education[-3:-1])     #反向索引获取
```

输出结果：

```
['教育强国', 3]
['教育强国', 3]
```

3）列表的函数与方法

列表有很多的函数或方法，其中 5 种常用的列表函数与方法如表 2-4 所示。

表 2-4　5 种常用的列表函数与方法

序号	函　数	作　用	示　例
1	列表.append(元素)	向列表末尾添加一个元素	education.append('云南')
2	len(列表)	统计列表中元素的数量	len(education)
3	列表.insert(下标,元素)	在指定下标处插入指定的元素	education.insert(0,'云南')
4	del 列表[下标]	删除列表中指定下标的元素	del education[-1]
5	列表.index(元素)	查找指定元素在列表的下标	education.index('教育强国')

【例 2-12】列表的函数与方法。

```
education=['中国','教育强国',3,3.14]    #定义列表 education
education.append('云南')                 #向列表 education 末尾添加一个元素
print(education)
print(len(education))                     #输出列表的元素个数
education.insert(0,'北京')               #在下标为 0 的地方插入元素'北京'
print(education)
del education[-1]                         #删除下标为-1 的元素
print(education)
education.index('教育强国')              #获取元素'教育强国'的索引号
```

输出结果：

```
['中国', '教育强国', 3, 3.14, '云南']
5
['北京', '中国', '教育强国', 3, 3.14, '云南']
['北京', '中国', '教育强国', 3, 3.14]
2
```

3. 字典

字典是存储可变数量键值对的数据结构，是无序的 key-value 集合。

复合数据类型——字典、元组

1）字典的定义

定义字典变量的语法格式如下：

```
my_dict={key:value,...,key:value}
```

字典使用{}存储。字典中的每一个元素是一个键值对；每一个键值对包含 key 和 value，两者用冒号分隔。键值对之间使用逗号分隔。key 和 value 可以是任意类型的数据。key 不可重复，重复则会覆盖原有数据。

定义空字典有以下两种方法。

方法 1：直接使用空大括号创建一个空的字典。

```
my_dict={}
```

注意：用空大括号定义出来的是空字典，而不是集合，生成空集合需要使用函数 set()。

方法 2：使用 dict()函数创建（dict 是 dictionary 字典的简写）。

```
my_dict=dict()
```

【例 2-13】定义字典。

```
yn_edu={
    "大专人数":1938677,        #键:值
    "本科人数":1730162,
    "硕士人数":119440,
    "博士人数":16645
}
print(yn_edu)
```

输出结果：

```
{'大专人数': 1938677, '本科人数': 1730162, '硕士人数': 119440, '博士人数': 16645}
```

2）字典数据的获取

字典通过 key 值来取得对应的 value。

【例 2-14】获取字典数据。

```
yn_edu={
    "大专人数":1938677,        #键:值
    "本科人数":1730162,
    "硕士人数":119440,
    "博士人数":16645
}
print("云南大专人数:",yn_edu["大专人数"])    #获取键为"大专人数"对应的值
print("云南硕士人数:",yn_edu["硕士人数"])    #获取键为"硕士人数"对应的值
```

输出结果：

```
云南大专人数: 1938677
云南硕士人数: 119440
```

3）字典的遍历方式

方法 1：通过 keys()、values()、items()等方法，返回所有的键、值、键值对信息。

【例 2-15】遍历字典所有的键、值、键值对（一）。

```
#IMF 公布 2022 年全球 GDP 排名前四的国家，单位：亿美元
gdp_dict={'America':254645,'China':181000,'Japan':42335,'Germany':40754}
print("返回字典的键信息:",gdp_dict.keys())        #返回字典中所有的键
print("返回字典的值信息:",gdp_dict.values())      #返回字典中所有的值
print("返回字典的键值对:",gdp_dict.items())       #返回字典中所有的键值对
```

输出结果：

```
返回字典的键信息：dict_keys(['America', 'China', 'Japan', 'Germany'])
返回字典的值信息：dict_values([254645, 181000, 42335, 40754])
返回字典的键值对：dict_items([('America',254645),('China',181000),('Japan',
42335), ('Germany', 40754)])
```

方法 2：通过 for... in...语句遍历字典的元素，返回所有的键、值、键值对信息。

【例 2-16】遍历字典所有的键、值、键值对（二）。

```
#IMF 公布 2022 年全球 GDP 排名前四的国家，单位：亿美元
gdp_dict={'America':254645,'China':181000,'Japan':42335,'Germany':40754}
for key in gdp_dict:                        #遍历字典的所有键
    print(key)
print('\n')
for value in gdp_dict.values():             #遍历字典的所有值
    print(value)
print('\n')
for key,value in gdp_dict.items():  #遍历字典的键和值
    print(key,value)
print('\n')
```

输出结果：

```
America
China
Japan
Germany

254645
181000
42335
40754

America 254645
China 181000
Japan 42335
Germany 40754
```

4）字典的键、值排序

Python 的字典中没有顺序的概念，字典的元素是无序的，可以使用 sorted()函数来对字典的键、值进行排序。

【例 2-17】字典的键、值进行排序。

```
gdp_dict2={'China':181000,'Japan':42335,'America':254645,'Germany':40754}
sorted_keys=sorted(gdp_dict2.keys())            #对字典的键信息进行排序
print(sorted_keys)
sorted_values=sorted(gdp_dict2.values())        #对字典的值信息进行排序
print(sorted_values)
```

输出结果：

```
['America', 'China', 'Germany', 'Japan']
[40754, 42335, 181000, 254645]
```

4. 元组

元组是有序的不可变序列，可有序记录一组不可变的 Python 数据集合。

定义元组有以下两种方法。

方法 1：

```
变量名称=()
```

方法 2：

```
变量名称=tuple()
```

【例 2-18】定义空元组。

```
education=()
education=tuple()
```

代码解析：

例 2-18 中的两行语句功能相同，均定义了一个名为 education 的空元组。

【例 2-19】定义元组。

```
education1=('A','云南',3,3.14)    #逗号分隔，可为不同的数据类型
education2=('A',)                 #定义只有一个元素的元组，元素后面要加逗号
```

元组与列表的相同之处如下。

（1）两者均使用逗号分割各个元素，元素均可以是不同的数据类型。

（2）两者的读取方式一样，均使用索引读取。

元组与列表的区别如下。

（1）列表中的元素可以修改，而元组中的元素不可修改，只能读取。

（2）列表的符号是[]，元组的符号是()。

（3）元组若只有一个元素时，该元素后面要添加逗号。

复合数据类型的对比如表 2-5 所示。

表 2-5　复合数据类型的对比

类　型	符　号	描　述	说　明
列表（list）	[ ]	有序的可变序列	使用最频繁的数据类型，可有序记录一堆数据
元组（tuple）	( )	有序的不可变序列	可有序记录一堆不可变的 Python 数据集合
集合（set）	{ }	无序不重复集合	可无序记录一堆不重复的 Python 数据集合
字典（dictionary）	{ }	无序 key-value 集合	可无序记录一堆 key-value 型的 Python 数据集合

2.2.3　数据类型的查看

数据类型的查看与转换

如何知道数据或变量的数据类型呢？答案是通过 type()函数来查看。

方法 1：

```
type(需查看类型的数据)
```

【例 2-20】查看数据类型（一）。

```
print(type(5))
print(type(3.14))
print(type("python"))
```

输出结果：

```
<class 'int'>
<class 'float'>
<class 'str'>
```

方法 2： 通过查看数据的变量类型，确定该数据所属的数据类型。

【例 2-21】查看数据类型（二）。

```
i="python"
print(type(i))
f=3.14
print(type(f))
```

输出结果：

```
<class 'str'>
<class 'float'>
```

2.2.4　数据类型的转换

使用转换函数可以对数据类型进行转换。3 种最常用的数据类型转换语句如表 2-6 所示，其中 x 为数值类型。

表 2-6　3 种最常用的数据类型转换语句

语句（函数）	说　明	示　例	示例输出
int(x)	将 x 转换为一个整数	int(3.14) int('1949')	3 1949
float(x)	将 x 转换为一个浮点数	float(314) float(0)	314.0 0.0
str(x)	将 x 转换为字符串	str(0.3) str(-1)	'0.3' '-1'

除了以上 3 种最常用的数据类型转换语句外，还有以下 3 种较常用的数据类型转换语句。

（1）bool(k)：将 x 转换为布尔值。

（2）list(k)：将 x 转换为列表。

（3）tuple(k)：将 x 转换为元组。

2.3 控制语句

Python 程序代码有 3 种控制语句：① if 条件分支语句（if 语句），有单分支结构、二分支结构与多分支结构；② for 循环语句；③ while 循环语句。

2.3.1 if 语句

if 语句

if 语句是一种分支结构语句，也叫作选择结构。程序运行时，通过判断某个条件是否成立来决定选择执行不同分支的语句。

以高等教育毛入学率（指某年度某级教育在校生数占相应学龄人口总数的比例，它标志着教育相对规模和教育机会，是衡量教育发展水平的重要指标）为指标，可以将高等教育的发展历程分为精英化、大众化、普及化和高度普及阶段。一般来说，当高等教育毛入学率小于 15%时，高等教育处于精英化阶段；当高等教育毛入学率大于等于 15%且小于 50%时，高等教育就进入了大众化阶段；当高等教育毛入学率大于等于 50%且低于 80%时，高等教育就进入了普及化阶段；当高等教育毛入学率不低于 80%时，高等教育就进入了高度普及阶段。因此，依据某个国家特定年份的高等教育毛入学率，可借助 if 语句来判断该国高等教育所处的阶段。

1. 单分支结构

单分支结构的语法格式如下：

```
if 条件语句:
[缩进] 语句块
```

if 单分支结构只有 if 语句而无其他分支，if 是一个关键字，其后是条件语句，条件语句后的冒号不能少。

如果条件语句为真，则执行语句块。语句块可以是一行代码，也可以是多行代码。

【例 2–22】根据某国高等教育毛入学率 ratio 的值，使用 if 单分支结构判断该国高等教育是否进入高度普及阶段。

```
ratio=0.9             #ratio 为某国高等教育的毛入学率
if ratio>0.8:
    print('高度普及!') #if 条件成立，执行该语句；该语句块相对 if 条件语句需要缩进
print('判断完毕!')     #该语句与 if 条件语句并列，无论 if 条件是否成立均会执行
```

输出结果：

```
高度普及!
判断完毕!
```

动动手

将 ratio 的值设置为小于 0.8，查看输出结果。

2. 二分支结构

if-else 语句是 if 语句的二分支结构，其语法格式如下：

```
if 条件语句:
[缩进] 语句块 1
else:
[缩进] 语句块 2
```

if 条件语句与 else 后均需要加上冒号，二者为同一层级，须对齐。

if 条件语句为真，则执行语句块 1，不再执行分支结构剩下的代码；语句 1 相对于 if 条件语句须缩进。if 条件不成立，则执行 else，else 的语句块 2 相对于 else 须缩进。

【例 2-23】根据某国高等教育毛入学率 ratio 的值，使用 if 二分支结构判断该国高等教育是否进入高度普及阶段。

```
ratio=0.9
if ratio>0.8:
    print('该国高等教育已进入高度普及阶段!')
else:
    print('该国高等教育未进入高度普及阶段!')
```

输出结果：

```
该国高等教育已进入高度普及阶段!
```

将 ratio 的值设置为小于 0.8，查看输出结果。

【例 2-24】根据某国 2015 年高等教育毛入学率 ratio 的值，使用 if 二分支结构判断 2015 年该国高等教育是否处于大众化阶段。

```
ratio=0.6    #ratio 为某国 2015 年高等教育毛入学率
if ratio>=0.15 and ratio<0.5:  #判断 ratio 的值是否在 15%~50%之间
    print('2015 年该国高等教育处于大众化阶段')  #if 条件成立，执行该语句
else:   #if 条件不成立
    print('2015 年该国高等教育不处于大众化阶段')  #if 条件不成立，执行该语句
```

输出结果：

```
2015 年该国高等教育不处于大众化阶段
```

3. 多分支结构

多分支结构有 if-elif-else 语句与 if-elif-elif-...-else 语句两种。前者可以理解为只有三分支结构，后者为多于 3 个分支的结构。其语法格式如下：

```
if 条件语句 1:
[缩进] 语句块 1
elif 条件语句 2:
[缩进] 语句块 2
elif 条件语句 3:
```

```
[缩进] 语句块 3
...
else:
[缩进] 语句块 N
```

if、elif 与 else 三者是同一级别，须对齐，结尾均有冒号。如果 if 条件语句 1 成立，只执行语句块 1，退出整个 if 结构，否则不执行语句块 1，继续判断 elif 条件语句 2 是否成立。如果 elif 条件语句 2 成立，只执行语句块 2，退出整个 if 结构，否则不执行语句块 2，接着往下进行 elif 判断。只要有一个条件成立，执行相应语句块后，马上退出整个 if 结构。如果所有条件均不成立，则只执行 else 中的语句块 *N*。多分支结构中，elif 条件语句可以根据实际情况增加或减少。

【例 2-25】根据某国高等教育毛入学率 ratio 的值，使用 if 多分支结构判断该国高等教育处于哪个阶段。

```
ratio=0.3    #ratio 为某国高等教育毛入学率
if  ratio>0.8:
    print('该国高等教育处于高度普及阶段!')
elif  ratio>0.5:
    print('该国高等教育处于普及化阶段!')
elif ratio>0.15:
    print('该国高等教育处于大众化阶段!')
else:
    print('该国高等教育处于精英化阶段!')
```

输出结果：

```
该国高等教育处于大众化阶段!
```

动动手

将 ratio 的值分别修改为 0.1、0.6、0.9，查看输出结果。

2.3.2　for 循环语句

for 循环语句

Python 中，for 循环语句是一种基本的迭代结构，用于重复执行一段代码，循环的次数根据遍历结构中元素的个数确定。遍历循环过程为：从遍历结构中逐一提取元素，赋值给循环变量，每提取一个元素执行一次循环体，直到所有元素均被提取完成后退出循环。遍历结构可以是字符串、列表、元组、字典、集合，也可以是文件。循环体相对于 for 循环语句需缩进。其语法格式如下：

```
for  循环变量  in  遍历结构:
[缩进] 循环体
```

【例 2-26】for 循环语句的遍历循环结构。

```
for i in ["精英化教育阶段","大众化教育阶段","普及化教育阶段","高度普及阶段"]:
    print(i)
```

输出结果：

```
精英化教育阶段
大众化教育阶段
普及化教育阶段
高度普及阶段
```

【例 2–27】使用 for 循环语句，计算某位同学的总成绩与平均成绩。

```
scores=[97,65,96,90]                    #定义一个列表，存储 4 门课程的成绩
total_scores=0                          #定义总成绩变量 total_score 的初始值为 0
for score in scores:                    #遍历列表 scores 中的每个成绩
    total_scores+=score                 #循环体
average=total_scores/len(scores)        #计算平均成绩
print("总成绩:",total_scores)
print("平均成绩:",average)
```

输出结果：

```
总成绩: 348
平均成绩: 87.0
```

【例 2–28】使用 for 循环语句，计算 100 以内（包含 100）偶数的和。

```
sum=0
for i in range(0,101,2):  #range 中第一个值为起始值，第二个值为最大值，第三个
值为步长
    sum=sum+i    #for 循环体
print("100 以内偶数的和为:",sum)
```

输出结果：

```
100 以内偶数的和为: 2550
```

2.3.3 while 循环语句

while 循环语句

while 条件循环是指根据 while 后的条件语句判断是否执行循环体。程序首先判断条件语句是否为真，为真则执行循环体。每执行完一次循环体就判断一次条件，只要条件成立就执行循环体，直到条件不成立而退出循环。其语法格式如下：

```
while 条件语句:
    [缩进] 循环体
```

【例 2–29】2018—2022 年中国人工智能市场规模分别是 2 288 亿元、2 633 亿元、3 031 亿元、4 041 亿元、4 849 亿元，使用 while 循环语句计算这五年中国人工智能市场规模总和。

```
#定义一个列表，存储 2018—2022 年中国人工智能市场规模（亿元）
AIMarket=[2288,2633,3031,4041,4849]
i=0
AIMarkets=0       #定义变量 AIMarkets，代表人工智能市场规模，初始值为 0
while i<len(AIMarket):
      AIMarkets=AIMarkets+AIMarket[i]
```

```
    i=i+1          #列表的下标加 1，移动到列表的下一个元素
print("2018—2022 年中国人工智能市场规模总和:{}(亿元)".format(AIMarkets))
```

输出结果：

```
2018—2022 年中国人工智能市场规模总和:16842（亿元）
```

代码解析：

在 while 循环语句中，循环条件为 AIMarket 列表的下标 i<len(AIMarket)，即小于列表 AIMarket 的元素长度。循环条件为真时，执行循环体的第 1 行代码，将每年的市场规模累加到变量 AIMarkets 中；然后执行循环体的第 2 行代码，下标 i 加 1，即列表的索引加 1，移动到列表的下一个元素；接着再判断循环条件是否为真，为真则继续下一轮循环，为假则结束循环。当 i 等于列表 AIMarket 的长度（5）时，循环条件为假，结束循环。循环结束时，AIMarkets 中存储的是这五年中国人工智能市场规模总和。

2.3.4　嵌套循环

嵌套循环

在 Python 中，嵌套循环是一种常见的编程结构，它允许在一个循环内部使用另一个循环。嵌套循环可以用于解决许多问题，例如遍历二维数组、生成组合或排列等。

【例 2–30】使用嵌套 for 循环语句输出九九乘法表。

```
for i in range(1,10):          #外层循环，控制乘法表的行数
  for j in range(1,i+1):       #内层循环，控制每行的乘法因子
      print(f"{j}*{i}={i*j}",end='\t')  #输出乘法表的一行
  print()  #每行结束后换行
```

输出结果：

```
1*1=1
1*2=2   2*2=4
1*3=3   2*3=6   3*3=9
1*4=4   2*4=8   3*4=12  4*4=16
1*5=5   2*5=10  3*5=15  4*5=20  5*5=25
1*6=6   2*6=12  3*6=18  4*6=24  5*6=30  6*6=36
1*7=7   2*7=14  3*7=21  4*7=28  5*7=35  6*7=42  7*7=49
1*8=8   2*8=16  3*8=24  4*8=32  5*8=40  6*8=48  7*8=56  8*8=64
1*9=9   2*9=18  3*9=27  4*9=36  5*9=45  6*9=54  7*9=63  8*9=72  9*9=81
```

嵌套循环的执行顺序是从外层循环到内层循环。这意味着对于每个外层循环迭代，内层循环都会完整地执行。这使得嵌套循环成为处理二维数组、矩阵或列表的强大工具。需要注意的是，嵌套循环的复杂性会增加代码的执行时间，特别是当嵌套循环的层数较多时，应该注意优化算法以减少不必要的计算。

2.4　输入输出

输入输出

在 Python 中，通常通过 input()函数获取键盘输入，通过 print()函数实现输出。

2.4.1 输入

input 语句可以从键盘获取输入，并使用变量接收其所获取的键盘输入数据。其语法格式如下：

```
变量=input(提示信息)
```

其中，input()函数内的“提示信息”用于向操作者表明所需输入内容的类型；变量所接收的内容为操作者通过键盘输入的信息。

程序运行后提示“请输入云南大专人数:”，用户输入 1938677，变量 col_pop 获得值 1938677，如图 2-13 所示。此处需注意的是，通过 input()函数获取的值永远都是字符串型。如图 2-14 所示，使用 type()函数查看变量 col_pop 的数据类型，可以看到变量 col_pop 是字符串型。

```
col_pop = input("请输入云南大专人数: ")
请输入云南大专人数: 1938677
```

图 2-13　input()函数

```
print("输出input变量col_pop的类型: ",type(col_pop))
输出input变量col_pop的类型: <class 'str'>
```

图 2-14　使用 type()函数查看变量 col_pop 的数据类型

2.4.2 输出

print()函数的功能是输出，有 3 种方式：字符串拼接、字符串格式化的%方法及字符串格式化的 format()方法。

1. 字符串拼接

使用逗号或加号可实现字符串与变量之间的拼接。

【例 2-31】分别使用逗号和加号拼接字符并输出。

```
country='中国'
great_wall='万里长城'
print(country,great_wall,'雄伟壮观')      #用逗号拼接字符串和变量
print(country+great_wall+'雄伟壮观')      #用加号拼接字符串和变量
```

输出结果：

```
中国 万里长城 雄伟壮观
中国万里长城雄伟壮观
```

注意：不能使用加号将字符串和数字拼接在一起，需要将数字转换成字符串后再进行拼接。

2. 字符串格式化的%方法

字符串格式化用于解决字符串和变量同时输出时的格式安排。其语法格式如下：

```
"%占位符" % 变量
```

字符串格式化%方法的格式符号及转化结果如表 2–7 所示。

表 2–7　字符串格式化%方法的格式符号及转化结果

格式符号	转化结果
%s	将内容转换成字符串，放入占位位置
%d	将内容转换成整数，放入占位位置
%f	将内容转换成浮点数，放入占位位置

其语法格式中，双引号内的%表示占位符；双引号内的占位符最常见的是 s、d 与 f，%s 是将内容转换成字符串，放入占位位置；%d 是将内容转换成整数，放入占位位置；%f 是将内容转换成浮点数，放入占位位置。需要注意的是，双引号后面须添加一个%，其后放置变量。若仅有一个变量，可不使用小括号括起来；若有多个变量，则须使用小括号存放变量，且变量的顺序应与占位符的顺序一致。

【例 2–32】使用占位符按要求格式输出指定内容。

```
area='云南'
col_pop=1938677
col_per=0.061
print("地区:%s,大专人数%d,占比%f"%(area,col_pop,col_per))
```

输出结果：

```
地区:云南,大专人数 1938677,占比 0.061000
```

代码解析：

在 print 语句中，双引号内的内容是字符串，其中有 3 个%用于占位，所以在小括号内对应顺序放置 3 个变量。该 print 语句实现的功能是：将变量 area 转变为字符串放到第一个占位区%s 中，将变量 col_pop 转变为整数放到第二个占位区%d 中，将变量 col_per 转变为浮点数放到第三个占位区%f 中。

用%控制字符串格式时，使用辅助符号"m.n"来控制数据的宽度和精度。其中，m 控制整体位数，n 控制小数点精度。如果设置的宽度 m 小于实际宽度，输出实际宽度；如果设置的宽度 m 大于实际宽度，则在左侧补空格，使整体宽度等于 m。表 2–8 中的例子展示了整数、浮点数与字符串的精度控制方法。

表 2–8　精度控制方法

格式	说　明	实　例
%4d	整数的宽度控制为 4 位，位数不足用空格补齐	print("%4d"%314) 输出：[空格] 314
%.2f	浮点数不限制宽度，小数点的精度设置为 2	print("%.2f"%12.345) 输出：12.35
%6.2f	浮点数的宽度控制为 6 位，小数点的精度设置为 2	print("%6.2f"%3.141) 输出：[空格][空格]3.14
%9s	字符串的宽度设置为 9	print("%9s"%"传承工匠精神") 输出：[空格][空格][空格]传承工匠精神

【例 2–33】使用字符串格式化的%方法控制数据输出的格式。

```
area='云南'
col_pop=1938677
col_per=0.061
print("地区:%3s,大专人数%10d,占比%.4f"%(area,col_pop,col_per))
```

输出结果：

```
地区：云南,大专人数    1938677,占比0.0610
```

3. 字符串格式化的 format()方法

字符串可以通过 format()方法进行格式化处理。其语法格式如下：

```
<模板字符串>.format(<逗号分隔的参数>)
```

模板字符串由一系列槽组成，用来控制修改字符串中嵌入值出现的位置，其基本思想是将 format()方法中逗号分隔的参数按照序号关系替换到模板字符串的槽中。槽用大括号{}表示。如果大括号中没有序号，则按照出现顺序替换；如果大括号中有序号，则按序号顺序替换。

【例 2–34】使用 fromat()方法控制输出字符的格式。

```
area='云南'
col_pop=1938677
col_per=0.061
print("地区:{},大专人数{},占比{}".format(area,col_pop,col_per))
#按槽中序号顺序输出
print("地区:{2},大专人数{0},占比{1}".format(col_pop,col_per,area))
```

输出结果：

```
地区:云南,大专人数1938677,占比0.061
地区:云南,大专人数1938677,占比0.061
```

在 format()方法中，模板字符串的槽除了包括参数序号，还可以包括格式控制信息。此时，槽的内部样式如下：

```
{<参数序号>:<格式控制标记>}
```

冒号后的<格式控制标记>有多种类型，包括填充、对齐、宽度、精度、类型等，如表 2–9 所示。

表 2–9　格式控制标记类型

标记类型	填充	对齐	宽度	,	.精度	类型
用途说明	用于填充的单个字符	^居中对齐 <左对齐 >右对齐	设定槽的输出宽度	数字的千位分隔符	字符串最大输出长度或浮点数小数精度	浮点数类型 e、E、f、% 整数类型 b、c、d、o、x、X

【例 2–35】使用 foramt()方法控制输出字符串的格式。

```
print("{0:*^30}".format("教育是一场温暖的修行"))  # "^" 表示居中对齐, *填充
print("{0:#<30}".format("教育是一场温暖的修行"))  # "<" 表示左对齐, #填充
print("{0:->30}".format("教育是一场温暖的修行"))  # ">" 表示右对齐, -填充
```

```
print("{0:10}".format("玉不琢，不成器"))                    #默认左对齐，空格填充
print("全国 31 个省区市共{0:,}万人".format(141177)) #槽中带“,”，进行千位分割
print("全国 31 个省区市共{0:}万人".format(141177))  #槽中不带“,”，不进行千位分割
print("{0:.2f}".format(12345.6789))                  #槽中“.2f”表示保留两位小数
```

输出结果：

```
**********教育是一场温暖的修行**********
教育是一场温暖的修行####################
--------------------教育是一场温暖的修行
玉不琢，不成器
全国 31 个省区市共 141,177 万人
全国 31 个省区市共 141177 万人
12345.68
```

代码解析：

槽中的 0 用于指明参数序号，对应 format()方法中的第 0 个参数。

【例 2-36】对数字使用各种整数类型进行转换。

```
print("{0:b},{0:c},{0:d},{0:o},{0:x},{0:X}".format(14))
```

输出结果[①]**：**

```
1110,□,14,16,e,E
```

代码解析：

槽中的 0 均表示第 0 个参数；“:b”表示将数据转换为二进制形式，14 的二进制形式为 1110；“:c”表示输出整数对应的 Unicode 字符，14 对应的字符为□；“:d”表示输出整数的十进制形式；“:o”表示输出整数的八进制形式，14 的八进制值为 16；“:x”表示输出整数的十六进制小写形式，14 的十六进制小写形式为 e；“:X”表示输出整数的十六进制大写形式，14 的十六进制大写形式为 E。

【例 2-37】使用 input()函数输入云南总人数、大专人数，并使用 print()函数的字符串格式化%方法及 format()方法输出。

```
yn_pop=int(input("请输入云南总人数:"))     #使用 int 将输入的字符串转换为整数
col_pop=int( input("请输入云南大专人数:"))
col_per=col_pop/yn_pop                     #计算云南大专占比
print("云南大专占比: %d/%d=%.3f"%(col_pop,yn_pop,col_per))
print("云南人数{1:3d}人，大专人数{0:10d}人，大专占比{2:.4f}".format(col_
pop,yn_pop,col_per))
```

输出结果：

```
请输入云南总人数:31891862
请输入云南大专人数:1938677
云南大专占比为:1938677/31891862=0.061
云南人数 31891862 人,大专人数 1938677 人,大专占比 0.0608
```

① 因 Python 的版本不同，输出结果可能会在局部存在差异。

任务实施

全国大专学历总人数及占比

1. 全国大专学历总人数及占比

使用第七次人口普查中 25 岁以上人口受教育情况的数据，将各地区人口及高等教育数据添加到列表中，并查看输出列表中全国总人数、全国大专学历总人数及占比等数据。

任务的实现步骤如下。

第 1 步：生成列表数据，用于存放多个地区的地区名称、本地区人数、高等教育各层次人数。

第 2 步：计算全国大专人数占比，该占比等于全国大专人数除以全国总人数。

第 3 步：查看与输出列表的字段与数据。

第 4 步：查看与输出列表中字段的数据类型。

【任务 2-1】 计算全国大专学历总人数及占比。

```
#列表中的数据依次为：地区，总人数，大专人数，本科人数，硕士人数，博士人数
edu=[["全国",1008768971,85183460,68239845,8000200,1208325],  #定义列表
     ["北京",17317529,2573477,4029479,1128508,214065],
     ["上海",20210259,2641298,3590958,845593,127180]]
edu.append(["广东",86527831,8182779,6217116,703354,89540])  #列表中添加元素
edu.insert(4,["云南",31891862,1938677,1730162,119440,16645]) #列表中插入元素
print(edu,"\n")                              #输出列表 edu 的所有内容
print("列表的第 0 个元素是：",edu[0])          #输出列表 edu 的第 0 个元素
print("列表的第 3 个元素是：",edu[3])          #输出列表 edu 的第 3 个元素
print("云南的博士人数是：",edu[4][5])          #输出列表第 4 个元素的第 5 个子元素
col_per=round(edu[0][2]/edu[0][1],4)         #全国的大专人数占比
print("地区:",edu[0][0],",全国人数",edu[0][1],",大专人数",edu[0][2],",占比",col_per)
print('数据类型:地区',type(edu[1][0]),',大专人数',type(edu[1][2]),',占比',type(col_per))
```

输出结果：

```
[['全国', 1008768971, 85183460, 68239845, 8000200, 1208325], ['北京', 17317529, 2573477, 4029479, 1128508, 214065], ['上海', 20210259, 2641298, 3590958, 845593, 127180], ['广东', 86527831, 8182779, 6217116, 703354, 89540], ['云南', 31891862, 1938677, 1730162, 119440, 16645]]

列表的第 0 个元素是：['全国', 1008768971, 85183460, 68239845, 8000200, 1208325]
列表的第 3 个元素是：['广东', 86527831, 8182779, 6217116, 703354, 89540]
云南的博士人数是：16645
地区：全国，全国人数 1008768971，大专人数 85183460，占比 0.0844
数据类型：地区 <class 'str'>,大专人数 <class 'int'>,占比 <class 'float'>
```

代码解析：

首先生成列表 edu。该列表中的元素也是列表，定义列表的同时给列表添加了 3 个元素。然后，调用 append()函数给列表添加一个元素，再调用 insert()函数给列表下标为 4 的位置插入一个元素。输出第 0 个元素 edu[0]，可以看到全国的相关受教育数据是一个列表。在语句 col_per=round(edu[0][2]/edu[0][1],4)中，edu[0][2]是全国的大专人数，edu[0][1]是全国人数，因此两者的商为全国的大专人数占比。round()函数用来设置返回的小数点位数，此处表示保留 4 位小数。最后一条语句使用 type()函数输出几个元素的类型。

动动手

查找四川和河南的相关数据，使用 append()函数将四川人数附加到列表 edu 中；使用 insert()函数将河南的相关数据插入到列表 edu 下标为 2 的位置；分别计算并输出北京的博士占比、河南的硕士占比。

2. 各地区大专学历总人数及占比

各地区大专学历总人数及占比

使用第七次人口普查中 25 岁以上人口受教育情况的数据，运用 Python 中的 for 循环语句计算并输出各地区大专学历总人数及占比。

任务的实现步骤如下。

第 1 步：建立空列表，用于存放各地区大专占比数据。

第 2 步：使用 for 循环语句计算各地区大专人数占比。

第 3 步：将各地区大专人数占比添加到列表中。

第 4 步：查看列表数据。

【任务 2–2】计算各地区大专人数占比。

```
#列表中的数据依次为：地区，总人数，大专人数，本科人数，硕士人数，博士人数
edu=[["全国",1008768971,85183460,68239845,8000200,1208325],  #定义列表
     ["北京",17317529,2573477,4029479,1128508,214065],
     ["上海",20210259,2641298,3590958,845593,127180]]
edu.append(["广东",86527831,8182779,6217116,703354,89540])  #列表中添加
元素
edu.insert(4,["云南",31891862,1938677,1730162,119440,16645]) #列表中插
入元素
col_per=list()
for i in range(len(edu)):   #循环从列表 edu 中读取数据，len(edu)为 edu 的元
素个数
    col_per=round(edu[i][2]/edu[i][1],3)  #计算每个地区的大专人数占比
    edu[i].append(col_per)   #将占比数据附加到 edu 对应的元素末尾
    print("地区:%s,大专人数%d,占比%.3f"%(edu[i][0],edu[i][2],col_per))
print(edu)
```

输出结果：

```
地区:全国,大专人数85183460,占比0.084
地区:北京,大专人数2573477,占比0.149
地区:上海,大专人数2641298,占比0.131
地区:广东,大专人数8182779,占比0.095
地区:云南,大专人数1938677,占比0.061
[['全国', 1008768971, 85183460, 68239845, 8000200, 1208325, 0.084], ['北京', 17317529, 2573477, 4029479, 1128508, 214065, 0.149], ['上海', 20210259, 2641298, 3590958, 845593, 127180, 0.131], ['广东', 86527831, 8182779, 6217116, 703354, 89540, 0.095], ['云南', 31891862, 1938677, 1730162, 119440, 16645, 0.061]]
```

代码解析：

首先使用 list()函数建立空列表 col_per，用于存放大专人数占比。使用 for 循环语句遍历列表 edu，计算各地区的大专人数占比（用各地的大专人数除以各地区的总人数来计算各地区的大专人数占比）。本例中，range()函数未设置起始与步长，默认从 0 开始，步长为 1，所以 for 循环语句遍历时 i 的值分别取 0、1、2、3、4，共有 5 个元素循环体执行了 5 次。最后一行语句输出附加了大专人数占比数据后的列表 edu。

对比各地区的大专人数占比发现，北京（0.149）、上海（0.131）、广州（0.095）的大专人数占比高于全国水平（0.084），云南的大专人数占比（0.061）低于全国水平（0.084）。因此，目前云南的高等教育无论是规模还是质量，较经济发达地区差距还比较大。云南山区较多，经济条件较为落后，教育意识普遍不强，需要大力推动高等教育高质量发展，为中国式现代化全面推进中华民族伟大复兴的征程贡献智慧和力量。

3. 各地区大专人数占比与全国水平的比较

使用第七次人口普查中 25 岁以上人口受教育情况的数据，应用 Python 中的 for 语句、if 语句判断各地区大专人数占比是高于还是低于全国水平。

各地区大专人数占比与全国水平

任务的实现步骤如下。

第 1 步：输出全国大专人数占比，方便各地区与全国水平直观对比。

第 2 步：使用 for 遍历循环语句及 if 分支结构语句，判断各地区大专占比与全国水平的对比情况。

第 3 步：循环输出各地区大专人数占比与全国水平的对比情况。

【任务 2-3】各地区大专人数占比与全国水平的比较。

```
print("全国大专人数占比{:.3f}".format(edu[0][6]))
nation_num=edu[0][6]                  #将全国大专人数占比赋值给变量nation_num
for i in range(1,len(edu)):           #i 的值从 1 开始，因为 0 是全国人数
    if(edu[i][6]>nation_num):         #判断是否高于全国大专人数占比
        print("地区:{},大专占比{:.3f},高于全国水平".format(edu[i][0],
edu[i][6]))
    elif(edu[i][6]<nation_num):
```

```
        print("地区:{},大专占比{:.3f},低于全国水平".format(edu[i][0],
edu[i][6]))
    else:
        print("地区:{}大专占比{:.3f},等于全国水平".format(edu[i][0],
edu[i][6]))
```

输出结果：

```
全国大专人数占比 0.084
地区：北京，大专占比 0.149，高于全国水平
地区：上海，大专占比 0.131，高于全国水平
地区：广东，大专占比 0.095，高于全国水平
地区：云南，大专占比 0.061，低于全国水平
```

代码解析：

首先输出全国大专人数占比 0.084，然后使用 for 循环分别读取 edu 的每个元素，再使用 if 多分支结构语句对各地区大专人数占比与全国大专人数占比进行比较。循环一次，选择一个条件分支执行。

4. 各地区受高等教育人数及占比

各地区受高等教育人数及占比

使用第七次人口普查中 25 岁以上人口受教育情况的数据，应用 while 循环语句计算各地区受高等教育（大专及以上）人数及占比，并将计算结果添加到列表 edu 中，最后输出列表数据。

实现步骤具体如下。

第 1 步：创建新变量与列表。

第 2 步：使用 while 循环语句计算各地区受高等教育人数与占比。

第 3 步：向列表添加高等教育人数与占比。

第 4 步：输出受高等教育人数与占比。

第 5 步：输出列表数据。

【任务 2-4】各地区受高等教育人数及占比。

```
e=0   #定义整型变量 e，初始化为 0，在 while 循环语句中作为循环变量
edu_pop=list()  #定义一个空列表 edu_pop，用于存放本地区的高等教育人数
edu_per=[]      #定义一个空列表 edu_per，用于存放本地区的高等教育人数占比
while(e<len(edu)):    #每次从 edu 中读取一个元素，即一个地区的数据
  edu_pop=edu[e][2]+edu[e][3]+edu[e][4]+edu[e][5]  #计算高等教育总人数
  edu_per=round(edu_pop/edu[e][1],3)         #计算高等教育人数占比
  edu[e].append(edu_pop)         #将高等教育总人数附加到 edu 对应的元素中
  edu[e].append(edu_per)         #将高等教育人数占比附加到 edu 对应的元素中
  print("地区{2},高等教育人数{0},占比{1:.2%}".format(edu[e][-2],edu[e]
[-1],edu[e][0]))
  e=e+1          #循环变量加 1
print("\n\n",edu)
```

输出结果：

```
地区：全国，高等教育人数 162631830，占比 16.10%
地区：北京，高等教育人数 7945529，占比 45.90%
```

```
地区：上海，高等教育人数 7205029，占比 35.70%
地区：广东，高等教育人数 15192789，占比 17.60%
地区：云南，高等教育人数 3804924，占比 11.90%

[['全国', 1008768971, 85183460, 68239845, 8000200, 1208325, 0.084, 162631830, 0.161], ['北京', 17317529, 2573477, 4029479, 1128508, 214065, 0.149, 7945529, 0.459], ['上海', 20210259, 2641298, 3590958, 845593, 127180, 0.131, 7205029, 0.357], ['广东', 86527831, 8182779, 6217116, 703354, 89540, 0.095, 15192789, 0.176], ['云南', 31891862, 1938677, 1730162, 119440, 16645, 0.061, 3804924, 0.119]]
```

代码解析：

首先通过 while 循环每次从列表 edu 中读取一个地区的数据，然后计算出该地区的高等教育总人数，即“大专人数+本科人数+硕士人数+博士人数”，再求出占比，将总人数和占比均附加到 edu 对应的元素中。由输出结果可以看出，每个元素多了两个子元素，分别是：高等教育人数和高等教育人数占比。

对比各地区的高等教育人数占比后可以发现，北京为 0.459，上海为 0.357，广东为 0.176，均高于全国水平 0.161；云南为 0.119，远比全国水平低。由此可见，云南教育高质量发展之路任重而道远，同为中国人，你我携手同行，行则必达。

知识拓展

1. Python 运算符及其优先级

Python 语言支持多种运算符。常用的运算符包括算术运算符、比较（关系）运算符、赋值运算符、逻辑运算符、成员运算符。

1）Python 运算符

（1）算术运算符。算术运算符是用于处理四则运算的符号，是最简单、最常用的符号，尤其是在对数字的处理上，一般都会用到算术运算符。Python 的算术运算符如表 2–10 所示。

算术运算符

表 2–10 Python 的算术运算符

运算符	运算	描述（设 x、y）	表达式示例
+	加法	x 加上 y	x+y
–	减法	x 减去 y，或得到负数	x–y
*	乘法	x 与 y 相乘，或返回被重复若干次的字符串	x*y
/	浮点除法	x 除以 y，y 不为 0	x/y
%	取模	返回除法的余数	x%y
**	幂	返回 x 的 y 次幂	x**y
//	取整除	返回商的整数部分	x//y

【例 2-38】算术运算符。

```
x=9
y=2
print(x+y)     #加法
print(x-y)     #减法
print(x*y)     #乘法
print(x/y)     #浮点除法
print(x%y)     #取模
print(x**y)    #幂
print(x//y)    #取整除
```

输出结果：

```
11
7
18
4.5
1
81
4
```

（2）比较（关系）运算符。比较（关系）运算符是指可以比较两个值的运算符号。比较运算的结果是一个逻辑值，不是 True（成立），就是 False（不成立）。Python 的比较（关系）运算符如表 2-11 所示。

比较（关系）运算符

表 2-11　Python 的比较（关系）运算符

运算符	运算	描述（设 A1、A2）	表达式示例
==	等于	判断 A1 与 A2 是否相等，如果是，返回 True，否则返回 False	A1==A2
!=	不等于	判断 A1 与 A2 是否不相等，如果是，返回 True，否则返回 False	A1!=A2
>	大于	判断 A1 是否大于 A2，如果是，返回 True，否则返回 False	A1>A2
>=	大于等于	判断 A1 是否大于等于 A2，如果是，返回 True，否则返回 False	A1>=A2
<	小于	判断 A1 是否小于 A2，如果是，返回 True，否则返回 False	A1<A2
<=	小于等于	判断 A1 是否小于等于 A2，如果是，返回 True，否则返回 False	A1<=A2

【例 2-39】比较（关系）运算符。

```
A1=9
A2=2
print(A1==A2)        #等于
print(A1!=A2)        #不等于
print(A1>A2)         #大于
print(A1>=A2)        #大于等于
print(A1<A2)         #小于
print(A1<=A2)        #小于等于
```

输出结果：

```
False
True
True
True
False
False
```

（3）赋值运算符。赋值运算符的作用是将常量、变量或表达式的值赋给某一个变量，通常为将运算符右边的值赋给左边的变量。Python 的赋值运算符如表 2–12 所示。

赋值运算符

表 2–12　Python 的赋值运算符

运算符	运　算	描　　述	表达式示例（设 a、b）
=	赋值	简单的赋值运算符	a=7；b=5
+=	加等于	加法赋值运算符	a+=b 等价于 a=a+b
–=	减等于	减法赋值运算符	a–=b 等价于 a=a–b
*=	乘等于	乘法赋值运算符	a*=b 等价于 a=a*b
/=	除等于	除法赋值运算符	a/=b 等价于 a=a/b
%=	模等于	取模赋值运算符	a%=b 等价于 a=a%b

【例 2–40】赋值运算符。

```
a=7
b=5
c=8
d=10
b+=a     #将 a+b 的和赋值给 b
print("b=",b)
c-=a     #将 c-a 的值赋值给 c
print("c=",c)
d*=a     #将 d*a 的值赋值给 d
print("d=",d)
```

输出结果：

```
b= 12
c= 1
d= 70
```

（4）逻辑运算符。在 Python 中，“与”“或”“非”分别用“and”“or”“not”表示。逻辑运算符一般用于操作返回值为 bool 型的表达式。Python 的逻辑运算符如表 2–13 所示。

逻辑运算符

表 2-13　Python 的逻辑运算符

运算符	含义	逻辑表达式	描　述
and	与	x and y	当 x 与 y 均为真时才为真
or	或	x or y	只要 x 或 y 为真即为真
not	非	not x	非真为假，非假为真

【例 2-41】逻辑运算符。

```
x=1
y=2
#---------and 练习-------------------
if(x>y and x<y):    #x>y 和 x<y 均成立，if 条件才成立
    print("(x>y and x<y)为 True")
else:
    print("(x>y and x<y)为 False")
#------or 练习----------
if(x>y or x<y):    #x>y 和 x<y 只要有一个成立，if 条件就成立
    print("(x>y or x<y) 为 True")
else:
    print("(x>y or x<y) 为 False")
#------------not 练习--------------------
print(not x)           #x=1,not x 的值为 0，输出 False
print(not(x==y))       #x==y 不成立，为 False，not 之后为 True
```

输出结果：

```
(x>y and x<y)为 False
(x>y or x<y)为 True
False
True
```

（5）成员运算符。Python 中有两个成员运算符：in、not in。成员运算符最常用的功能是用来检测某个数据是否是另一个数据的成员，包括判断某个字符串是否包含另一个字符串。Python 的成员运算符如表 2-14 所示。

成员运算符

表 2-14　Python 的成员运算符

运算符	描　述	示　例
in	若在指定序列中找到指定值，返回 True，否则返回 False	若 a 在 A 中，返回 True
not in	若在指定序列中找不到指定值，返回 True，否则返回 False	若 a 不在 A 中，返回 True

【例 2-42】成员运算符。

```
a='python'
b=666
list3=[1.2,'python',66]
if(a in list3):          #第一个 if 二分支结构，使用 in
    print("a 在 list3 中")
else:
    print("a 不在 list3 中")
if(b not in list3):      #第二个 if 二分支结构，使用 not in
    print("b 不在 list3 中")
else:
    print("b 在 list3 中")
```

输出结果：

```
a 在 list3 中
b 不在 list3 中
```

2）Python 运算符的优先级

运算符优先级决定了表达式中出现多个运算符时的计算顺序。一般情况下，Python 表达式的计算遵循从左到右的顺序。表 2-15 列出了 Python 运算符的优先级，表中的运算符自上至下优先级逐步降低。

Python 运算符的优先级

表 2-15　Python 运算符的优先级

运 算 符	描　　述
**	幂，优先级最高
+、−	正号、负号，一元
*、/、%、 //	乘、除、取模、取整除
+、−	加法、减法
>、>=、<、<=	比较（关系）运算符
==、!=	判断等于、不等于运算符
=、+=、−=、*=、/=、%=	赋值运算符
in、not in	成员运算符
and、or、not	逻辑运算符

【例 2-43】运算符优先级。

```
print(6>=7-3)      #减法运算优先级高于比较运算符，先执行减法运算，再执行比较运算
print(4!=3**2)     #幂运算优先级高于不等于运算符，先执行幂运算，再执行不等于运算
```

输出结果：

```
True
True
```

2. break 语句与 continue 语句

前面已介绍了 Python 中的 for 有限循环语句和 while 无限循环语句。有时，程序需要在循环中途退出循环，或者跳过当前循环开始下一轮循环。要实现这种功能，就需要使用 break 语句和 continue 语句。

1）break 语句

break 语句

break 语句可以强制结束循环，即在循环条件仍然成立的情况下通过调用 break 语句直接跳出当前循环。如果有两层循环，break 语句在内层循环，则直接跳出内层循环进入外层循环。

【例 2–44】break 语句。

```
break_sum=0
for i in range(1,7):
    if(i%2==0):
        break
    print("i=",i)
    break_sum+=i
print("break_sum=",break_sum)
```

输出结果：

```
i= 1
break_sum= 1
```

代码解析：

i 等于 1 时，if 的条件语句为假，不执行 break 语句，继续执行其后循环体内的代码，输出 i=1，执行 break_sum=break_sum+i，这时 break_sum=1；当 i 等于 2 时，i%2 等于 0，if 的条件语句为真，执行 break 语句，则直接结束 for 循环。

2）continue 语句

continue 语句

continue 语句可以跳过本轮循环开始下一轮循环，即 continue 语句仅仅跳出本轮循环。其用法和 break 语句的用法相同，也可以用于 for 循环语句和 while 循环语句。

【例 2–45】continue 语句。

```
continue_sum=0
for i in range(1,7):
    if(i%2==0):
        continue
    print("i=",i)
    continue_sum+=i
print("continue_sum=",continue_sum)
```

输出结果：

```
i= 1
i= 3
i= 5
continue_sum= 9
```

代码解析：

当 i=1 时，if 的条件语句为假，不执行 continue 语句，输出 i=1，执行 continue_sum=continue_sum+i，这时 continue_sum=1；当 i 等于 2 时，i%2 等于 0，if 的条件语句为真，执行 continue 语句，跳出本轮循环，继续执行下一轮循环。因此，在程序执行过程中，当 i=1、3、5 时，因 if 条件不成立，分别输出 i=1、i=3、i=5，并执行加法运算；而当 i=2、4、6 时，if 条件成立，执行 continue 语句，结束当轮循环，不执行输出和相加操作。

3. 字典推导式与列表推导式

字典推导式与列表推导式

1）字典推导式

字典推导式是用于创建字典（dictionary）的一种类似于列表推导式的结构。它提供了一种清晰、简洁的方法来快速构造字典。字典推导式可以从任何可迭代对象中构建出键值对（key-value pairs），并创建一个新的字典。这种方式适用于需要将一组数据转换成键值对形式的情况。

其语法格式如下：

```
{key_expression: value_expression for item in iterable if condition}
```

（1）key_expression：用于生成字典键的表达式。

（2）value_expression：用于生成字典值的表达式。

（3）item：迭代变量，表示当前元素。

（4）iterable：要迭代的序列或可迭代对象。

（5）condition（可选）：用于过滤元素的条件语句。

【例 2-46】创建一个字典，其键为 0～9，值为每个数的平方。

```
squares_dict={x:x**2 for x in range(10)}
print(squares_dict)
```

输出结果：

```
{0: 0, 1: 1, 2: 4, 3: 9, 4: 16, 5: 25, 6: 36, 7: 49, 8: 64, 9: 81}
```

【例 2-47】从一个列表中创建一个字典，列表项作为键，其长度作为值。

```
words=['爱出者爱返','Chinese','臻于至善']
word_len={word: len(word) for word in words}
print(words)
print(word_len)
```

输出结果：

```
['爱出者爱返', 'Chinese', '臻于至善']
{'爱出者爱返': 5, 'Chinese': 7, '臻于至善': 4}
```

2）列表推导式

列表推导式是 Python 中一种简洁、高效的列表构建的方法。列表推导式允许通过一个单一、简洁的表达式来生成列表，而不是使用多行循环和条件语句。列表推导式通过对一个序列或任何可迭代对象进行迭代，对其中的每个元素执行一个表达式或操作，然后将结果组合成一个新的列表。这种方式极大地简化了代码，使得创建新列表更加直观。

其语法格式如下：

```
[expression for item in iterable if condition]
```

（1）expression：对每个元素应用的表达式或操作。

（2）item：迭代变量，表示序列中的当前元素。

（3）iterable：要迭代的序列或可迭代对象。

（4）condition（可选）：一个用于过滤元素的条件语句。

【例 2-48】生成一个包含 0～9 中每个数的平方的列表。

```
squares=[x**2 for x in range(10)]
print(squares)
```

输出结果：

```
[0, 1, 4, 9, 16, 25, 36, 49, 64, 81]
```

【例 2-49】生成一个新列表，只包含原列表中的偶数项。

```
original=[1,2,3,4,5,6,7,8,9]
evens=[x for x in original if x%2==0]
print(evens)
```

输出结果：

```
[2, 4, 6, 8]
```

技能训练

1. 选择题

（1）在 print()函数的输出字符串中可以将（　　）作为参数，代表后面指定要输出的字符串。

A. %d　　B. %c　　C. %s　　D. %t

（2）以下语句中定义了一个 Python 字典的是（　　）。

A. {12,23,34}　　B. [12,23,34]　　C. { }　　D. (12,23,34)

（3）以下可以终结一个循环的执行的语句是（　　）。

A. if　　B. break　　C. input　　D. exit

（4）下列不是 Python 数据类型的是（　　）。

A. string　　B. float　　C. rational　　D. int

（5）下列不属于 Python 程序基本控制结构的是（　　）。

A. 顺序结构　　B. 输入输出结构

C. 循环结构　　D. 选择结构

（6）执行语句 x=input()时，如果从键盘输入 23 并按回车键，则 x 的值是（　　）。

A. 23　　B. '23'　　C. 1e2　　D. 23.0

（7）若要统计“性别（gender）：女生，计算机成绩（com_mark）：优秀>=90 或不及格<60”的人数，下列 if 语句中正确的是（　　）。

A. if gender=="女" and(com_mark>=90 or com_mark<60):m+=1

B. if gender=="女" and com_mark>=90 or com_mark<60:m+=1

C. if gender=="女" and com_mark>=90 and com_mark<60:m+=1

D. if gender=="女" or com_mark>=90 or com_mark<60:m+=1

（8）运行以下 Python 语句后，输出结果是（　　）。

```
print(type(['A','python',3.14,-1]))
```

A. <class 'tuple'>　　B. <class 'dict'>

C. <class 'set'>　　D. <class 'list'>

（9）下列 Python 数据中不属于列表的是（　　）。

A. {3,5,7,8,4}　　B. [11,13,17,19,5]

C. [1,3,'apple','苹果']　　D. ['a','B','C','D']

（10）执行下列循环语句：

```
for i in range(1,5,2):
print(i)
```

循环体执行的次数是________，输出结果是________。

A. 2；1　3　　B. 3；1　3　5　　C. 2；3　5　　D. 3；2　3　4

2. 判断题

（1）字符串 s 中最后一个字符的位置可以用 s[-1]进行索引。（　　）

（2）对于 if 语句条件表达式后面或 else 后面的语句块，应将它们缩进对齐。
（　　）

（3）以下 Python 程序段运行后，s 的值是 15。（　　）

```
n=0
s=0
while s<=10:
    n=n+3
    s=s+n
print(s)
```

（4）在 Python 中，a=5 是整型数据类型，a='5'是字符串数据类型，a=5.0 是浮点型数据类型。（　　）

（5）各数据类型符号如下：集合使用[]，元组使用()，列表与字典使用{}。
（　　）

（6）字符串是一个字符序列，例如，字符串 s，从右向左第 3 个字符用 s[-2]索引。
（　　）

（7）在 Python 中，continue 语句是跳出本次循环，进入下一次循环；break 语句是跳出循环。（　　）

（8）下列程序的输出结果是“0　1　2”。（　　）

```
for i in range(0,2):
print(i)
```

（9）使用 len(s)能够获得字符串 s 的长度。（　　）

（10）以下 while 循环的循环次数是无限次。（　　）

```
i=0
while(i<10):
    if(i<1):continue
    if(i==5):break
i+=1
```

（11）在 Python 环境中，被三引号包围的一定是字符串。（　　）

3. 填空题

（1）使用________函数接收输入的数据，使用________函数打印输出的数据。

（2）循环语句 for i in range(6,-4,-2):循环执行________次，循环变量 i 的终值应当为________。

（3）Python 无穷循环 while true:的循环体中可用________语句退出循环。

（4）在 Python 中，复合数据类型有________、________、________和集合。

（5）以下 Python 程序段运行后，y 的值是________。

```
x=3
if x>3:
    y=2*x
```

```
else:
    y=3*x+1
print(y)
```

（6）已知 a=–3、b=5/3，则 Python 表达式 round(b,2)+abs(a)的值为________。

（7）已知字符串 a="python"，则 a[1:4]的值为________。

（8）下列 Python 语句的运行结果是________。

```
letters ={0:'A',1:'B',2:'C'}
print(len(letters))
```

（9）在 Python 中，数据类型 float 表示________，string 表示________。

（10）执行下面程序后，list1 的值是________。

```
list1= ['A','B']
list1.append('yn')
```

4. 实操题

（1）第七次人口普查全国 31 个省区市共 1 411 778 724 人，先定义一个存放人口数量的变量 china_pop，然后至少使用两种方法将人口数量打印输出，输出格式及内容为：第七次人口普查全国 31 个省区市共 141 177.87 万人。

（2）完善代码并保存。

实现功能：从键盘输入 6 名学生的计算机成绩，输出最高分和最低分。

```
computer=[]
for i in range(0,____________):
cp=float(input("请输入一个成绩:"))
computer.append(____________)
print(max(computer),min(____________))
```

（3）某超市在降价促销，如果消费金额低于 100 元，给予 5%的折扣；如果消费金额高于或等于 100 元但低于 300 元，给予 10%的折扣；如果消费金额高于或等于 300 元，给予 15%的折扣。编写一个 Python 程序，输入消费金额（正整数），显示折扣后的应付金额（保留 2 位小数）。

（4）体质指数（BMI）的计算方法为：体重除以身高的平方。正常 BMI 为：18.5~23.9；肥胖 BMI 为：>23.9；偏瘦 BMI 为：<18.5。（备注：体重单位为 kg，身高单位为 m）

要求：

① 设置 2 个变量 weight、height，计算你与家人的 BMI，使用 if 语句判断你与家人的 BMI 属于正常、肥胖还是偏瘦。

② 培养良好的编程习惯和代码书写规范。

③ 小组成员讨论各自编写的代码是否正确、是否规范、可读性如何。

（5）运动员 A 在某次国际比赛中的 5 次成绩分别是 97 分、65 分、96 分、91 分、98 分，定义一个列表 scores 存放这 5 次成绩，使用 for 循环语句，实现计算运动员 A 的总成绩与平均成绩。

项目 3

劳动力人口数据分析

项目 3 相关资源

知识目标

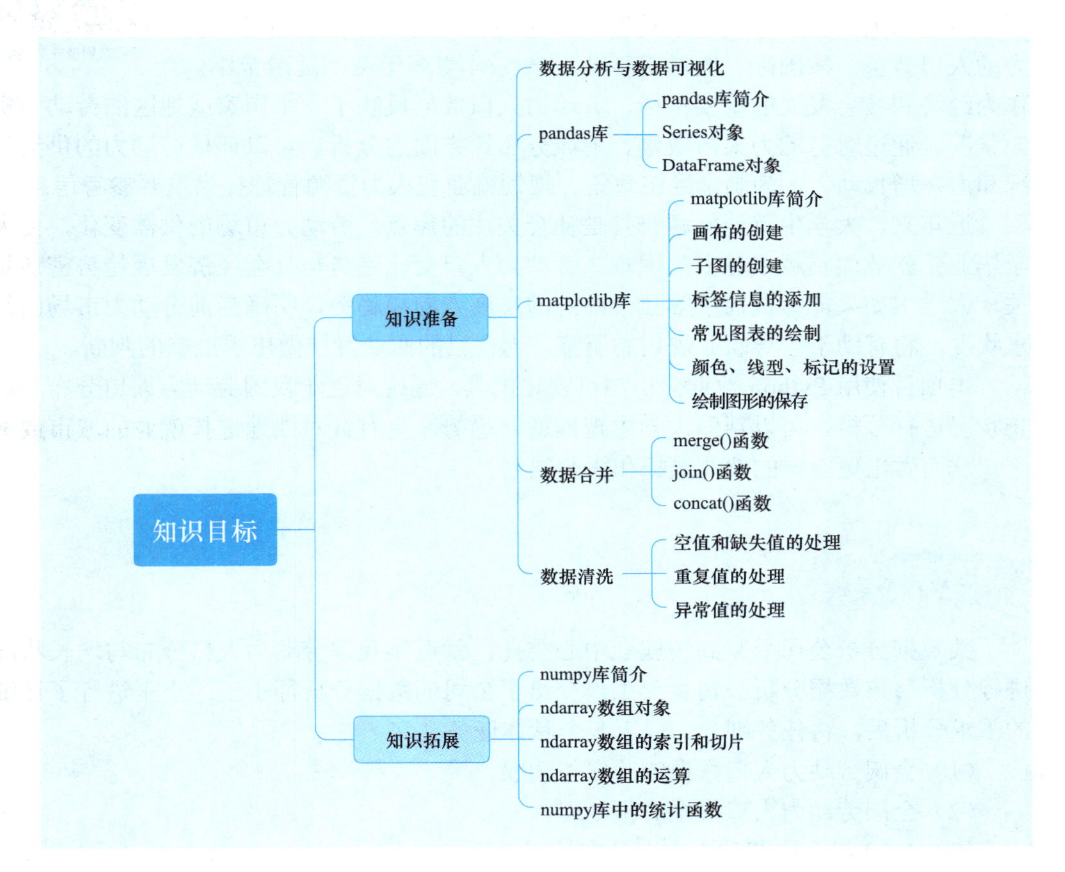

能力目标

能够运用 Python 编程实现数据清洗、合并、计算等数据处理及分析操作，并能够使用可视化工具将数据以图表、图像等形式展示出来。

素养目标

在使用 Python 实现数据分析任务的过程中，通过审视和分析数据背后的逻辑，培养学生思考和分析问题的能力；使学生养成严谨的数据处理态度，确保数据的准确性、完整性和可靠性；培养学生的创新与探索精神，不断探索新的分析方法、新的可视化手段及新的应用领域，为数据分析和可视化带来新的思路和方法。

项目背景

项目背景及任务情景

劳动力人口指一个国家或地区中，年龄在一定范围内、有劳动能力的人口数量。按国际一般通用标准，15～64 岁属于劳动适龄范围。作为经济和社会发展的重要指标，劳动力人口数据反映了一个国家或地区的劳动力资源状况。通过对劳动力人口数量、地域分布等方面的分析，可以评估劳动力的供给状况和潜在增长动力，为制定经济政策、规划就业和人力资源管理提供重要参考信息。

近年来，大学生就业问题一直是社会关注的焦点。劳动力市场的供需变化，使大学毕业生就业面临越来越多的困难。劳动力人口变化趋势与社会经济发展趋势密切相关。大学生如果能够提前了解社会经济的发展方向和趋势，明确当前劳动力市场的供求状况，将有助于自身职业规划的调整，为自己的职业发展做出更准确的判断。

本项目使用 Python 数据分析与可视化工具，通过对近年我国劳动力人口分布与增长状况进行分析，可以帮助大学生把握就业趋势，更有针对性地选择就业的城市或地区，从而做出更明智的就业选择和职业规划。

任务情景

某数据分析公司受某高校就业中心委托，就近年我国劳动力人口分布与增长状况进行分析。该数据分析公司将此工作交给了公司的数据分析师小王。小王进行了详细的需求分析后，将任务细分为以下 6 个具体任务。

（1）全国劳动力人口数据的获取与读取。

（2）全国劳动力人口数据的预处理。

（3）2019 年全国劳动力人口分布情况分析。

（4）2019 年各省区市劳动力人口占比分析。

（5）2009—2019 年全国劳动力总人口变化情况分析。

（6）2009—2019 年 top5 省区市劳动力人口变化情况分析。

本项目使用的开发环境如下。

（1）操作系统：Windows 10。

（2）Python 版本：Python 3.10。

（3）开发工具：Anaconda3→Jupyter Notebook。

知识准备

3.1　数据分析与数据可视化

数据分析与

数据分析是指使用统计学、计算机科学等领域的知识，对收集到的数据进行处理、清洗、转换、建模等操作，以获取有价值的信息和策略。尤其是在大数据时代，通过数据分析的方法和手段可以从海量的数据中发现数据里隐藏的关系和趋势，并利用这些信息做出合理的决策。

在数据分析过程中，图表为更好地探索、分析数据提供了一种直观的方法，它对最终分析结果的展示具有重要的作用。当使用图表来表示数据时，可以更有效地分析数据，并根据分析做出相应的决策。用图表的形式对数据进行展示，这个过程就叫作数据可视化。

Python 本身的数据分析功能并不强大，其强大的数据分析能力主要来自第三方扩展库。Python 的相关库（包）如 numpy、pandas、matplotlib 等可以有效地支持对数据的分析和可视化。现在，Python 已经成为了数据科学家和研究人员首选的编程语言之一。在本项目中，要用到的第三方库主要是用于数据分析的 pandas 库，以及用于数据可视化的 matplotlib 库。

如果只安装了 Python 的基础环境，是不包含这两个第三方库的，需要单独对 pandas 库和 matlabplotlib 库进行安装。如果计算机安装的是 Anaconda，其 Python 版本中一般已包含了这些库，就无需再单独进行安装了。

3.2　pandas 库

pandas 库（一）

pandas 库（二）

3.2.1　pandas 库简介

pandas 库是一个免费、开源的第三方 Python 库，它广泛应用于数据分析、数据科学和机器学习领域。pandas 库可以方便地进行数据的清洗、转换、筛选、排序、分组、统计、合并等操作，并且可以读写各种格式的文件，如 CSV、Excel、SQL 数据库等。pandas 库的高效性和易用性使得它成为 Python 数据分析和机器学习领域的重要工具之一。

使用 pandas 库的功能前，需先将其在程序开始处导入。导入 pandas 库的程序代码如下：

```
import pandas as pd
```

pandas 库提供了两种常用的数据结构，分别是 Series 与 DataFrame。这两种数据结构极大地增强了 pandas 的数据分析能力。

技能小贴士

pandas 库是基于 Python 的 numpy 库构建的，因此 pandas 库和 numpy 库之间的关系非常紧密。numpy 库是一个用于进行数值计算的库，主要用于处理数组和矩阵。它提供了大量的数学函数来操作这些数组和矩阵，非常适合进行大量的数值计算，其主要的数据结构称为 ndarray 数组，也就是多维数组。

pandas 库的 DataFrame 和 Series 数据结构都是基于 numpy 库的 ndarray 数组构建的。这意味着，当你使用 pandas 库进行数据处理时，实际上你经常在使用 numpy 库。

通常，你可以在使用 pandas 库的同时，利用 numpy 库的强大功能进行更复杂的数值计算。由于本项目涉及 numpy 库的使用较少，有关 numpy 库的知识可以在本项目的“知识拓展”部分进行了解。

3.2.2 Series 对象

Series 对象也称 Series 序列，它是一种类似于一维数组的结构，由一组数据值和一组索引组成，其中索引与数据值之间是一一对应的关系。Series 对象可以保存任何数据类型，比如整数、字符串、浮点数、Python 对象等，其索引默认为整数，从 0 开始依次递增，如图 3–1 所示。

index	data
0	a
1	b
2	c
3	d
4	e
5	f

图 3–1 Series 对象的结构

pandas 库使用 Series()函数来创建 Series 对象。Series()函数的定义如下：

```
class pandas.Series(data=None,index=None,dtype=None,name=None,copy=
False,fastpath=False)
```

使用 Series()函数创建对象时，要把数据的部分传递给第一个参数 data，索引的部分传递给参数 index。索引值应为唯一值，且与数据长度相等。参数 index 在不设置的情况下，默认会自动创建一个从 0~N 的整数索引。数据部分可以是列表、字典、常量、ndarray 数组。

【例 3–1】创建 Series 对象。

```
import pandas as pd
#创建 Series 对象
s=pd.Series([1,2,3,4,5])
s
```

输出结果：

```
0    1
1    2
2    3
3    4
4    5
dtype: int64
```

代码解析：

在例 3–1 中，创建 Series 对象时，将列表[1,2,3,4,5]作为参数，数据会传递给 Series()函数的第一个参数 data，创建的 Series 对象数据为 1、2、3、4、5，与之对应的索引为自动生成的 0、1、2、3、4。

【例 3–2】创建 Series 对象及其指定索引。

```
#创建 Series 对象，并指定索引
s=pd.Series([1,2,3,4,5],index=['a','b','c','d','e'])
s
```

输出结果：

```
a    1
b    2
c    3
d    4
e    5
dtype: int64
```

代码解析：

将列表['a','b','c','d','e']传递给参数 index，就生成了索引为'a'、'b'、'c'、'd'、'e'，数据为 1、2、3、4、5 的 Series 对象。

【例 3–3】使用字典方式创建 Series 对象。

```
#使用字典创建 Series 对象
score={'a':96,'b':68,'c':77}
s=pd.Series(score)
s
```

输出结果：

```
a    96
b    68
c    77
dtype: int64
```

代码解析：

使用字典方式创建 Series 对象时，将字典 score 作为数据传入，创建的 Series 对象中每一行的索引和数据值刚好是字典中的每一组键值对，其中字典中键的部分组成索引，值组成数据。

Series 对象中还定义了一些重要的属性。表 3-1 列出了 Series 对象的常见属性。

表 3-1　Series 对象的常见属性

属　性	功能描述
axes	以列表的形式返回所有行的索引标签
dtype	返回对象的数据类型
empty	返回 Series 对象是否为空对象
ndim	返回输入数据的维数
size	返回 Series 对象的大小
values	以 ndarray 的形式返回 Series 对象数据
index	返回索引的取值范围

【例 3-4】查看 Series 对象的属性。

```
import pandas as pd
#创建 Series 对象，并指定索引
s=pd.Series([1,2,3,4,5],index=['a','b','c','d','e'])
print(s)              #输出 s
print(s.ndim)         #查看输入数据的维数
print(s.empty)        #判断 Series 对象是否为空对象
print(s.size)         #查看对象的元素个数
print(s.dtype)        #获取 Series 对象的数据
print(s.values)       #获取 Series 对象的值
print(s.index)        #获取 Series 对象的索引
```

输出结果：

```
a    1
b    2
c    3
d    4
e    5
dtype: int64
1
False
5
int64
[1 2 3 4 5]
index(['a', 'b', 'c', 'd', 'e'], dtype='object')
```

代码解析：

通过调用 Series 对象 s 的 s.ndim 属性，可以了解到 Series 对象的数据维数为 1，

s.empty 的值为 False 表示它不是空对象，s.size 值为 5 表示对象中的元素个数为 5，s.dtype 的值为 int64 表示数据的类型是 64 位整数；通过调用 s.values 属性，可以将 Series 对象中的数据以数组形式返回；通过调用 s.index 属性，可以查看对象索引的内容。

Series 对象创建完成后，可以对它进行访问、修改、删除等操作。访问数据可以使用索引序号、索引名称、布尔值或花式索引方式。

【例 3–5】访问 Series 对象的数据。

```
import pandas as pd
s=pd.Series([1,2,3,4,5],index=['a','b','c','d','e'])
print("s=\n",s)          #输出 s，\n 代表换行
print("s[3]=",s[3])      #获取位置索引 3 对应的数据，输出结果为 4
print("s[a]=",s['a'] )   #获取索引名为 a 的位置对应的数据，输出结果为 1
print("s[s>3]=\n",s[s>3])   #使用布尔值索引，返回 True 对应索引位置的值
print("s[[0,3]]=\n",s[[0,3]])  #使用花式索引获取第 0 行和第 3 行的数据
```

输出结果：

```
s=
a    1
b    2
c    3
d    4
e    5
dtype: int64
s[3]= 4
s[a]= 1
s[s>3]=
d    4
e    5
dtype: int64
s[[0,3]]=
a    1
d    4
dtype: int64
```

代码解析：

对于所创建的 Series 对象 s，使用 s[3]可以获取索引位置 3 对应的数据。索引位置是从 0 开始编号的，因此索引位置 3 对应的数值就是 4。还可以使用索引名称进行访问，按名称 a 索引将得到 a 对应的数据值 1。s>3 将 s 中的值与 3 进行比较，得到一组布尔值，True 对应的位置为 3 和 4，s[s>3]返回的就是 s 中位置为 3、4 的值。另外，也可以获取 Series 对象中位置不连续的数据，s[[0,3]]索引方式是将方括号中的内容表示为数据对应的索引名称或索引位置构成的列表，s[[0,3]]获取的是第 0 行和第 3 行的数据。返回的结果仍是一个 Series 对象。

要修改 Series 对象的内容，可以使用索引、切片赋值或 replace()方法。

【例 3-6】修改 Series 对象的数据。

```
import pandas as pd
s=pd.Series([1,2,3,4,5,6],index=['a','b','c','d','e','f'])
print("修改前 s=\n",s)
s[0]=6        #将索引位置 0 对应的数据修改为 6
s['c':'e']=[7,8,9]    #将索引名称'c'、'd'、'e'对应的数据修改为 7、8、9
s.replace(6,15,inplace=True)  #将 s 中值为 6 的数据修改为 15
print("修改后 s=\n",s)
```

输出结果：

```
修改前 s=
a    1
b    2
c    3
d    4
e    5
f    6
dtype: int64
修改后 s=
a    15
b     2
c     7
d     8
e     9
f    15
dtype: int64
```

代码解析：

s[0]=6 将 6 赋值给 s[0]，结果是将索引位置 0 对应的数据修改为 6。s['c':'e']=[7,8,9]执行的结果是将 s 中索引名称'c'、'd'、'e'对应的数据值修改为 7、8、9。s.replace(6,15,inplace=True)将 Series 对象 s 中值为 6 的数据修改为 15。但需要注意的是，inplace=False 时，数据并不会在原数据上直接进行修改，而是生成一个副本，然后在副本数据上进行修改；要想直接在原数据上修改，需设置 inplace 参数为 True。

【例 3-7】删除 Series 对象的数据。

```
import pandas as pd
s=pd.Series([1,2,3,4,5],index=['a','b','c','d','e'])
print("删除前 s=\n",s)
del s['a']    #删除索引为 a 的元素
s.drop('e',inplace=True)    #使用 drop()方法删除索引为 e 的元素
print("删除后 s=\n",s)
```

输出结果：

```
删除前 s=
```

```
a    1
b    2
c    3
d    4
e    5
dtype: int64
删除后 s=
b    2
c    3
d    4
dtype: int64
```

代码解析：

del s['a']删除 Series 对象中索引为'a'的元素。用 drop()方法进行删除的操作也是在对象副本上进行的，要对原数据对象操作，依然需要指定参数 inplace=True。s.drop('e',inplace=True)表示在原数据上删除索引为'e'的元素。

3.2.3　DataFrame 对象

pandas 另一个重要的数据结构是 DataFrame。DataFrame 是一个二维的表格结构，可以看作由多个相同索引的 Series 组合而成，每个 Series 代表一列数据。与 Series 不同的是，DataFrame 的索引包含行索引和列索引两部分，数据也可以有多列，如图 3-2 所示。

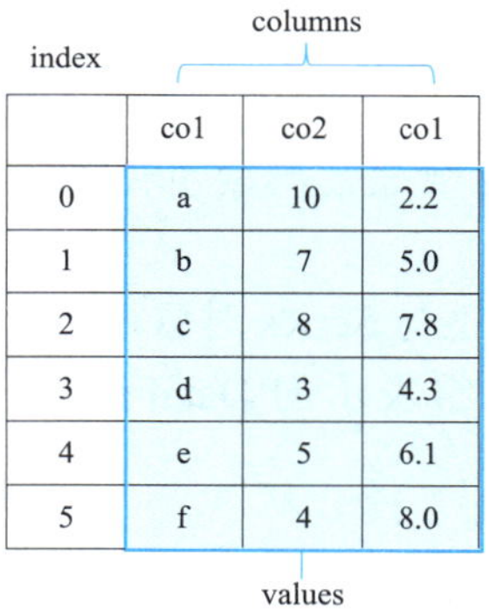

index　　columns

	col	co2	col
0	a	10	2.2
1	b	7	5.0
2	c	8	7.8
3	d	3	4.3
4	e	5	6.1
5	f	4	8.0

values

图 3-2　DataFrame 对象的结构

pandas 使用 DataFrame()函数来创建 DataFrame 对象。DataFrame()函数的定义如下：

```
pandas.DataFrame(data=None,index=None,columns=None,dtype=None,copy=False)
```

使用 DataFrame()函数创建对象时，要把数据部分传递给第一个参数 data，行索引的部分传递给参数 index，列索引的部分传递给参数 columns。索引参数在不设置的情况下，默认会自动创建一个从 0~N 的整数索引。其中，数据可以是列表、字典、ndarray 数组。

【例 3-8】创建 DataFrame 对象。

```
ls=[['a','b','c'],['d','e','f']]
#按列表创建 DataFrame 对象
df=pd.DataFrame(ls)
df
```

输出结果：

	0	1	2
0	a	b	c
1	d	e	f

代码解析：

本例中的代码首先创建了一个 2 层的嵌套列表 ls，然后调用 DataFrame()函数时将列表 ls 作为参数传入，ls 将成为 DataFrame 对象的数据部分；行索引和列索引在没有指定的情况下，默认生成的是一个从 0 开始的整数序列。

【例 3–9】若要自定义行索引或列索引，可将索引内容以列表形式设置给参数 index 或 columns。

```
#指定列索引创建 DataFrame 对象
ls=[['a','b','c'],['d','e','f']]
df=pd.DataFrame(ls,index=[['in1','in2']],columns=['No1','No2','No3'])
df
```

输出结果：

	No1	No2	No3
in1	a	b	c
in2	d	e	f

代码解析：

本例中的代码将 DataFrame 对象的行索引设置为了'in1'、'in2'，列索引设置为了'No1'、'No2'、'No3'。

DataFrame 对象中定义的属性与 Series 对象相差无几，如调用 size 属性返回对象元素数量、调用 values 返回用数组表示的 DataFrame 中的元素值等。表 3–2 列出了 DataFrame 对象的常见属性。

表 3–2　DataFrame 对象的常见属性

属　　性	功能描述
T	行和列转置
axes	返回一个仅以行轴标签和列轴标签为成员的列表
dtypes	返回每列数据的数据类型
ndim	轴的数量，也指数组的维数
shape	返回一个元组，表示 DataFrame 数据的形状
size	DataFrame 中的元素数量
values	使用 numpy 数组来表示 DataFrame 中的元素值
index、columns	返回 DataFrame 对象的行索引、列索引

【例 3-10】查看 DataFrame 对象的属性。

```
import pandas as pd
a=[['a','b','c'],['d','e','f']]
#指定列索引创建 DataFrame 对象
df=pd.DataFrame(a,index=[['in1','in2']],columns=['No1','No2','No3'])
print(df)
print("数据的维度=",df.ndim)                  #查看数据的维数
print("数据的形状=",df.shape)                 #查看对象数据的形状
print("元素的个数=",df.size)                  #查看对象的元素数量
print("对象的类型为:\n",df.dtypes)            #查看对象的数据类型
print("对象的列索引为:",df.columns)           #查看对象的列索引
print("转置后的对象为:\n",df.T)               #查看转置后的结果，行与列互换
```

输出结果：

```
   No1 No2 No3
in1   a   b   c
in2   d   e   f
数据的维度= 2
数据的形状=(2, 3)
元素的个数= 6
对象的类型为:
No1    object
No2    object
No3    object
dtype: object
对象的列索引为: Index(['No1', 'No2', 'No3'], dtype='object')
转置后的对象为:
    in1 in2
No1   a   d
No2   b   e
No3   c   f
```

代码解析：

通过对创建的 DataFrame 对象 df 调用相关属性得到：df 为二维结构，数据是 2 行 3 列的形状，对象中有 6 个数据元素，每一列的数据类型都为 object 对象类型。pandas 中的 object 对象类型可以理解为字符串类型。columns 属性可以获取 df 的列索引信息，调用 T 属性则可以实现对 df 的转置操作，即将行与列进行互换。

要访问 DataFrame 对象的数据也有很多方法。例如在例 3-11 中，创建 DataFrame 对象 df，要获取单列的数据，可以使用列索引名称索引，df['No2']用于获取 df 对象中'No2'一列的数据，返回的结果是一个 Series 对象。要获取 df 对象中的'No2'、'No3'两列的数据，需要将两个索引名称以列表形式索引，返回的结果仍然是一个 DataFrame 对象。

【例 3-11】访问 DataFrame 对象的数据。

```
import pandas as pd
a=[['a','b','c'],['d','e','f'],['g','h','i']]
#创建 DataFrame 对象
```

```
df=pd.DataFrame(a,index=[['in1','in2','in3']],columns=['No1','No2','
No3'])
print(df)
print("df['No2']=\n",df['No2'])  #获取 No2 列数据
print("获取 No2、No3 两列数据:\n",df[['No2','No3']])  #获取多列数据
print("获取 in1、in2 两行数据:\n",df[0:2])  #获取多行数据
#按行、列的索引名称访问数据
print("获取 in1、in2 行，No1 列数据:\n",df.loc[:'in2','No1'])
#按行、列的索引位置访问数据
print("获取 in1 行，No1、No3 列数据:\n",df.iloc[0,[0,2]])
```

输出结果:

```
     No1 No2 No3
in1   a   b   c
in2   d   e   f
in3   g   h   i
df['No2']=
in1    b
in2    e
in3    h
Name: No2, dtype: object
获取 No2、No3 两列数据:
     No2 No3
in1   b   c
in2   e   f
in3   h   i
获取 in1、in2 行数据:
     No1 No2 No3
in1   a   b   c
in2   d   e   f
获取 in1、in2 行，No1 列数据:
in1    a
in2    d
Name: No1, dtype: object
获取 in1 行，No1、No3 列数据:
No1    a
No3    c
Name: (in1,), dtype: object
```

代码解析:

df[0:2]得到的是 df 对象中第 0 行和第 1 行的数据。使用 loc 方式索引时，方括号中逗号前面表示行索引，逗号后面表示列索引，loc 的索引表示只能是索引的名称，不能使用索引的位置序号。对于本例中的 df.loc[:'in2','No1']，行索引用索引名称表示切片，列索引为列名称'No1'。与 Python 常规的按位置序号切片时区间设置为左闭右开不同，按索引名称切片时，区间按左闭右也闭的方式执行，因此返回的数据是从起始行到'in2'

行'No1'列的数据，返回结果仍为 DataFrame 对象。使用 iloc 方式索引与 loc 方式类似，只是用 iloc 方式索引时，索引表示只能是索引的位置序号，而不能是索引名称。代码 df.iloc [0,[0,2]]用于获取 df 中第 0 行的'No2'列和'No3'列的数据。返回结果只有一行，以 Series 对象结构保存。

修改 DataFrame 对象数据的方式和 Series 相同，可以通过索引后直接赋值。需要注意的是，赋值的数据个数必须与索引位置数据的个数一样。如果是对新的列名索引，可以新增一列数据。

【例 3-12】修改 DataFrame 对象的数据。

```
import pandas as pd
a=[['a','b','c'],['d','e','f'],['g','h','i']]
#创建 DataFrame 对象
df=pd.DataFrame(a,index=[['in1','in2','in3']],columns=['No1','No2','No3'])
print("修改前 df=\n",df)
df.loc[:,'No2']=['m','n','o']          #修改 No2 列数据为 m、n、o
df['No4']=['d','g','j']                #增加 No4 列
df.drop('No1',axis=1,inplace=True)     #在原始数据上删除 No1 列
print("修改后 df=\n",df)
```

输出结果：

```
修改前 df=
    No1 No2 No3
in1   a   b   c
in2   d   e   f
in3   g   h   i
修改后 df=
    No2 No3 No4
in1   m   c   d
in2   n   f   g
in3   o   i   j
```

代码解析：

代码 df.drop('No1',axis=1,inplace=True)调用 DataFrame 对象 df 的 drop()方法，设置其参数为“'No1',axis=1,inplace=True”，表示删除 DataFrame 对象 df 的'No1'列，按列删除，并且用删除后的结果替代原数据。

3.3 matplotlib 库

matplotlib 库

3.3.1 matplotlib 库简介

matplotlib 是 Python 的 2D 绘图库。要使用 matplotlib 库绘制图表，需要先导入 matplotlib 库中用于绘制图表的 pyplot 模块。其程序代码如下：

```
import matplotlib.pyplot as plt
```

其中，plt 是 matplotlib.pyplot 模块的别名，在程序中调用 matplotlib.pyplot 模块时可直接用 plt 代替。

使用 pyplot 模块绘图的方式，类似于生活中画图的过程。日常画图时，通常是在纸上或画布上先确定画图的区域，主要部分绘制完成后，再添加一些说明性内容，使用 pyplot 模块绘图也是一样，一般会遵循图 3-3 所示的基本流程。

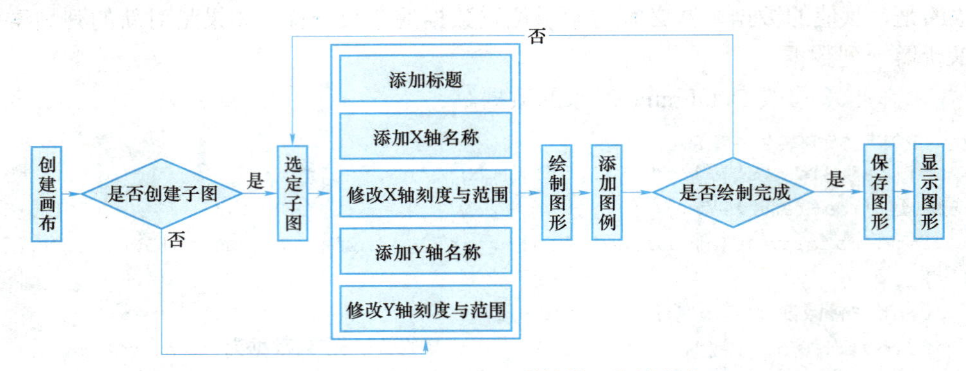

图 3-3　matplotlib.pyplot 模块绘图的基本流程

首先创建画布，如果要在画布上绘制多个图形，可以将画布划分成多个子图区域；选定子图后，在子图区域绘制图形、添加标题和图例，并设置 X、Y 轴的范围和名称等；完成绘图后，可以对图形进行显示或保存。

3.3.2　画布的创建

pyplot 模块中默认有一个 Figure 对象。该对象可以理解为一张空白的画布，用于容纳图表的各种组件，如图 3-4 所示。

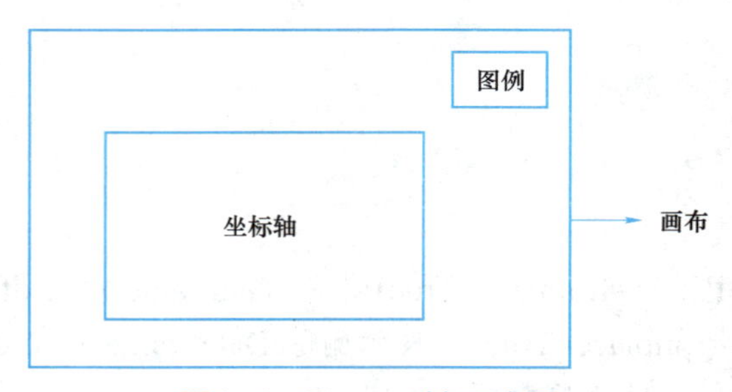

图 3-4　Figure 对象示意图

调用 pyplot 模块的 figure()函数可以创建一张新的空白画布。figure()函数的定义如下：

```
matplotlib.pyplot.figure(num=None,figsize=None,dpi=None,facecolor=None,
edgecolor=None,...,**kwargs)
```

figure()函数中的参数 figsize 用于设置画布的尺寸，参数 facecolor 用于设置画布的背景颜色，参数 edgecolor 用于显示边框颜色。

具体程序代码如下：

```
#创建空白画布
fig=plt.figure()
```

输出结果：

```
<Figure size 432x288 with 0 Axes>
```

执行 plt.figure()语句后，会创建一个新的画布，其返回的是一个 Figure 对象，此时并没有显示画布。

3.3.3　子图的创建

Figure 对象允许将画布划分为多个绘图区域，每个绘图区域都是一个 Axes 对象，每个子区域都拥有属于自己的坐标系统，被称为子图，如图 3–5 所示。

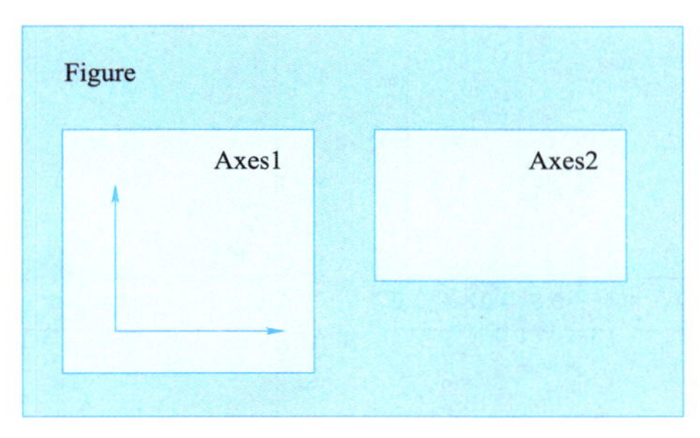

图 3–5　Axes 对象划分子图

可以通过 Figure 类的 add_subplot()方法添加和选中子图。add_subplot()方法的定义如下：

```
add_subplot(* args,** kwargs )
```

该方法中的参数 args 用 1 个三位数的实数或 3 个独立的实数表示，用于描述子图的位置，如图 3–6 所示。调用 add_subplot()方法时传入的是“2,2,1”，则会在 2*2 的矩阵中编号为 1 的区域上绘图。每调用一次 add_subplot()方法只会规划画布，划分子图，且只添加一个子图。当调用绘图函数时，会在最后一次指定子图的位置上绘图。

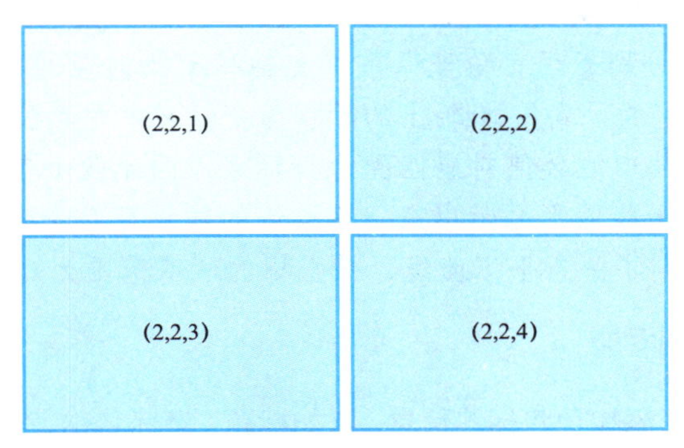

图 3–6　add_subplot()方法参数与子图位置的关系

【例 3–13】创建画布并划分子图。

```
import matplotlib.pyplot as plt
import numpy as np
fig=plt.figure()              #生成画布
fig.add_subplot(2,2,1)        #在 2 行 2 列的第 1 个位置添加子图
fig.add_subplot(2,2,2)        #在 2 行 2 列的第 2 个位置添加子图
```

```
    fig.add_subplot(2,2,3)    #在 2 行 2 列的第 3 个位置添加子图
    fig.add_subplot(2,2,4)    #在 2 行 2 列的第 4 个位置添加子图
    #生成 0~100 的数组
    x=np.arange(0,101)    #生成 0~100 的包含 100 个元素的数组
    plt.plot(x,x**2)  #在第 4 个子图上绘制一条平方曲线，x 轴上的值为 0~100，与之对应
的 y 轴上的值为 x 的平方
    plt.show()             #显示图形
```

输出结果如图 3-7 所示。

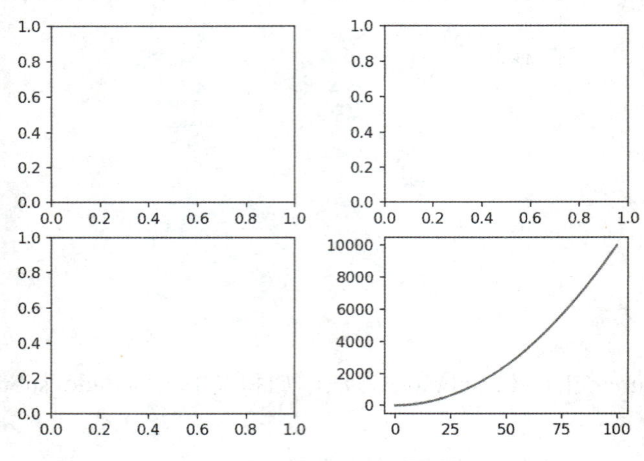

图 3-7　例 3-13 的输出结果

代码解析：

首先使用 plt.figure()函数创建了一个空白画布，然后对生成的 Figure 对象 fig 调用 add_subplot()方法为画布添加 4 个子图，最后一个子图在 4 号位置。使用 numpy 库的 arange()函数生成由 0~100 的数组成的数组 x，接着调用 pyplot 模块的 plot()函数绘图。plot()函数的两个参数分别表示直角坐标系中 x 轴和 y 轴对应的数据。本例中，设置 x 轴上的数据为变量 x 中的元素值，y 轴上的数据为变量 x 中元素值的平方。绘图时，plot()函数会将两个数组参数中的数值对应匹配为坐标点，因此两个参数的元素个数必须相等。plt.show()函数用于将图形显示出来。从绘制的结果可以看到，程序执行后，在画布的第 4 个子图上绘制了一条平方曲线，横坐标的取值范围为 0~100。

3.3.4　标签信息的添加

绘图时可以为图形添加一些标签信息，比如标题、坐标名称、坐标轴的刻度等。pyplot 模块提供了很多为图形添加标签的函数。表 3-3 中列出了为图形添加标签的常用函数。

表 3-3　为图形添加标签的常用函数

函　数	功能描述
title()	设置当前图形的标题
xlabel()	设置当前图形 x 轴的标签名称
ylabel()	设置当前图形 y 轴的标签名称

续表

函　数	功能描述
xticks()	指定 x 轴刻度的数目与取值
yticks()	指定 y 轴刻度的数目与取值
xlim()	设置或获取当前图形 x 轴的范围
ylim()	设置或获取当前图形 y 轴的范围
legend()	在图形上放置一个图例

【例 3–14】为图表添加标签。

```
import matplotlib.pyplot as plt
import numpy as np
#设置显示中文字体，如果不做设置，中文显示会不正常
plt.rcParams['font.sans-serif']=['SimHei']
#设置正常显示符号
plt.rcParams['axes.unicode_minus']=False
x=np.arange(0,1.1,0.01)                 #生成 0~1.1 的数组，步长为 0.01
plt.title("Title")                      #添加标题
plt.xlabel("x")                         #添加 x 轴的名称
plt.ylabel("y")                         #添加 y 轴的名称
#设置 x 和 y 轴的刻度
plt.xticks([0,0.5,1])
plt.yticks([0,0.5,1.0])
plt.plot(x,-x)                          #绘制 y=-x 曲线
plt.plot(x,x**2)                        #绘制 y=x^2 曲线
plt.legend(["y=-x","y=x^2"])            #添加图例
plt.show()                              #显示图形
```

输出结果如图 3–8 所示。

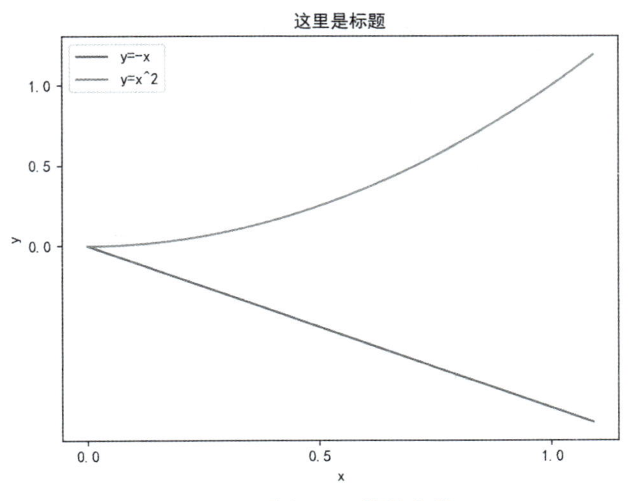

图 3–8　例 3–14 的输出结果

代码解析：

使用 plot()函数分别绘制了一条 y=−x 的直线和一条 $y=x^2$ 的曲线。此外，还调用 title()函数为图形添加了标题，调用 xlabel()函数、ylabel()函数用于为 x 轴、y 轴添加轴名称，调用 xticks()函数、yticks()函数设置 x 和 y 轴的刻度值，调用 legend()函数将两个标签名称“y=−x”、“$y=x^2$”与之前绘制的两条线对应，形成图例，默认显示在图形左上角。

3.3.5 常见图表的绘制

matplotlib.pyplot 模块包含了生成多种图表的函数，常用的有绘制折线图的 plot()函数、绘制柱状图的 bar() 函数、绘制散点图的 scatter() 函数等。表 3−4 列出了生成图表的常用函数。

表 3−4 生成图表的常用函数

函　数	功能描述
plot()	绘制折线图
bar()	绘制柱状图
barh()	绘制水平条形图
hist()	绘制直方图
pie()	绘制饼图
stackplot()	绘制堆积区域图
scatter()	绘制散点图
boxplot()	绘制箱形图

如果要绘制散点图，可以调用 scatter() 函数。散点图可以直观地显示数据的分布情况。

【例 3−15】调用 scatter()函数绘制散点图。

```
import matplotlib.pyplot as plt
import numpy as np
#x 轴的数据，0~20 的 20 个数值
x=np.arange(20)
#y 轴的数据，随机生成
y=np.random.rand(20)*10
plt.scatter(x,y)    #绘制散点图
plt.show()
```

输出结果如图 3−9 所示。

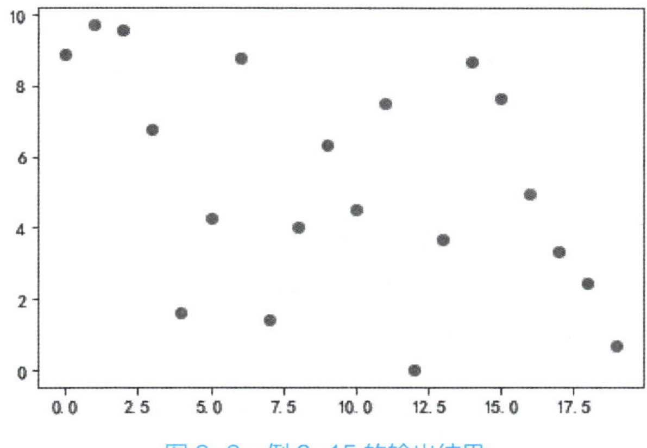

图 3-9　例 3-15 的输出结果

代码解析：

scatter()函数中的两个参数 x、y 分别对应散点的横、纵坐标值。

【例 3-16】调用 bar()函数绘制柱状图。

```
import matplotlib.pyplot as plt
import numpy as np
#设置显示中文字体，如果不做设置，中文显示会不正常
plt.rcParams['font.sans-serif']=['SimHei']
#设置正常显示符号
plt.rcParams['axes.unicode_minus']=False
x=np.arange(5)         #创建包含 0~4 的一维数组
#从 1~50 内随机选取整数，创建包含 5 个元素的数组
y=np.random.randint(1,50,size=5)
width=0.25                                   #柱形的宽度
plt.bar(x,y,width,color='r')                 #绘制红色的柱状图
plt.xticks(x,['1 月','2 月','3 月','4 月','5 月'])  #设置 x 轴的刻度
plt.show()
```

输出结果如图 3-10 所示。

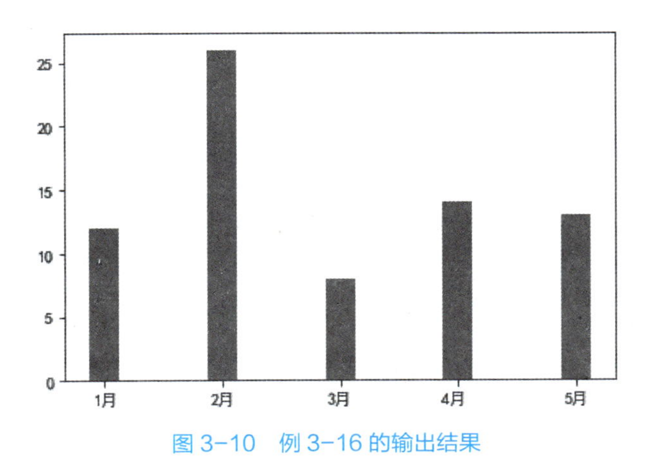

图 3-10　例 3-16 的输出结果

代码解析：

本例中，bar()函数的两个参数 x、y 同样对应坐标系中 x 轴和 y 轴上的数据；width 表示柱形的宽度。

3.3.6 颜色、线型、标记的设置

在使用绘制图表的函数（比如 plot()函数等）画图时，可以设定线条的相关参数，包括颜色、线型和标记风格。线条颜色使用 color 参数控制，它支持表 3–5 所列举的颜色值，如 b(blue)表示蓝色、k(black)表示黑色等。

表 3–5 color 参数值

颜色值	说明
b(blue)	蓝色
w(white)	白色
g(green)	绿色
r(red)	红色
m(magenta)	品红
y(yellow)	黄色
k(black)	黑色

线型使用 linestyle 参数控制，它支持表 3–6 所列举的线型值，如短横线加一个点表示短点相间线、冒号表示短虚线等。

表 3–6 linestyle 参数值

线型值	说明
‘-’	实线
‘--’	长虚线
‘-.’	短点相间线
‘:’	短虚线

标记风格使用 marker 参数控制，它支持表 3–7 所列举的标记值。

表 3–7 marker 参数值

标记值	说明
‘o’	实心圆圈
‘D’	菱形
‘h’	六边形 1
‘H’	六边形 2

续表

标记值	说明
'8'	八边形
'p'	五边形
'v'	倒三角形
'^'	正三角形
's'	正方形
'.'	点
'+'	加号
'*'	星形

【例 3-17】设置图表的颜色、线型、标记。

```
import matplotlib.pyplot as plt
import numpy as np
data=np.arange(1,3,0.3)
#绘制直线，颜色为绿色，标记为*，线型为长虚线
plt.plot(data,color="g",marker="*",linestyle="--")
#绘制直线，颜色为蓝色，标记为实心圆，线型为短虚线
plt.plot(data+1,color="b",marker="o",linestyle=":")
#绘制直线，颜色为红色，标记为三角形，线型为短点相间线
plt.plot(data+2,color="r",marker="^",linestyle="-.")
#也可采用下面的方式绘制三条不同颜色、标记和线型的直线
#plt.plot(data,'cx--',data+1,'mo:',data+2,'kp-.')
plt.show()
```

输出结果如图 3-11 所示。

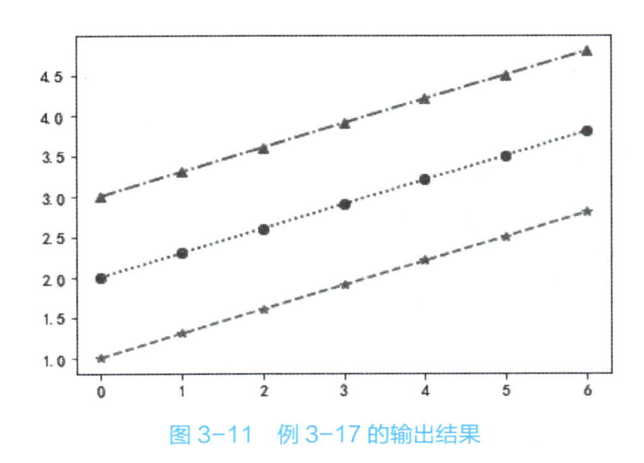

图 3-11　例 3-17 的输出结果

3.3.7　绘制图形的保存

图形绘制完成后，要保存当前生成的图表，可以调用 savefig()函数。savefig()函数

的定义如下：

```
savefig(fname,dpi=None,facecolor='w',edgecolor='w',...)
```

savefig()函数中的 fname 参数是一个包含文件名路径的字符串，或者是一个类似于 Python 文件的对象。如果 format 参数设为 None 且 fname 参数为一个字符串，则输出格式将根据文件名的扩展名推导出来。

对于在 Jupyter Notebook 中绘制的图形，可以通过在图形上右击另存为图片。

3.4 数 据 合 并

数据合并

数据合并是数据分析过程中的一个重要步骤，它是指将来自两个或多个数据源的数据组合在一起，以形成一个更完整或更全面的数据集。数据合并可以在处理大型数据集时提高效率、减少错误并获得更好的结果。pandas 库提供了多种数据合并函数。以下将介绍 pandas 中常用的几种数据合并函数。

3.4.1 merge()函数

merge()函数主要基于数据表共同的列标签进行合并，适用于存在同一个或多个相同列标签（主键）的包含不同特征的两个数据表，通过主键的连接将这两个数据表进行合并。在合并时，如果两个 DataFrame 对象在指定的列上具有不同的索引，merge()函数将创建一个新的索引。

merge()函数的语法格式如下：

```
pandas.merge(left,right,on=None,left_on=None,right_on=None,left_
index=False,right_index=False,how='inner')
```

参数说明如下：

（1）left：左侧 DataFrame 对象。

（2）right：右侧 DataFrame 对象。

（3）on：指定的列或索引，用于合并数据。

（4）left_on：左侧 DataFrame 对象中用于合并的列或索引。

（5）right_on：右侧 DataFrame 对象中用于合并的列或索引。

（6）left_index：是否使用左侧 DataFrame 对象的索引进行合并。

（7）right_index：是否使用右侧 DataFrame 对象的索引进行合并。

（8）how：指定合并的方式，包括'inner'、'outer'、'left'和'right'。

【例 3-18】使用 merge()函数进行数据合并。

```
import pandas as pd
#创建两个数据集
df1=pd.DataFrame({'key':['A','B','C'],'value':[1,2,3]})
print("df1=\n",df1)
df2=pd.DataFrame({'key':['A','B','C'],'value2':[4,5,6]})
print("df2=\n",df2)
```

```
result=pd.merge(df1,df2,on='key')
print("df1 与 df2 合并后=\n",result)
```

输出结果：

```
df1=
   key   value
0   A      1
1   B      2
2   C      3
df2=
   key   value2
0   A       4
1   B       5
2   C       6
df1 与 df2 合并后=
   key   value  value2
0   A      1       4
1   B      2       5
2   C      3       6
```

代码解析：

本例中的代码创建了两个 DataFrame 对象 df1 和 df2，使用 merge()函数将它们按照两个表中共有的列'key'进行了合并。

3.4.2　join()函数

join()函数用于将两个 DataFrame 对象连接在一起，它基于两个对象的索引进行连接，不需要指定连接的键。默认情况下，join()函数执行一个左连接，但也可以通过参数来执行其他类型的连接（例如 right、outer）。

join()函数的语法格式如下：

```
DataFrame.join(other,on=None,how='left',lsuffix=' ',rsuffix=' ')
```

参数说明如下：

（1）other：要合并的另一个 DataFrame 对象。

（2）on：用于合并的列名或索引级别名称。默认为 None，表示根据索引进行合并。

（3）how：合并的方式。默认为'left'，表示左连接。其他可选值包括'right'、'inner'和'outer'。

（4）lsuffix：用于重叠列名的左侧 DataFrame 对象的后缀，默认为空字符串。

（5）rsuffix：用于重叠列名的右侧 DataFrame 对象的后缀，默认为空字符串。

【例 3-19】使用 join()函数进行数据合并。

```
import pandas as pd
#创建两个数据集
df1=pd.DataFrame({'key':['A','B','C'],'value':[1,2,3]})
print("df1=\n",df1)
df2=pd.DataFrame({'key':['A','B','C'],'value2':[4,5,6]})
```

```
print("df2=\n",df2)
result=df1.join(df2,lsuffix="_left",rsuffix="_right")
print("df1 和 df2 执行 join 的结果:\n",result)
```

输出结果：

```
df1=
    key  value
0   A      1
1   B      2
2   C      3
df2=
   key   value2
0   A       4
1   B       5
2   C       6
df1 和 df2 执行 join 的结果:
      key_left  value     key_right  value2
0        A       1         A        4
1        B       2         B        5
2        C       3         C        6
```

代码解析：

两个 DataFrame 对象 df1 和 df2 根据索引进行合并，并将结果保存在 result 中。由于两个 DataFrame 对象的列名相同，因此使用了参数 lsuffix 和 rsuffix 来区分重叠的列名。默认情况下，join()函数使用'left'方式进行合并，即保留左侧 DataFrame 对象的所有行，并根据右侧 DataFrame 对象的索引进行合并。如果想要保留右侧 DataFrame 对象的所有行，根据左侧 DataFrame 对象的索引进行合并，可以使用'right'方式进行合并。如果两个 DataFrame 对象的列名不一致，还可以使用参数 on 指定用于合并的列名。

3.4.3 concat()函数

concat()函数用于沿着一条轴（通常是沿行方向上的轴）将 pandas 对象（例如 Series 或 DataFrame）连接在一起。这类似于 Python 的列表连接，但它可以处理具有不同列的数据。concat()函数默认沿着行的方向进行连接，但也可以沿着列的方向进行连接。另外，concat()函数不会创建新的索引，而是保留原始对象的索引。

concat()函数的语法格式如下：

```
pandas.concat(objs,axis=0,join='outer',ignore_index=False)
```

参数说明如下：

（1）objs：一个 DataFrame 对象的列表，或者一个 Series 对象的列表，或者一个 DataFrame 对象和一个 Series 对象的列表。

（2）axis：指定合并的轴方向，可以是 0 或 1，默认为 0。当 axis=0 时，表示沿行方向合并；当 axis=1 时，表示沿列方向合并。

（3）join：指定合并的方式，可以是'inner'或'outer'，默认为'outer'。当 join='inner'时，

表示只保留两个 DataFrame 对象共有的行或列；当 join='outer'时，表示保留所有行或列。

（4）ignore_index：是否忽略原始索引，可以是 True 或 False，默认为 False。当 ignore_index=True 时，表示重新生成索引。

【例 3-20】使用 concat()函数进行数据合并。

```
import pandas as pd
#创建两个数据集
df1=pd.DataFrame({'key':['A','B','C'],'value':[1,2,3]})
print("df1=\n",df1)
df2=pd.DataFrame({'key':['A','B','C'],'value2':[4,5,6]})
print("df2=\n",df2)
result=pd.concat([df1,df2])
print("df1 和 df2 执行 concat 的结果:\n",result)
```

输出结果：

```
df1=
  key  value
0  A      1
1  B      2
2  C      3
df2=
  key  value2
0  A       4
1  B       5
2  C       6
df1 和 df2 执行 concat 的结果:
  key  value  value2
0  A    1.0    NaN
1  B    2.0    NaN
2  C    3.0    NaN
0  A    NaN    4.0
1  B    NaN    5.0
2  C    NaN    6.0
```

代码解析：

本例使用 concat()函数对两个 DataFrame 对象 df1 和 df2 进行了数据合并。默认情况下，concat()函数使用'outer'方式进行合并，即保留所有行或列。如果该位置没有数据，则用 NaN 进行填充。如果想要只保留共有的行或列，可以设置参数 join='inner'进行合并。

3.5　数据清洗

数据清洗

在数据分析过程中，由于数据不完整、不一致、重复、错误等原因导致数据质量下降、无法准确反映实际情况的数据称为脏数据。脏数据可能会对数据分析结果产生负面影响，导致分析结果不准确、不客观、不可靠。数据清洗是指通过一系列技术手段，对数据进行筛选、整理、修正等操作，以提高数据质量的过程。数据清洗是对数据进行预处理的重要步骤，旨在提高数据质量，将脏数据清洗干净，使原数据具有完整性、唯一性、权威性、合法性、一致性等特点。pandas 库提供了多种数据清洗功能，可以根据实际情况选择合适的函数进行数据清洗，以提高数据质量，使数据分析更加准确可靠。

常见的数据清洗操作有空值和缺失值的处理、重复值的处理、异常值的处理等。

3.5.1 空值和缺失值的处理

空值一般表示数据未知、不适用或将在以后添加数据。空值一般使用 None 表示，缺失值一般使用 NaN 表示。pandas 库提供了一些用于检查或处理空值和缺失值的方法。其中，使用 isnull()方法和 notnull()方法可以判断数据集中是否存在空值和缺失值。

假设已创建 DateFrame 对象 df，isnull()方法和 notnull()方法的使用方法如下。

（1）判断 df 中的元素是否为空值或缺失值，语法格式如下：

```
df.isnull()
```

或

```
df.notnull()
```

（2）统计每列缺失值，语法格式如下：

```
df.isnull().sum(axis=0)
```

（3）对于缺失数据可以使用 dropna()方法对缺失值进行删除。其语法格式如下：

```
DataFrame.dropna(axis=0,how='any',thresh=None,subset=None,inplace=
False)
```

参数说明如下：

① axis：指定要删行还是删列，默认为 0，0 或'index'表示删行，1 或'columns'表示删除列。

② how：可选项有'any'、'all'，默认为'any'，表示一行或一列只要有一个是缺失值，就进行删除操作；当该参数为'all'时，表示这一行或一列全部为缺失值时才删除。

③ thresh：非空元素最低数量。值为整型，默认为 None。如果该行或列中，非空元素数量小于这个值，就删除该行或列。

④ subset：索引的列表，表示哪些行或列需要删除缺失值。当 axis=0 时，subset 中元素为列的索引；当 axis=1 时，subset 中元素为行的索引。

⑤ inplace：是否在原表操作，默认为 False；如果设置为 True，则在原表上进行操作。

（4）通过 DataFrame 对象的 fillna()方法可以填充缺失值。其语法格式如下：

```
DataFrame.fillna(value=None,method=None,axis=0,inplace=False,)
```

参数说明如下：

① value：用于填充的空值的值。

② method：可选项有'backfill'、'bfill'、'pad'、'ffill'、None；默认为 None，表示填充空值的方法；pad/ffill 表示用前面行或列的值，填充当前行或列的空值；backfill/bfill

表示用后面行或列的值，填充当前行或列的空值。

③ axis：轴。0 或'index'，表示按行填充；1 或'columns'，表示按列填充。默认为 0。

④ inplace：表示是否在原表进行操作。值为布尔值，默认为 False。如果为 True，则在原表上进行操作，返回值为 None。

3.5.2 重复值的处理

pandas 库提供了去重处理的方法，包括 duplicated()方法和 drop_duplicated()方法。

1. duplicated()方法

duplicated()方法用于查找并显示数据表中的重复数据值。其语法格式如下：

```
DataFrame.duplicated(subset=None,keep="first")
```

或

```
Series.duplicated(keep="first")
```

参数说明如下：

（1）subset：列标签或列标签的列表，表示需要检测重复的列，默认为全部的列。

（2）keep：可选项有'first'、'last'、False；默认为'first'，表示将重复项标记为 True，第一次出现的除外；'last'表示将重复项标记为 True，最后一次出现的除外；False 表示将所有发生重复的数据标记为 True。

2. drop_duplicates()方法

drop_duplicates()方法用于去掉重复的数据。其语法格式如下：

```
DataFrame.drop_duplicates(subset=None,keep="first",inplace=False,ignore_index=False)
```

参数说明如下：

（1）subset：列标签或者列标签的列表，表示要去重的列。

（2）keep：可选项有'first'、'last'、False。默认'first'，表示去重后只保留第一个；'last'表示去重后保留最后一个；False 表示有重复都不保留。

（3）inplace：是否对原表进行去重操作。默认为 False，此时会返回一个去重后的新 DataFrame，原表数据不变；如果设为 True，则会对原表进行去重操作。

（4）ignore_index：重置索引。默认为 False，如果设置为 True，则会重新生成从 0 开始的连续的索引。

3.5.3 异常值的处理

异常值是指数据集中明显偏离正常范围的数值。异常值可以通过观察数据分布、统计量分析、箱形图等方法来识别。一旦识别出异常值，就需要采取适当的方法进行处理。常见的处理方式包括删除、平滑、插值和统计方法等。具体选择哪种处理方式取决于数据的具体情况和数据清洗的目标。在处理异常值时，需要综合考虑数据的整体分布、特征和数据质量等因素，以选择最合适的处理方式。

任务实施

全国劳动力人口数据的获取与读取

1. 全国劳动力人口数据的获取与读取

（1）要对劳动力人口数据进行分析，首先要获取劳动力人口数据。劳动力人口数据可以在国家统计局网站（https://data.stats.gov.cn/）提供的公开数据中进行查找，如图 3-12 所示。

图 3-12　国家统计局网站首页

经过查找，发现网站中并未直接提供国内近 20 年的劳动力人口数据信息，但可以查到近 20 年国内各省区市 15～64 岁人口的抽样调查数据。按照国际上的一般通用标准，15～64 岁正是劳动力的适龄范围。因此，本项目就以 15～64 岁人口抽样调查数据作为国内各省区市劳动力人口数据。

（2）单击【下载】按钮，将数据以 Excel 文件形式保存至本地。为方便后续操作，将文件重命名为 labour_Mainland.xls。

（3）全国劳动力人口数据应涵盖港澳台地区劳动力人口数据，但目前只获得了 31 个省区市的数据。经过查找发现，可以在国家统计局网站的港澳台数据版块检索到港澳台地区近 20 年的劳动力人口数据。

（4）单击【下载】按钮，将数据以 Excel 文件形式保存至本地，并重命名为 labour_HMT.xls。

（5）将下载的两个用于分析处理的数据文件保存至 D:\python\data 路径下备用，如图 3-13 所示。

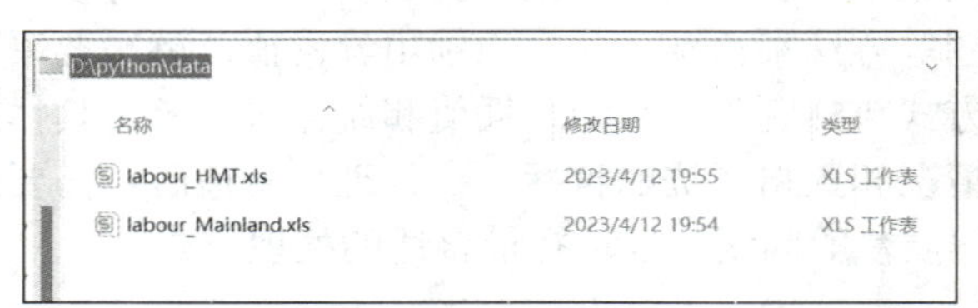

图 3-13　数据文件保存位置

（6）在 D:\python 路径下启动 Jupyter Notebook，如图 3-14 所示。启动后，可以看

到页面目录中包含了存放数据文件的 data 文件夹，如图 3–15 所示。

图 3–14　启动环境

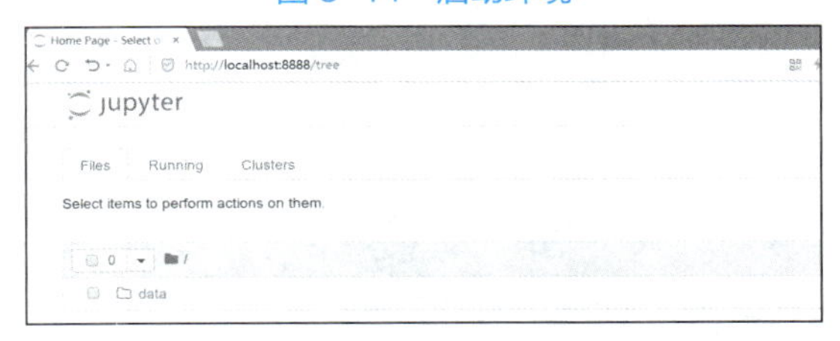

图 3–15　启动后目录

（7）单击页面右侧的 New 按钮，新建一个 Python 文件。该文件用于编写 Python 代码，以便对数据文件进行读取与处理分析。在新建文件的标题位置单击 Untitled，将文件名称更改为“LabourPopulationAnalysis”，如图 3–16 所示。

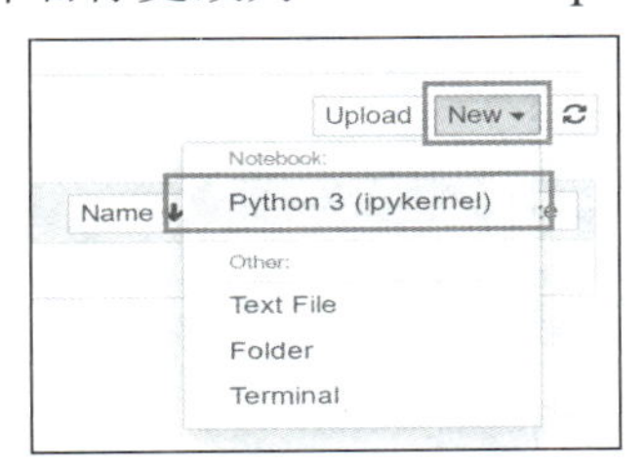

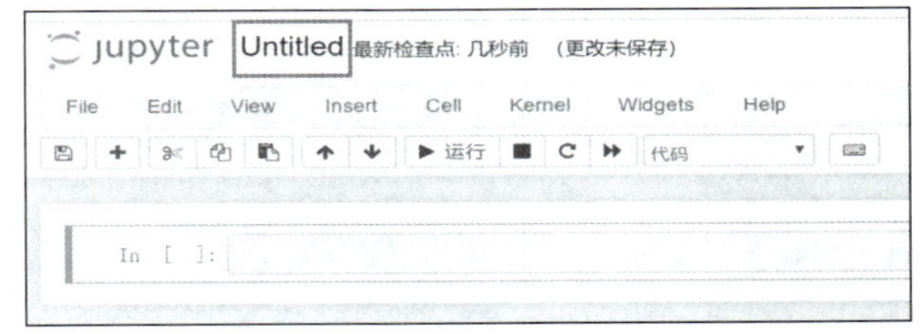

图 3–16　在 Jupyter Notebook 中新建并重命名 Python 文件

（8）进入代码编写阶段。本项目涉及 numpy 库、pandas 库和 matplotlib 库的使用。因此，在程序开始时，需要先在代码单元格内使用 import 语句将 numpy 库、pandas 库及 matplotlib 库的 pyplot 模块导入，并添加 pyplot 模块正常显示中文的配置语句。

【任务 3–1】引入库。

```
import numpy as np
import pandas as pd
import matplotlib.pyplot as plt
plt.rcParams['font.sans-serif']=['SimHei']  #正常显示中文标签
plt.rcParams['axes.unicode_minus']=False    #正常显示负号
```

（9）导入相关库后，就可以读取数据文件了。要读取的两个数据文件是以 Excel 文件形式保存的，pandas 库的 read_excel()函数可用于读取 Excel 文件，读取后的数据是一个 DataFrame 对象。在读取数据之前，可以先打开 Excel 文件观察一下想要读取的数据部分是哪些。打开港澳台地区劳动力人口数据文件 labour_HMT.xls，其内容如图 3–17 所示。从图 3–17 中可以看到，文件的第 4 行应为 DataFrame 对象的列索引，第 1 列应为 DataFrame 对象的行索引。因此，在使用 read_excel()函数读取数据时，除了必需的文件路径参数外，还要设置参数 index_col=[0]，表示将索引位置序号为 0 的第 1 列数据设为行索引；设置参数 header=[3]，表示将索引位置序号为 3 的第 4 行数据设为列索引。

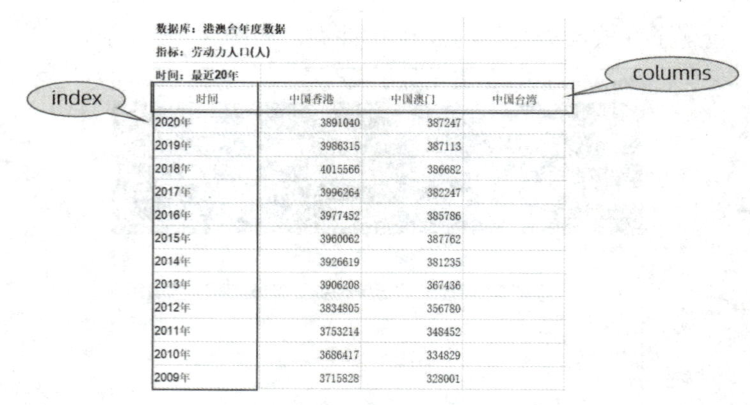

数据库：港澳台年度数据

指标：劳动力人口(人)

时间：最近20年

时间	中国香港	中国澳门	中国台湾
2020年	3891040	387247	
2019年	3986315	387113	
2018年	4015566	386682	
2017年	3996264	382247	
2016年	3977452	385786	
2015年	3960062	387762	
2014年	3926619	381235	
2013年	3906208	367436	
2012年	3834805	356780	
2011年	3753214	348452	
2010年	3686417	334829	
2009年	3715828	328001	

图 3-17　数据文件 labour_HMT 的内容

【任务 3-2】读取数据文件 labour_HMT.xls。

```
labour_out=pd.read_excel(r'data/labour_HMT.xls',index_col=[0],header=[3])
labour_out    #查看数据内容
```

读取港澳台地区劳动力人口数据后，将数据保存在变量 labour_out 中。变量 labour_out 的内容如图 3-18 所示。

时间	中国香港	中国澳门	中国台湾
2020年	3891040.0	387247.0	NaN
2019年	3986315.0	387113.0	NaN
2018年	4015566.0	386682.0	NaN
2017年	3996264.0	382247.0	NaN
2016年	3977452.0	385786.0	NaN
2015年	3960062.0	387762.0	NaN
2014年	3926619.0	381235.0	NaN
2013年	3906208.0	367436.0	NaN
2012年	3834805.0	356780.0	NaN
2011年	3753214.0	348452.0	NaN
2010年	3686417.0	334829.0	NaN
2009年	3715828.0	328001.0	NaN
2008年	3696370.0	312568.0	NaN
2007年	3674868.0	297048.0	NaN
2006年	3623557.0	273737.0	NaN
2005年	3559155.0	254202.0	NaN
2004年	3540405.0	238933.0	NaN
2003年	3497891.0	225186.0	NaN
2002年	3512114.0	227288.0	NaN
2001年	3452709.0	220851.0	NaN
注：数据来源于世界银行等国际组织。	NaN	NaN	NaN
数据来源：国家统计局	NaN	NaN	NaN

图 3-18　变量 labour_out 的内容

（10）使用同样的方法观察 31 个省区市劳动力人口数据文件 labour_Mainland.xls，其内容如图 3-19 所示。其具体情况与港澳台地区劳动力人口数据文件相同，也是文件的第 4 行应为 DataFrame 对象的列索引，第 1 列应为 DataFrame 对象的行索引。采用同样的方式对 31 个省区市劳动力人口数据进行读取，并将读取到的数据保存在变量 labour_in 中。

数据库：分省年度数据

指标：15-64岁人口数(人口抽样调查)(人)

时间：最近20年

地区	2022年	2021年	2020年	2019年	2018年	2017年	2016年	2015年	2014年	2013年	2012年	2011年
北京市		17078		13020	13834	13633	14031	266007	14434	14225	14163	14216
天津市		10296		9391	10083	9893	10142	190476	9707	9399	9175	9213
河北省		51954		40196	42612	43608	44321	827323	43907	44198	44366	45918
山西省		25958		21363	22580	23037	23475	431465	23071	22860	22997	23353
内蒙古自治区		18411		15158	15976	15765	16436	301933	15940	16020	16261	16842
辽宁省		31549		24972	26763	27257	27919	521044	28111	28756	29181	29159
吉林省		18137		15692	16705	16900	17552	330390	17629	17844	18363	18458
黑龙江省		24309		22247	23899	24350	24865	465792	24996	25029	25285	26293
上海市		19177		13845	14950	15026	15618	291086	16057	15945	16391	16816
江苏省		61503		44567	47499	48002	48750	913159	48726	48762	49786	51421
浙江省		50281		33116	34485	35092	35319	651886	35615	35785	36063	36790
安徽省		42673		33397	35341	35079	36958	679081	35994	35337	35760	36459

图 3-19　数据文件 labour_Mainland 的内容

【任务 3-3】读取数据文件 labour_Mainland.xls。

```
labour_in=pd.read_excel(r'data/labour_Mainland.xls',index_col=[0],
header=[3])
labour_in
```

运行代码，显示变量中的内容，就可以看到被读取的数据了。变量 labour_in 的内容如图 3-20 所示。

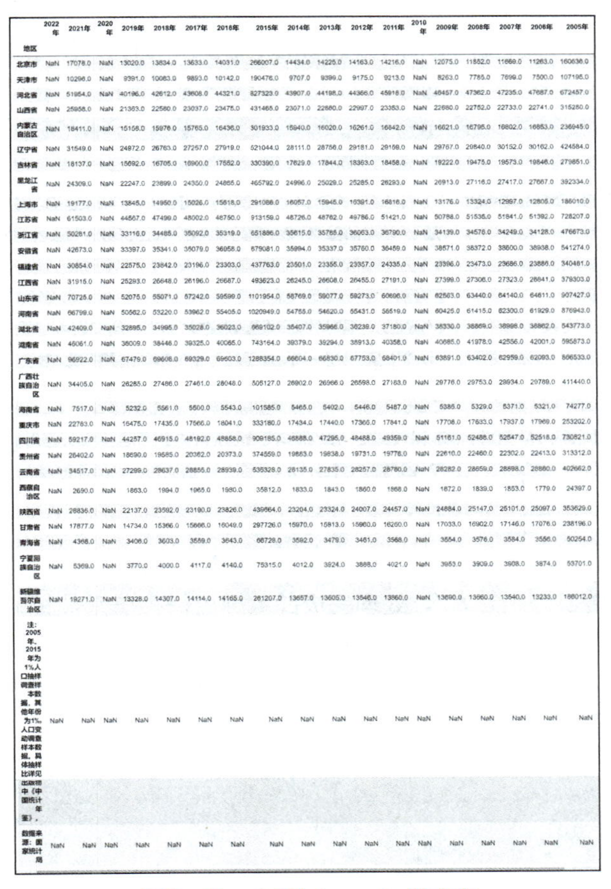

地区	2022年	2021年	2020年	2019年	2018年	2017年	2016年	2015年	2014年	2013年	2012年	2011年	2010年	2009年	2008年	2007年	2006年	2005年
北京市	NaN	17078.0	NaN	13020.0	13834.0	13633.0	14031.0	266007.0	14434.0	14225.0	14163.0	14216.0	NaN	12075.0	11852.0	11669.0	11263.0	160636.0
天津市	NaN	10296.0	NaN	9391.0	10083.0	9893.0	10142.0	190476.0	9707.0	9399.0	9175.0	9213.0	NaN	8263.0	7785.0	7699.0	7500.0	107195.0
河北省	NaN	51954.0	NaN	40196.0	42612.0	43608.0	44321.0	827323.0	43907.0	44198.0	44366.0	45918.0	NaN	46457.0	47362.0	47235.0	47687.0	672457.0
山西省	NaN	25958.0	NaN	21363.0	22580.0	23037.0	23475.0	431465.0	23071.0	22860.0	22997.0	23353.0	NaN	22680.0	22752.0	22733.0	22741.0	315280.0
内蒙古自治区	NaN	18411.0	NaN	15158.0	15976.0	15765.0	16436.0	301933.0	15940.0	16020.0	16261.0	16842.0	NaN	16621.0	16795.0	16802.0	16853.0	236945.0
辽宁省	NaN	31549.0	NaN	24972.0	26763.0	27257.0	27919.0	521044.0	28111.0	28756.0	29181.0	29159.0	NaN	29767.0	29840.0	30152.0	30162.0	424584.0
吉林省	NaN	18137.0	NaN	15692.0	16705.0	16900.0	17552.0	330390.0	17629.0	17844.0	18363.0	18458.0	NaN	19222.0	19475.0	19573.0	19846.0	279851.0
黑龙江省	NaN	24309.0	NaN	22247.0	23899.0	24350.0	24865.0	465792.0	24996.0	25029.0	25285.0	26293.0	NaN	26913.0	27116.0	27417.0	27667.0	392334.0
上海市	NaN	19177.0	NaN	13845.0	14950.0	15026.0	15618.0	291086.0	16057.0	15945.0	16391.0	16816.0	NaN	13176.0	13324.0	12897.0	12805.0	186010.0
江苏省	NaN	61503.0	NaN	44567.0	47499.0	48002.0	48750.0	913159.0	48726.0	48762.0	49786.0	51421.0	NaN	50788.0	51536.0	51841.0	51392.0	728207.0
浙江省	NaN	50281.0	NaN	33116.0	34485.0	35092.0	35319.0	651886.0	35615.0	35785.0	36063.0	36790.0	NaN	34139.0	34576.0	34249.0	34128.0	476673.0
安徽省	NaN	42673.0	NaN	33397.0	35341.0	35079.0	36958.0	679081.0	35994.0	35337.0	35760.0	36459.0	NaN	38571.0	38372.0	38600.0	38938.0	541274.0
福建省	NaN	30854.0	NaN	22575.0	23842.0	23196.0	23303.0	437763.0	23501.0	23355.0	23357.0	24335.0	NaN	23386.0	23473.0	23686.0	23886.0	340481.0
江西省	NaN	31915.0	NaN	25293.0	26648.0	26196.0	26687.0	493623.0	26245.0	26608.0	26455.0	27191.0	NaN	27399.0	27306.0	27323.0	26841.0	379303.0
山东省	NaN	70725.0	NaN	52075.0	55071.0	57242.0	59599.0	1101954.0	58769.0	59077.0	59273.0	60696.0	NaN	62563.0	63440.0	64140.0	64611.0	907427.0
河南省	NaN	66799.0	NaN	50562.0	53220.0	53962.0	55405.0	1020949.0	54755.0	54620.0	55431.0	56519.0	NaN	60425.0	61415.0	62300.0	61929.0	876943.0
湖北省	NaN	42409.0	NaN	32895.0	34995.0	35028.0	36023.0	669102.0	35407.0	35966.0	36239.0	37180.0	NaN	38330.0	38869.0	38998.0	38862.0	543773.0
湖南省	NaN	46061.0	NaN	36009.0	38446.0	39325.0	40065.0	743164.0	39379.0	39294.0	38913.0	40358.0	NaN	40685.0	41978.0	42556.0	42001.0	595873.0
广东省	NaN	96922.0	NaN	67479.0	69606.0	69329.0	69603.0	1288354.0	66604.0	66830.0	67753.0	68401.0	NaN	63891.0	63402.0	62959.0	62093.0	866533.0
广西壮族自治区	NaN	34405.0	NaN	26285.0	27486.0	27461.0	28048.0	505127.0	26902.0	26966.0	26598.0	27163.0	NaN	29776.0	29753.0	29934.0	29789.0	411440.0
海南省	NaN	7517.0	NaN	5232.0	5561.0	5600.0	5543.0	101585.0	5465.0	5402.0	5446.0	5487.0	NaN	5385.0	5329.0	5371.0	5321.0	74277.0
重庆市	NaN	22763.0	NaN	16475.0	17435.0	17566.0	18041.0	333180.0	17434.0	17440.0	17366.0	17841.0	NaN	17708.0	17633.0	17937.0	17969.0	253202.0
四川省	NaN	59217.0	NaN	44257.0	46915.0	48192.0	48858.0	909185.0	46888.0	47295.0	48488.0	49359.0	NaN	51161.0	52488.0	52547.0	52518.0	730821.0
贵州省	NaN	26402.0	NaN	18690.0	19585.0	20362.0	20373.0	374559.0	19883.0	19838.0	19731.0	19776.0	NaN	22610.0	22460.0	22302.0	22413.0	313312.0
云南省	NaN	34517.0	NaN	27299.0	28637.0	28855.0	28939.0	535328.0	28135.0	27835.0	28257.0	28780.0	NaN	28282.0	28659.0	28698.0	28880.0	402662.0
西藏自治区	NaN	2690.0	NaN	1863.0	1994.0	1965.0	1980.0	35812.0	1833.0	1843.0	1860.0	1868.0	NaN	1872.0	1839.0	1853.0	1779.0	24397.0
陕西省	NaN	26836.0	NaN	22137.0	23592.0	23190.0	23826.0	439664.0	23204.0	23324.0	24007.0	24457.0	NaN	24884.0	25147.0	25101.0	25097.0	353629.0
甘肃省	NaN	17877.0	NaN	14734.0	15366.0	15666.0	16049.0	297726.0	15970.0	15813.0	15960.0	16260.0	NaN	17033.0	16902.0	17146.0	17076.0	238196.0
青海省	NaN	4368.0	NaN	3406.0	3603.0	3589.0	3643.0	66729.0	3592.0	3479.0	3461.0	3568.0	NaN	3554.0	3576.0	3584.0	3556.0	50254.0
宁夏回族自治区	NaN	5369.0	NaN	3770.0	4000.0	4117.0	4140.0	75315.0	4012.0	3924.0	3888.0	4021.0	NaN	3953.0	3909.0	3908.0	3874.0	53701.0
新疆维吾尔自治区	NaN	19271.0	NaN	13328.0	14307.0	14114.0	14165.0	261207.0	13657.0	13605.0	13546.0	13860.0	NaN	13690.0	13660.0	13540.0	13233.0	186012.0
注：2005年、2015年为1%人口抽样调查样本数据，其他年份为1‰人口变动调查样本数据，具体抽样比详见[illegible]中《中国统计年鉴》。	NaN	NaN	NaN	NaN	NaN	NaN	NaN	NaN	NaN	NaN	NaN	NaN	NaN	NaN	NaN	NaN	NaN	NaN
数据来源：国家统计局	NaN	NaN	NaN	NaN	NaN	NaN	NaN	NaN	NaN	NaN	NaN	NaN	NaN	NaN	NaN	NaN	NaN	NaN

图 3-20　变量 labour_in 的内容

2. 全国劳动力人口数据的预处理

全国劳动力人口数据的预处理

在前面的任务中，已经读取了 31 个省市区和港澳台地区的劳动力人口数据，现在要对全国的劳动力人口数据进行分析。首先，需要将两部分数据合并在一起。但是仔细观察这两部分数据，发现二者存在数量表示不统一、组织形式不一致等问题，因此需要对数据进行规范整理，以便为后面的数据分析做好数据准备。在数据分析过程中，这一环节也被称为数据预处理。

（1）读取的劳动力人口数据中使用的数量单位为“人”，而为了方便计算，可以将劳动力人口数据的数量单位统一为“万人”。先将港澳台地区劳动力人口数据的单位变换为“万人”，实现方法是直接将 labour_out 中的数据除以 10 000，并替换原数据。

【任务 3-4】将港澳台地区劳动力人口数据的单位转换为“万人”。

```
#将劳动力人口数据的单位统一为"万人"
labour_out=labour_out/10000
labour_out
```

（2）31 个省区市劳动力人口数据以省区市为行索引、以年份为列索引。为了与港澳台地区劳动力人口数据形式一致，可以将 31 个省区市劳动力人口数据做转置处理，即将行与列进行互换，变换为行索引为时间、列索引为省区市的结构。

【任务 3-5】将 31 个省区市劳动力人口数据转换为行索引为时间、列索引为省区市的结构。

```
labour_in_data=labour_in[:-2].T
labour_in_data
```

注意：读取到变量 labour_in 中 31 个省区市劳动力人口的数据的最后两行是说明信息，可以用切片方式 labour_in[:-2]只取有效数据部分并调用。T 属性实现转置操作，将转置后的数据部分保存在变量 labour_in_data 中。

（3）除了数据的组织形式以外，还应该注意到数据本身。在之前获取数据时，31 个省区市劳动力人口数据采用的是 15～64 岁人口的抽样数据。抽样数据就意味着数据表示的仅是一部分，并不是全部劳动力人口数据。因此，这里需要根据数据中的说明信息，按照抽样数据的比例计算出总劳动力人口数据。根据原始数据中的注释信息得知：2005 年、2015 年为 1%人口抽样调查样本数据，其他年份为 1‰人口变动调查样本数据。那么，在实际操作时，可以根据比例换算方法，先将所有数据按 1‰换算成总劳动力人口数据，接着单独索引出 2015 年和 2005 年这两行数据，按 1%比例计算，同时将人口数量单位转换为“万人”。处理完成的数据仍保存在变量 labour_in_ data 中。

【任务 3-6】根据抽样数据计算总劳动力人口数据。

```
#2005 年、2015 年为 1%人口抽样调查样本数据，其他年份为 1‰人口变动调查样本数据
#由抽样数据估计总劳动力人口数据
labour_in_data=labour_in_data/0.001*0.0001
labour_in_data.loc[['2015 年','2005 年'],:]=labour_in_data.loc[['2015
年','2005 年'],:]*0.1
labour_in_data
```

至此，两部分数据的内容表示与组织方式就实现了统一。接着，将两部分数据进

行合并就可以了。

（4）使用 pandas 库中的 merge()函数实现数据合并。调用 merge()函数需设置前两个参数为要合并的数据对象，这里设置为 labour_in_data 和 labour_out，即 31 个省区市劳动力人口数据和港澳台地区劳动力人口数据。参数 how 用于设置连接方式，这里采用内连接，即取两个表中合并项共有的部分。参数 left_index 和 right_index 设置为 True，表示合并时以两个表的行索引作为合并项。将合并后的数据保存在变量 labour_all 中，执行程序便可以查看变量 labour_all 中所保存的合并后的数据内容。

【任务 3-7】合并两部分数据。

```
#数据合并
labour_all=pd.merge(labour_in_data,labour_out,how='inner',left_index
=True,right_index=True)
labour_all
```

一般来说，数据中存在的空值或缺失值，可能会对数据分析结果产生影响。按照数据预处理的常规步骤，往往需要对这些空值或缺失值进行处理。

（5）使用 isnull()函数先对合并后的全国劳动力人口数据做是否有空值的判断，再使用求和函数 sum()统计出空值的个数。默认情况下，统计按列进行。

【任务 3-8】统计空值个数。

```
#数据清洗，判断空值
labour_all.isnull().sum()
```

统计结果显示，各省区市都有两个空值或缺失值，而台湾地区的空值或缺失值数量达到 18 个。查看数据后发现，2010 年、2020 年的劳动力人口数据，以及台湾地区的劳动力人口数据是完全缺失的，因此对各省区市 2010 年、2020 年的劳动力人口数据及台湾地区的劳动力人口数据进行分析是没有意义的。

（6）针对这部分缺失数据，使用 dropna()函数直接进行删除处理。

【任务 3-9】清洗数据，删除空值记录。

```
#数据清洗，去除空值
labour_all_drop=labour_all.dropna(axis=0,thresh=3)
labour_all_drop=labour_all_drop.dropna(axis=1,how='all')
labour_all_drop
```

代码解析：

第一条语句中，参数 axis 用于控制轴向。当 axis=0 时，表示按行删除，参数 thresh 表示有效数据量的最小要求，这里设置为 3 表示要求该行至少有 3 个非 NaN 值时将其保留，否则删除该行。执行语句，可删除 2010 年、2020 年的劳动力人口数据。第二条语句中，当 axis=1 时，表示按列删除；参数 how 用于设置过滤条件，当所有值都是 NaN 值，删除该列。本条语句可删除台湾地区这一列数据。

（7）再次使用 isnull()函数对去除空值后的全国劳动力人口数据做空值统计，查看数据中是否还存在空值。结果显示，数据中已没有空值或缺失值。

【任务 3-10】查找全国劳动力人口数据中的空值。

```
#数据清洗，判断空值
labour_all_drop.isnull().sum(axis=1)
```

输出结果如图 3-21 所示。

```
2019年    0
2018年    0
2017年    0
2016年    0
2015年    0
2014年    0
2013年    0
2012年    0
2011年    0
2009年    0
2008年    0
2007年    0
2006年    0
2005年    0
2004年    0
2003年    0
dtype: int64
```

图 3-21　任务 3-10 程序的输出结果

（8）一般的数据预处理过程还包含对数据中异常数据的检测和处理。最常用的方式是使用 boxplot()函数对各列数据绘制箱形图。

【任务 3-11】检测异常值。

```
#数据清洗，处理异常值
plt.figure(figsize=(24,20))
labour_all_drop.boxplot(column=list(labour_all_drop.columns))
```

执行程序后，绘制的箱形图显示每列数据都存在 1～2 个异常值，如图 3-22 所示。以河北省为例，异常值为 6 000 多和 8 000 多，对比数据表中的值发现异常值为 2005 年和 2015 年的数据。再查看其他列，异常值也是 2005 年和 2015 年的数据。分析原因后可知，刚好这两个年份的抽样比例与其他年份不同，数据异常很可能是这两个年份因抽样比例不同而导致数据估计不准确。

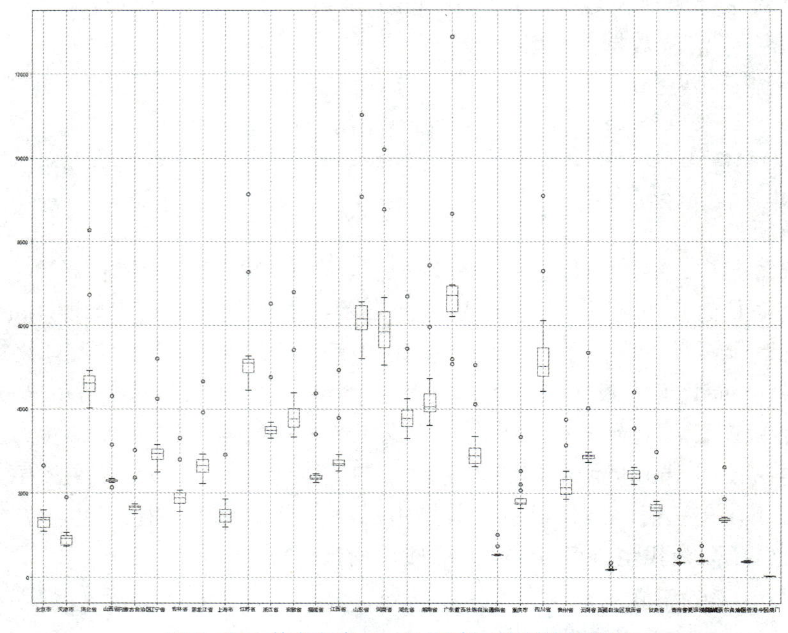

图 3-22　执行任务 3-11 程序后绘制的箱形图

（9）由于异常值的偏差较大，为减少异常值对数据分析结果的影响，需要对 2005 年、2015 年的异常数据进行处理。处理的方式是分别取这两个年份前后年份数据的平均值对 2005 年、2015 年的异常值进行替换。取平均值可以调用 mean()函数进行计算。

【任务 3–12】取平均值替换异常值。

```
#分别取 2005 年、2015 年前后两年的平均值对 2005 年、2015 年的异常值进行替换
labour_all_drop.loc['2015 年',:]=labour_all_drop.loc[['2014 年','2016 年'],:].mean()
labour_all_drop.loc['2005 年',:]=labour_all_drop.loc[['2004 年','2006 年'],:].mean()
labour_all_drop
```

（10）再次使用 boxplot()方法对各列数据绘制箱形图，可以发现大部分异常值已被处理。个别显示的异常值与数据边缘差距不大，可视为合理数据范围，不再按异常值进行处理。

【任务 3–13】再次判断是否存在异常值。

```
plt.figure(figsize=(24,20))
labour_all_drop.boxplot(column=list(labour_all_drop.columns))
```

执行程序后，绘制的箱形图如图 3–23 所示。

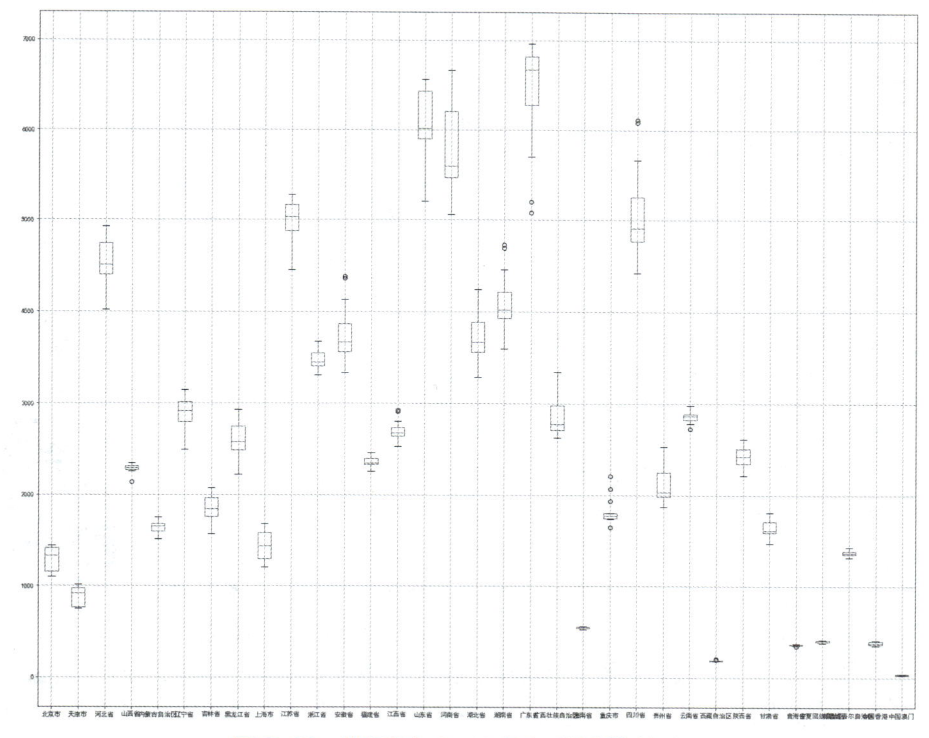

图 3–23　执行任务 3–13 程序后绘制的箱形图

（11）最后，为方便对全国劳动力人口数据进行分析，还需计算出每年全国劳动力人口的总数。通过对新列“全国劳动力总人数”进行索引，可以在原数据中新增一列，新列的数据由各行的数据求和计算而得，即将各省区市的劳动力人口数量求和后，得到全国劳

动力人口数据。使用 round()函数还可以对计算结果进行近似计算。设置参数为 1，用于将结果保留 1 位小数。处理后的数据保存在变量 labour_all_new 中，为一个 16 行 34 列的 DataFrame 对象。

【任务 3-14】统计各年度全国劳动力总人数。

```
#统计各年度全国劳动力总人数
labour_all_drop['全国劳动力总人数']=labour_all_drop.sum(1)
labour_all_new=labour_all_drop.round(1)      #保留 1 位小数
labour_all_new
```

数据文件 labour_all_new 的内容如图 3-24 所示①。

	北京市	天津市	河北省	山西省	内蒙古自治区	辽宁省	吉林省	黑龙江省	上海市	江苏省	...	云南省	西藏自治区	陕西省	甘肃省	青海省	宁夏回族自治区	新疆维吾尔自治区	中国香港	中国澳门	全国劳动力总人数
2019年	1302.0	939.1	4019.6	2136.3	1515.8	2497.2	1569.2	2224.7	1384.5	4456.7	...	2729.9	186.3	2213.7	1473.4	340.6	377.0	1332.8	398.6	38.7	77570.1
2018年	1383.4	1008.3	4261.2	2258.0	1597.6	2676.3	1670.5	2389.9	1495.0	4749.9	...	2863.7	199.4	2359.2	1536.6	360.3	400.0	1430.7	401.6	38.7	81944.0
2017年	1363.3	989.3	4360.8	2303.7	1576.5	2725.7	1690.0	2435.0	1502.6	4800.2	...	2885.5	196.5	2319.0	1566.6	355.9	411.7	1411.4	399.6	38.2	82684.6
2016年	1403.1	1014.2	4432.1	2347.5	1643.6	2791.9	1755.2	2486.5	1561.8	4875.0	...	2893.9	198.0	2382.6	1604.9	364.3	414.0	1416.5	397.7	38.6	84403.9
2015年	1423.2	992.4	4411.4	2327.3	1618.8	2801.5	1759.0	2493.0	1583.8	4873.8	...	2853.7	190.6	2351.5	1601.0	361.8	407.6	1391.1	395.2	38.4	83708.5
2014年	1443.4	970.7	4390.7	2307.1	1594.0	2811.1	1762.9	2499.6	1605.7	4872.6	...	2813.5	183.3	2320.4	1597.0	359.2	401.2	1365.7	392.7	38.1	83013.0
2013年	1422.5	939.9	4419.8	2286.0	1602.0	2875.6	1784.4	2502.9	1594.5	4876.2	...	2783.5	184.3	2332.4	1581.3	347.9	392.4	1360.5	390.6	36.7	83094.8
2012年	1416.3	917.5	4436.6	2299.7	1626.1	2918.1	1836.3	2528.5	1639.1	4978.6	...	2825.7	186.0	2400.7	1596.0	346.1	388.8	1354.6	383.5	35.7	83801.2
2011年	1421.6	921.3	4591.8	2335.3	1684.2	2915.9	1845.8	2629.3	1681.6	5142.1	...	2878.0	186.8	2445.7	1626.0	356.8	402.1	1386.0	375.3	34.8	85618.0
2009年	1207.5	826.3	4645.7	2268.0	1662.1	2976.7	1922.2	2691.3	1317.6	5078.8	...	2828.2	187.2	2488.4	1703.3	355.4	395.3	1369.0	371.6	32.8	85931.3
2008年	1185.2	778.5	4736.2	2275.2	1679.5	2984.0	1947.5	2711.6	1332.4	5153.5	...	2865.9	183.9	2514.7	1690.2	357.6	390.9	1366.0	369.6	31.3	86603.1
2007年	1166.9	769.9	4723.5	2273.3	1680.2	3015.2	1957.3	2741.7	1299.7	5184.1	...	2889.8	185.3	2510.1	1714.6	358.4	390.8	1354.0	367.5	29.7	86902.2
2006年	1126.3	750.0	4768.7	2274.1	1685.3	3016.2	1984.6	2766.7	1280.5	5139.2	...	2886.0	177.9	2509.7	1707.6	355.6	387.4	1323.3	362.4	27.4	86658.7
2005年	1124.0	750.5	4847.8	2298.0	1718.6	3083.0	2030.4	2848.2	1273.3	5206.6	...	2933.9	179.6	2561.4	1759.7	362.4	387.7	1338.2	358.2	25.6	88713.1
2004年	1121.7	751.0	4927.0	2321.8	1752.0	3149.7	2076.2	2929.7	1266.1	5273.9	...	2981.8	181.3	2613.1	1811.8	369.1	387.9	1353.1	354.0	23.9	90767.4
2003年	1100.8	747.8	4876.0	2276.9	1742.7	3140.9	2073.6	2921.7	1201.7	5227.1	...	2927.4	176.7	2591.1	1802.9	363.0	384.1	1315.5	349.8	22.5	90063.3

16 rows × 34 columns

图 3-24　数据文件 labour_all_new 的内容

3. 2019 年全国劳动力人口分布情况分析

2019 年全国劳动力人口分布情况分析

本部分的主要任务是对数据表中 2019 年的劳动力人口数据进行分布情况分析，也就是分析 2019 年哪些省区市的劳动力人口数量较多，哪些省区市的劳动力人口数量较少。

（1）使用索引方式将“2019 年”这一行中各省区市除 −1 列以外所有列中的劳动力人口数据提取出来。提取出来的数据文件 labour2019 是一个以省区市名称为行索引、以劳动力人口数据为值的 Series 对象。现在只需将各省区市的劳动力人口数量按从多到少的顺序排列，就可以了解全国劳动力人口的分布情况。这里，可以对 labour2019 这一 Series 对象调用 sort_ values()函数按值进行排序，设置参数 ascending 为 False，实现按人口数量的降序排列。

① 因台湾地区的劳动力人口数据缺失，所以数据文件 labour_all_new 中没有显示其相关数据。

【任务 3-15】查看 2019 年全国各省区市劳动力人口分布情况。

```
#查看 2019 年全国各省区市劳动力人口分布情况
labour2019=labour_all_new.loc['2019 年'][:-1]
labour2019_sort=labour2019.sort_values(ascending=False)
labour2019_sort
```

输出结果如图 3-25 所示[①]。

```
广东省          6747.9
山东省          5207.5
河南省          5056.2
江苏省          4456.7
四川省          4425.7
河北省          4019.6
湖南省          3600.9
安徽省          3339.7
浙江省          3311.6
湖北省          3289.5
云南省          2729.9
广西壮族自治区      2628.5
江西省          2529.3
辽宁省          2497.2
福建省          2257.5
黑龙江省         2224.7
陕西省          2213.7
山西省          2136.3
贵州省          1869.0
重庆市          1647.5
吉林省          1569.2
内蒙古自治区       1515.8
甘肃省          1473.4
上海市          1384.5
新疆维吾尔自治区     1332.8
北京市          1302.0
天津市           939.1
海南省           523.2
中国香港          398.6
宁夏回族自治区       377.0
青海省           340.6
西藏自治区         186.3
中国澳门           38.7
Name: 2019年, dtype: float64
```

图 3-25　执行任务 3-15 程序后的输出结果

从排序结果可以看出，劳动力人口最多的省区市依次是广东省、山东省、河南省、江苏省等。

技能小贴士

pandas 库提供了多种排序方法。常用的排序方法有 sort_values()和 sort_index()。

（1）sort_values()：此方法用于根据值对 DataFrame 对象或 Series 对象进行排序。它可以按照单列或多列进行排序，并且支持升序和降序排序。例如，df.sort_values(by= 'column_name', ascending=True)表示按照 column_name 列进行升序排序。通过设置参数 ascending 为 False，可以实现降序排序。此外，sort_values()方法还允许根据多个列进行排序，只需将多个列名以列表形式传入参数 by 即可。

（2）sort_index()：此方法用于根据索引对 DataFrame 对象或 Series 对象进行排序。默认情况下，它将按照升序排序，但也可以通过设置参数 ascending 为 False 进行降序排序。对 DataFrame 对象进行索引排序时，还可以通过设置参数 axis 为 0 或 1 来选择按行索引排序或按列索引排序。

① 因台湾地区劳动力人口数据缺失，所以输出结果中没有显示其相关数据。

（2）为了能够以比较直观的方式呈现各省区市的劳动力人口数据，选取劳动力人口数量前十的省区市，将其劳动力人口数据绘制成柱状图。

通过对排序后的数据文件 labour2019_sort 调用 head()函数，并设置参数为 10，就可以获取排名前十省区市的数据。其结果仍然是一个 Series 对象，将结果保存在变量 labour 2019_top10 中。

【任务 3-16】对劳动力人口数据进行排序，取排名前十的省区市。

```
labour2019_top10=labour2019_sort.head(10)
labour2019_top10
```

变量 labour2019_top10 的数据内容如图 3-26 所示。

```
广东省    6747.9
山东省    5207.5
河南省    5056.2
江苏省    4456.7
四川省    4425.7
河北省    4019.6
湖南省    3600.9
安徽省    3339.7
浙江省    3311.6
湖北省    3289.5
Name: 2019年, dtype: float64
```

图 3-26　变量 labour2019_top10 的数据内容

（3）接着，使用 matplotlib.pyplot 模块中的 bar()函数绘制柱状图。绘制图形时，首先使用 figure()函数创建一块高 8 英寸（20.32 cm）、宽 6 英寸（15.24 cm）的画布。柱状图的横坐标应显示各省区市的名称，纵坐标则表示具体的劳动力人口数据。使用 bar()函数绘图时，前两个参数传入的分别是横、纵坐标的数据，且数据必须是数值形式，因此需要将排名前十的省区市名称分别对应一个数字，以便在坐标轴中进行绘制。range()函数按照从 0 开始、差值为 1、数值个数为变量 labour2019_top10 中数据个数的原则生成一个等差数据列表。将此列表数据作为横坐标，可以将其代表的前十的省区市均匀地表示在横坐标上，而纵坐标对应的数据就是变量 labour2019_top10 中值的部分。此外，还设置柱形的颜色为蓝色（color="b"），柱宽为 0.3（width=0.3），标注此图形为“劳动力人数”（label='劳动力人数'）。ylabel()函数给 y 轴设置显示标签；title()函数给整个图形添加标题；legend()函数用于添加图例；xticks()函数可以将十个省区市的名称作为标签放置在对应刻度位置上显示；text()函数可以在指定(x,y)坐标位置放置标签，这里利用循环语句在每一个柱形上方将劳动力人口的数值显示出来。最后，plt.show()函数将图形进行显示。

【任务 3-17】绘制劳动力人口数量排名前十省区市的柱状图。

```
#绘制劳动力人口数量排名前十省区市的劳动力人数柱状图
#设置尺寸
plt.figure(figsize=(8,6))
x_num=range(0,len(labour2019_top10))
```

```
plt.bar(x_num,labour2019_top10,color='b',width=0.3,label='劳动力人数')
plt.ylabel('单位:万人')
plt.title('劳动力人口数量排名前十省区市的劳动力人数统计图',fontsize=20)
#设置图例
plt.legend(loc='upper right')
#设置横坐标位置和名称
x_ticks=[i+0.15 for i in x_num]
plt.xticks(x_ticks, labour2019_top10.index)
#在柱状图上方显示具体人口数值
for i in range((len(labour2019_top10))):
    plt.text(i-0.15,labour2019_top10[i]+100,int(labour2019_top10[i]))
plt.show()
```

执行程序后，绘制的图形如图 3-27 所示。

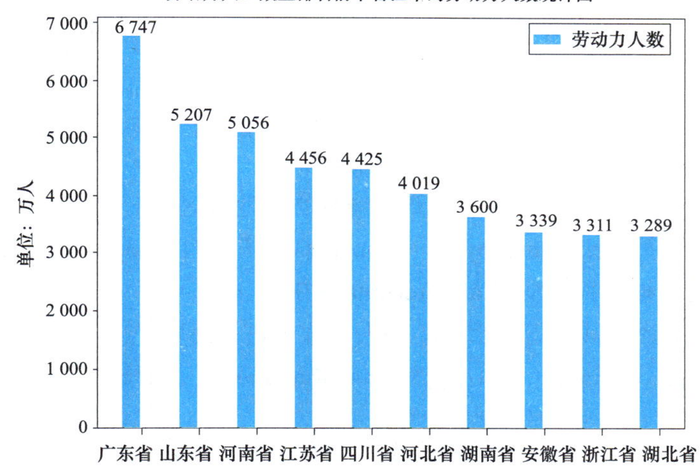

图 3-27　劳动力人口数量排名前十省区市的劳动力人数柱状图

从图 3-27 中可以直观地观察到，2019 年劳动力人口数量排名前十的省区市以中东部地区的省区市为主，其中劳动力人口数量最多的省份是广东省，远超排名第二的山东省。山东省、河南省的劳动力人口数量差距不大，均突破了 5 000 万人。

4. 2019 年各省区市劳动力人口占比分析

本部分的主要任务是对 2019 年各省区市劳动力人口的占比进行分析。如果将数据以饼图的形式呈现，会比较直观地反映出数据占比情况。因此，本部分将利用饼图分析劳动力人口的占比情况。

2019 年各省区市劳动力人口占比分析

由于全国的省区市较多，用一张饼图将所有省区市劳动力人口的占比全部显示出来会比较拥挤，因此这里只重点将劳动力人口数量排名前十的省区市进行占比分析与显示。劳动力人口数量排名前十的省区市的数据保存在变量 labour2019_top10 中，其数据结构为 Series 对象。

（1）按照绘图的一般流程，首先使用 figure()函数创建一块画布，设置参数 figsize，调整画布大小为 10 英寸（25.4 cm）×10 英寸（25.4 cm）。

【任务 3-18】设置画布尺寸。

```
#绘制饼图展示各省区市劳动力人口的占比情况
plt.figure(figsize=(10,10))  #设置尺寸
```

（2）2019 年各省区市的劳动力人口数据已存储在变量 labour2019_top10 中，若要绘制饼图，需要先计算 2019 年各省区市劳动力人口占 2019 年全国劳动力总人口的比例。

【任务 3-19】计算 2019 年各省区市劳动力人数和全国劳动力总人数。

```
top10_num=labour2019_top10.values
all_num=labour_all_new.loc['2019年','全国劳动力总人数']
```

上述代码中，labour2019_top10.values 将变量 labour2019_top10 中值的部分提取出来，提取的结果是一个 ndarray 数组，保存在变量 top10_num 中。

变量 all_num 中保存的是通过索引方式获取的 2019 年全国劳动力总人数，是一个标量数值。

（3）将 top10_num 数组与标量 all_num 做除法，经过数组广播运算，就得到了 2019 年劳动力人口数量排名前十省区市的劳动力人数占全国劳动力总人数的比例。

【任务 3-20】计算 2019 年各省区市劳动力人数占全国劳动力总人数的比例。

```
top10_percentage=top10_num/all_num
```

（4）为了将饼图显示完整，还需要将剩余的其他省区市劳动力人口数量的占比总和计算出来，将计算结果用 numpy 库的 append()方法添加在 top10 占比比例值数组中。最终各部分占比数据保存在变量 all_precentage 中。

【任务 3-21】计算其余省区市劳动力人口数量占比总和。

```
all_percentage=np.append(top10_percentage,1-sum(top10_percentage))
percentage=all_percentage*100
```

（5）使用 plt 模块中的 pie()函数绘制饼图。第一个参数放置占比数据的整数形式，设置颜色 colors 为数值范围（0.2,0.7）与蓝色系的颜色映射，标签内容 label 为各省区市的名称，autopct='%2.2f%%'设置占比数据显示的格式为以百分号形式表示的 2 位小数。wedgeprops 用于添加边缘属性，设置边缘线宽 linewidth 为 1，边缘颜色 edgecolor 为白色。

【任务 3-22】绘制饼图。

```
#设置显示标签为各省区市的名称
labels=np.append(labour2019_top10.index,['其他省区市'])
#设置颜色范围
colors=plt.get_cmap('Blues')(np.linspace(0.2,0.7,len(percentage)))
#绘制饼图
plt.pie(percentage,colors=colors,labels=labels,autopct='%2.2f%%',
    wedgeprops={"linewidth":1,"edgecolor":"white"})
plt.title('各省区市劳动力人口占比情况',fontsize=20)
plt.legend(loc='lower right')
plt.show()
```

（6）执行程序后，绘制的图形如图 3–28 所示。图 3–28 显示了 2019 年劳动力人口数量排名前十省区市及剩余其他省区市劳动力人数占全国劳动力总人数的比例情况。

各省区市劳动力人口占比情况

广东省 8.70%
山东省 6.71%
河南省 6.52%
江苏省 5.75%
四川省 5.71%
河北省 5.18%
湖南省 4.64%
安徽省 4.31%
浙江省 4.27%
湖北省 4.24%
其他省区市 43.98%

广东省
山东省
河南省
江苏省
四川省
河北省
湖南省
安徽省
浙江省
湖北省
其他省区市

图 3–28　各省区市劳动力人口占比饼图

从图 3–28 中可以直观地观察到，2019 年劳动力人口数量最多的省份是广东省，其劳动力人数占到全国劳动力总人数的 8.70%；劳动力人口数量排名前十的省区市，其劳动力人数之和占据了全国劳动力总人数的近 60%。

5. 2009—2019 年全国劳动力总人口变化情况分析

2009—2019 年全国劳动力总人口变化情况分析

本部分的主要任务是分析 2009—2019 年这十年间全国劳动力总人口的变化情况，所需数据保存在变量 labour_all_new 中。查看所准备的数据后发现，数据是按时间倒序排列的。

（1）为了呈现数据随时间增长的变化，可以先将数据按时间进行升序排列。

【任务 3–23】按年份将数据进行升序排列。

```
#按年份升序排列
labour_nation_sort=labour_all_new.sort_index()
labour_nation_sort
```

在变量 labour_all_new 中，年份是该对象的行索引部分，因此调用 sort_index()函数按索引进行排序，默认为升序排序。排序结果保存在变量 labour_nation_sort 中。

（2）从排序结果中提取 2009—2019 年全国劳动力总人数数据。.tail(10)表示取变量 labour_nation_sort 的最后 10 行，刚好就是 2009—2019 年全国劳动力总人数数据。提取的数据保存在变量 labour_nation_10years 中，这是一个索引为年份、值为全国劳动力总人数的 Series 对象。

【任务 3-24】提取 2009—2019 年全国劳动力总人数数据。

```
labour_nation_10years=labour_nation_sort['全国劳动力总人数'].tail(10)
labour_nation_10years
```

输出结果如图 3-29 所示。

```
2009年    85931.3
2011年    85618.0
2012年    83801.2
2013年    83094.8
2014年    83013.0
2015年    83708.5
2016年    84403.9
2017年    82684.6
2018年    81944.0
2019年    77570.1
Name: 全国劳动力总人数, dtype: float64
```

图 3-29 执行任务 3-24 程序后的输出结果

（3）为方便展示全国劳动力总人数随时间变化的情况，可以选择将数据绘制成折线图。

【任务 3-25】绘制折线图。

```
#绘制 2009—2019 年全国劳动力总人口数量变化折线图
plt.figure(figsize=(12,6))  #调整画布大小为 12 英寸*6 英寸
x_num=range(0,len(labour_nation_10years)) #生成 0~9 的 10 个数字，与 10 个年份对应
#横坐标 x_num 表示 2009—2019 十年，纵坐标分别为十年的劳动力人数
plt.plot(x_num,labour_nation_10years,color='r',marker='*',label='全国劳动力人数')
plt.ylabel('单位：万人')
plt.title('近十年全国劳动力总人口数量变化折线图',fontsize=20)
plt.legend(loc='upper right')  #'upper_right'表示图例放在右上角
#设置横坐标位置和名称
x_ticks=[i for i in x_num]  #设置 x 轴的刻度为年份
plt.xticks(x_ticks,labour_nation_10years.index)

#在柱状图上方显示具体人口数值
#每一年的数据点位置使用 text()函数贴上人口数量的数值标签
for i in range((len(labour_nation_10years))):
   plt.text(i-0.15,labour_nation_10years[i]+100,int(labour_nation_10years[i]))
#grid()函数为图形添加网格背景，参数 alpha 可以调整网格的透明度
plt.grid(alpha=0.3)
plt.show()
```

执行程序后，所绘制的近十年全国劳动力总人口数量变化折线图如图 3-30 所示。

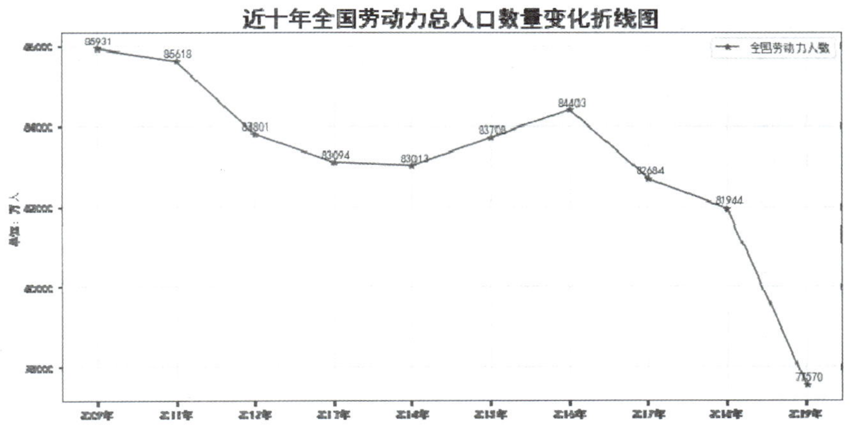

图 3-30　近十年全国劳动力总人口数量变化折线图

从所绘制的折线图来看，2009—2019 年全国劳动力总人口数量波动明显，且整体呈下降趋势。2009 年全国劳动力总人口有 8.5 亿人，到 2019 年全国劳动力总人口只有 7.7 亿人，十年间减少了近 8 000 万人。

6. 2009—2019 年 top5 省区市劳动力人口变化情况分析

上一个任务分析了 2009—2019 年这十年间全国劳动力总人口的变化情况，那么各省区市的劳动力人口数量在这十年间的变化情况如何呢？

2009—2019 年 top5 省区市劳动力人口变化情况分析

本任务选取 2019 年劳动力人口数量最多的 5 个省区市进行比较分析。2019 年按劳动力人口数量排序的结果已保存在变量 labour2019_sort 中，为 Series 对象。

（1）使用 head()函数，从 labour2019_sort 中取出数据的前五行。数据排名前五的省区市信息为所提取数据的索引名称，调用 Series 对象的 index 属性取出索引内容，并将结果通过 list()函数转换为列表结构。

【任务 3-26】获取排名前五的省区市信息。

```
labour2019_sort_top=labour2019_sort.head(5)
line_list=list(labour2019_sort_top.index)
line_list
```

获取的排名前五的省份是广东省、山东省、河南省、江苏省、四川省。

（2）同时，将 2009—2019 年各省区市的劳动力人口数据提取出来，保存在变量 labour_citys_10years 中。

【任务 3-27】提取 2009—2019 年各省区市的劳动力人口数据。

```
labour_citys_10years=labour_nation_sort.tail(10)
labour_citys_10years
```

执行程序后，变量 labour_citys_10years 的内容如图 3-31 所示①。

	北京市	天津市	河北省	山西省	内蒙古自治区	辽宁省	吉林省	黑龙江省	上海市	江苏省	...	云南省	西藏自治区	陕西省	甘肃省	青海省	宁夏回族自治区	新疆维吾尔自治区	中国香港	中国澳门	全国劳动力总人数
2009年	1207.5	826.3	4645.7	2268.0	1662.1	2976.7	1922.2	2691.3	1317.6	5078.8	...	2828.2	187.2	2488.4	1703.3	355.4	395.3	1369.0	371.6	32.8	85931.3
2011年	1421.6	921.3	4591.8	2335.3	1684.2	2915.9	1845.8	2629.3	1681.6	5142.1	...	2878.0	186.8	2445.7	1626.0	356.8	402.1	1386.0	375.3	34.8	85618.0
2012年	1416.3	917.5	4436.6	2299.7	1626.1	2918.1	1836.3	2528.5	1639.1	4978.6	...	2825.7	186.0	2400.7	1596.0	346.1	388.8	1354.6	383.5	35.7	83801.2
2013年	1422.5	939.9	4419.8	2286.0	1602.0	2875.6	1784.4	2502.9	1594.5	4876.2	...	2783.5	184.3	2332.4	1581.3	347.9	392.4	1360.5	390.6	36.7	83094.8
2014年	1443.4	970.7	4390.7	2307.1	1594.0	2811.1	1762.9	2499.6	1605.7	4872.6	...	2813.5	183.3	2320.4	1597.0	359.2	401.2	1365.7	392.7	38.1	83013.0
2015年	1423.2	992.4	4411.4	2327.3	1618.8	2801.5	1759.0	2493.0	1583.8	4873.8	...	2853.7	190.6	2351.5	1601.0	361.8	407.6	1391.1	395.2	38.4	83708.5
2016年	1403.1	1014.2	4432.1	2347.5	1643.6	2791.9	1755.2	2486.5	1561.8	4875.0	...	2893.9	198.0	2382.6	1604.9	364.3	414.0	1416.5	397.7	38.6	84403.9
2017年	1363.3	989.3	4360.8	2303.7	1576.5	2725.7	1690.0	2435.0	1502.6	4800.2	...	2885.5	196.5	2319.0	1566.6	355.9	411.7	1411.4	399.6	38.2	82684.6
2018年	1383.4	1008.3	4261.2	2258.0	1597.6	2676.3	1670.5	2389.9	1495.0	4749.9	...	2863.7	199.4	2359.2	1536.6	360.3	400.0	1430.7	401.6	38.7	81944.0
2019年	1302.0	939.1	4019.6	2136.3	1515.8	2497.2	1569.2	2224.7	1384.5	4456.7	...	2729.9	186.3	2213.7	1473.4	340.6	377.0	1332.8	398.6	38.7	77570.1

10 rows × 34 columns

图 3-31　变量 labour_citys_10years 的内容

（3）为方便展示各省区市劳动力人口数量随时间变化的情况，仍然选择使用 matplotlib.pyplot 模块中的 plot()函数将数据绘制成折线图。

【任务 3-28】绘制折线图，展示各省区市劳动力人口数量随时间变化的情况。

```
#设置尺寸
plt.figure(figsize=(12,8))
x_num=range(0,len(labour_citys_10years))
for i in line_list:
    labour_city_i=labour_citys_10years[i]
    plt.plot(x_num,labour_city_i,marker='o')
    for j in range((len(labour_city_i))):
        plt.text(j,labour_city_i[j]+50,int(labour_city_i[j]))

plt.ylabel('单位:万人')
plt.title('近十年劳动力人口数量 top5 省区市变化折线图',fontsize=20)
#设置图例
plt.legend(line_list,loc='upper right')

#设置横坐标位置和名称
x_ticks=[i for i in x_num]
plt.xticks(x_ticks,labour_citys_10years.index)
plt.grid(alpha=0.3)
plt.show()
```

① 因台湾地区劳动力人口数据缺失，所以变量 labour_citys_10years 中没有显示其相关数据。

代码解析：

首先使用 figure()函数创建一块画布，设置参数 figsize，调整画布大小为 12 英寸×8 英寸。为了将 2009—2019 年这 10 个年份在画布坐标系的 X 轴上表示出来，需要为每一个年份对应一个均匀分布的数值。代码中，使用 range()函数生成了 0~9 的 10 个数字与 10 个年份相对应，并保存在变量 x_num 中。接着，将 top5 省区市中每一个省区市的数据绘成一条折线，并同时在画布中显示。分析这 5 条折线，横坐标表示的数据相同，均为年份信息；纵坐标的数据为各省区市的劳动力人口数量。这里使用了循环的方式，使变量在 5 个省区市中遍历。每遍历到一个省区市，就从变量 labour_citys_10years 获取对应省区市的劳动力人口数据，并使用 plt 模块中的 plot()函数绘制折线图。每绘制一条折线，都要循环使用 text()函数为各年份的人口数据点贴上数值标签。循环结束后，便完成了在一张画布上对 5 条折线的绘制。plt.legend()函数将之前绘制的 5 条折线图形与省区市名称按顺序对应，形成图例，展示在图形的右上方。plt.xticks()函数将年份的名称对应在数字表示的刻度值上。plt.grid()函数为图形添加网格背景。最后，由 plt.show()函数显示出所绘制的图形，如图 3–32 所示。

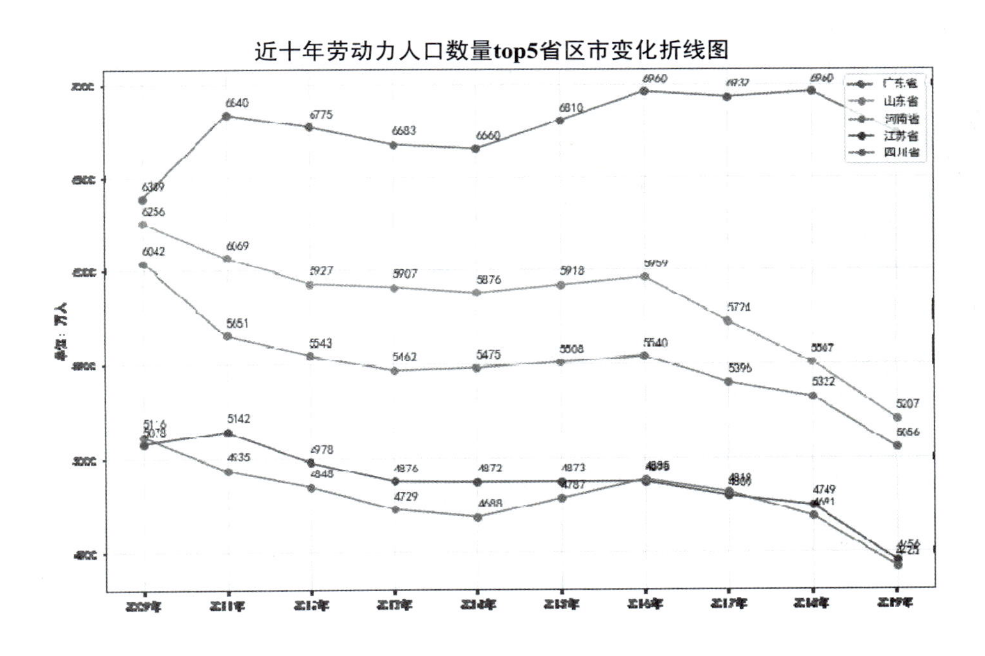

图 3–32　近十年劳动力人口数量 top5 省区市变化折线图

从绘制的折线图来看，2009—2019 年十年间，广东省的劳动力人口数量始终保持在较高的水平，且逐年缓慢增长，而其他省区市的劳动力人口数量在十年间的变化情况与全国劳动力总人口数量的变化情况相似，基本呈逐年下降的趋势。特别是山东省和河南省，其下降程度最为明显。

思悟小贴士

劳动力人口是推动国家经济发展的重要因素。近些年，我国劳动年龄人口出现了逐步减少的现象，这意味着我国将面临经济增速放缓的挑战。要应对这一挑战，我国的经济结构和科技发展都需要调整适应。随着经济的高质量发展，对劳动者的技能要求也将日益提高。目前，在劳动力人口减少的情况下，大学生的就业压力依然很大，主要问题还是岗位需求与劳动者能力不匹配造成的。因此，当代大学生还应充分认识当前的就业形势，努力学习并提高自己的个人素质和技能水平，以便为未来就业做好充分准备。

知识拓展

numpy 库相关知识

1. numpy 库简介

numpy 库是 Python 用于进行数值科学计算的第三方扩展库，主要用来计算和处理一维或多维数组，它支持多维度数组与矩阵运算。使用数组方式进行运算，运算速度很快，还节省空间。此外，numpy 库还包含了大量用于科学计算的数学函数库。这些优势使 numpy 库成为数值科学计算的常用工具之一。numpy 库和 pandas 库是 Python 中两个互补的核心库，它们共同构成了数据科学和分析的基础。numpy 库提供高效的数值计算和多维数组处理功能，是 pandas 数据操作的底层支持。

要使用 numpy 库的功能，需要先在调用 numpy 库的程序开始处导入库。导入 numpy 库的程序代码如下：

```
import numpy as np
```

代码中 np 是 numpy 库的别名，调用 numpy 库的函数时可以使用 np 代替 numpy。

2. ndarray 数组对象

numpy 库提供一个 *N* 维数组类型，简称 ndarray 对象，用于表示相同类型的数据集合，其中的每个元素都占有大小相同的内存块，如图 3-33 所示。

数组下标	顺序表
0	a_1
1	a_2
2	a_3
⋮	⋮
i−1	a_i
⋮	⋮
n−1	a_n

图 3-33　ndarry 对象的基本结构

ndarray 数组对象中保存的元素类型必须是相同的。numpy 库提供了比 Python 更加丰富的数据类型，常用的数据类型有布尔类型，8 位、16 位、32 位的整数类型，浮点数类型等。表 3-8 列出了 numpy 库支持的常用基本数据类型。

表 3-8　numpy 库支持的常用基本数据类型

数据类型	描述信息
bool_	布尔类型（True 或 False）
int_	默认整数类型，取值为 int32 或 int64
int8、uint8	有符号和无符号的 8 位整数
int16、uint16	有符号和无符号的 16 位整数
int32、uint32	有符号和无符号的 32 位整数
int64、uint64	有符号和无符号的 64 位整数
float_	float64 类型的简写
float16	半精度浮点数，包括 1 个符号位、5 个指数位、10 个尾数位
float32	单精度浮点数，包括 1 个符号位、8 个指数位、23 个尾数位
float64	双精度浮点数，包括 1 个符号位、11 个指数位、52 个尾数位
complex_	复数类型，与 complex128 类型相同
str_	字符串类型

创建 ndarray 数组对象的方法有很多，最简单的方式就是使用 array()函数。在调用该函数时传入一个 Python 现有的类型即可，如列表、元组等。创建的数组可以是一维的，也可以是多维的。

【例 3-21】用不同的方式创建 ndarray 对象。

```
import numpy as np
#按元组形式创建
np1=np.array((1,2,3))
print("np1=",np1)
#按列表形式创建二维数组
np2=np.array([[1,2,3],[4,5,6]])
print("np2=\n",np2)
#创建一维数组，元素为起始值为 1、终止值为 10、步长为 2 的等差数列
np3=np.arange(1,10,2)
print("np3=",np3)
#创建一维数组，元素为起始值为 1、终止值为 10 的均匀划分的 4 个元素值
np4=np.linspace(1,10,4)
print("np4=",np4)
#创建一个 2 行 3 列、元素为 10~20 之间随机整数的数组
np5=np.random.randint(10,20,[2,3])
```

```
print("np5=\n",np5)
#创建一个元素全为 0.0 的长度为 3 的数组
np6=np.zeros(3)
print("np6=",np6)
```

输出结果：

```
np1= [1 2 3]
np2=
 [[1 2 3]
 [4 5 6]]
np3= [1 3 5 7 9]
np4= [ 1.  4.  7. 10.]
np5=
 [[12 10 19]
 [17 13 19]]
np6= [0. 0. 0.]
```

代码解析：

在 array()函数中传入元组(1,2,3)，可以创建一个数组元素为 1、2、3 的一维数组。在 array()函数中传入一个嵌套列表，创建的是 2 行 3 列的二维数组。除了可以使用 array()函数创建数组对象以外，numpy 库中还提供了其他的创建方法，如 arange()函数、zeros()函数等。

表 3–9 列出了创建 ndarray 数组对象的常用函数。

表 3–9　创建 ndarray 数组对象的常用函数

函　　数	功能描述
arange(x,y,i)	创建一维数组，元素为区间[x,y)内按步长 i 取值的数
linespace(x,y,n)	创建一个等差数组，元素为区间[x,y)内的 n 个值
zeros(n)	创建一个元素全为 0.0 的长度为 n 的数组
ones(n)	创建一个元素全为 1.0 的长度为 n 的数组
random.randint(...)	创建一个元素为随机整数的数组

此外，ndarray 对象中还定义了一些重要的属性。表 3–10 列出了 ndarray 对象的常用属性。

表 3–10　ndarray 对象的常用属性

属　　性	功　　能
ndim	返回数组的维数
shape	返回数组的形状，对于 n 行 m 列的数组，形状为（n,m）
size	返回数组的元素总数，等于数组形状的乘积
dtype	返回数组中元素的类型
itemsize	返回数组中每个元素的大小（以字节为单位）

【例 3-22】查看二维数组 a 的属性。

```
import numpy as np
a=np.array([[1,2,3],[4,5,6]])
print("数组的维度是:",a.ndim)
print("数组的尺寸是:",a.shape)
print("数组的元素总数是:",a.size)
print("数组中元素的类型是:",a.dtype)
print("数组中每个元素的大小是:",a.itemsize)
```

输出结果：

```
数组的维度是: 2
数组的尺寸是: (2, 3)
数组的元素总数是: 6
数组中元素的类型是: int32
数组中每个元素的大小是: 4
```

3. ndarray 数组的索引和切片

要对 ndarray 数组的元素进行访问，可以采用索引和切片的方式。对一维数组来说，其索引和切片的方式与 Python 列表的功能相似，同样可以采用正序和逆序的索引体系。正序索引按元素从左到右的顺序从 0 开始依次编号；逆序索引将最后一个元素的编号设为-1，从右向左依次递减，如图 3-34 所示。

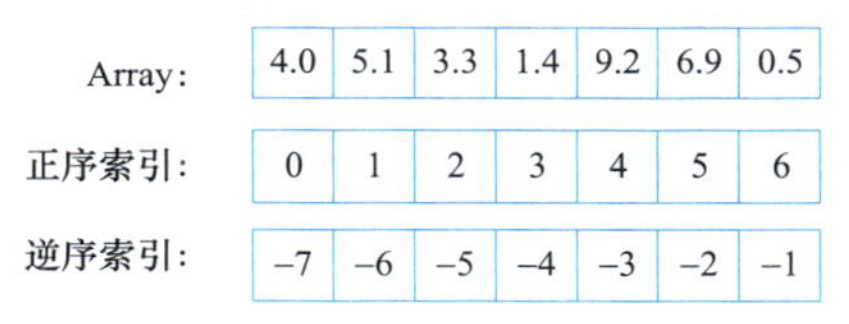

图 3-34 一维数组的索引体系

【例 3-23】一维数组的索引与切片。

```
import numpy as np
a=np.arange(10)
print("a=",a)
print("a[5]=",a[5])         #获取索引为 5 的元素
print("a[3:5]=",a[3:5])  #获取索引为 3~5 的元素，但不包括 5
```

输出结果：

```
a= [0 1 2 3 4 5 6 7 8 9]
a[5]= 5
a[3:5]= [3 4]
```

代码解析：

使用 arange()函数创建了一维数组 a——array([0 1 2 3 4 5 6 7 8 9])。a[5]表示访问索引序号为 5 的元素，索引序号 5 对应的数组元素为 5。a[3:5]是对数组 a 进行切片，获取的内容是数组中索引序号为 3~5 但不包括 5 的部分元素构成的数组——array([3,4])。

对于多维数组来说，索引和切片的方式与列表就不大一样了。以二维数组为例，访问其中的元素是通过对元素所在的行、列的位置进行索引或切片实现的。在二维数组中，每个索引位置上的元素都是一个一维数组。

【例 3-24】二维数组的索引与切片。

```
import numpy as np
arr=np.array([[1,2,3],[4,5,6],[7,8,9]])
print("arr=\n",arr)
print("arr[1]=",arr[1])           #输出 arr 的第 1 行元素
print("arr[0,1]=",arr[0,1])       #输出 arr 的第 0 行的第 1 列元素
print("arr[1,:2]=",arr[1,:2])     #输出 arr 的第 1 行的第 0~2 列元素，不包括第 2 列元素
```

输出结果：

```
arr=
 [[1 2 3]
 [4 5 6]
 [7 8 9]]
arr[1]= [4 5 6]
arr[0,1]= 2
arr[1, :2]= [4 5]
```

4. ndarray 数组的运算

numpy 库中的 ndarray 数组不需要循环操作，就可以对数组中的元素执行批量的算术运算，这个过程叫作矢量化运算。形状相等的数组之间的任何算术运算都会应用到元素级，即位置相同的元素进行算术运算，运算结果组成一个新的相同形状的数组。例如，a 和 b 是两个相同形状的数组，对这两个数组做加法运算，运算过程是 a 中的第 1、2、3、4 个元素分别与 b 中的第 1、2、3、4 个元素相加，计算得到的 4 个结果保存为新的一维数组，如图 3-35 所示。

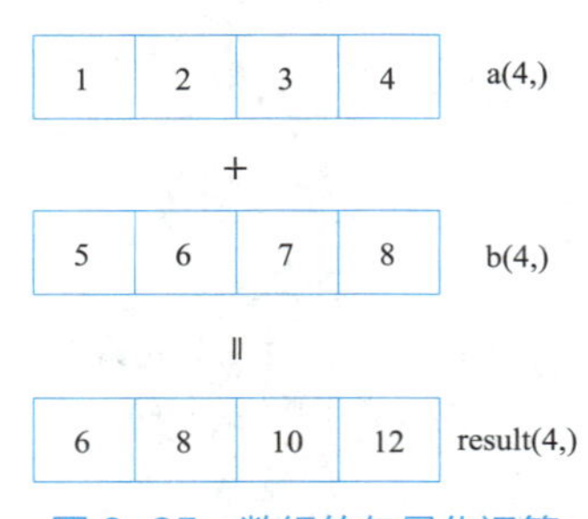

图 3-35　数组的矢量化运算

【例 3-25】数组的矢量化运算。

```
#数组的矢量化运算
a=np.array([1,2,3,4])
b=np.array([5,6,7,8])
result=a+b
result
```

输出结果：

```
array([6, 8, 10, 12])
```

但如果两个数组的形状不同呢？不能直接找到对应位置，就不能做算术运算了吗？不是的！当进行运算的两个数组形状不同时，numpy 库会自动触发广播机制。

这种机制的核心是对形状较小的数组，在横向或纵向上进行一定次数的重复，使其与形状较大的数组拥有相同的维度，然后再进行矢量化运算。

例如，4×3 的二维数组 a 与 1×3 的一维数组 b 相加，可以理解为 b 数组在纵向上向下拓展 3 次，即将第一行重复 3 次，从而生成与 a 数组相同形状的数组，之后再与数组 a 进行运算，如图 3–36 所示。

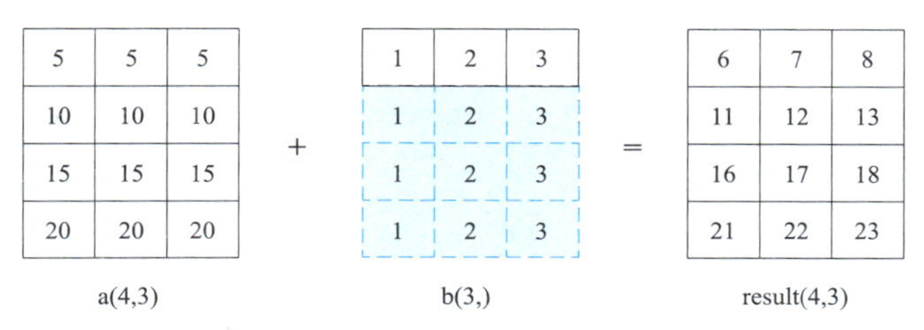

图 3–36　形状不同数组的广播运算

【例 3–26】数组的广播运算。

```
#广播机制
a=np.array([[5,5,5],[10,10,10],[15,15,15],[20,20,20]])
b=np.array([1,2,3])
result=a+b
result
```

输出结果：

```
array([[6, 7, 8],
       [11, 12, 13],
       [16, 17, 18],
       [21, 22, 23]])
```

但也并不是所有不同形状的数组都能通过广播机制进行运算，还需要满足以下任意一个条件：

（1）两个数组的某一维度等长；

（2）其中一个数组为一维数组。

【例 3–27】不能满足广播机制的条件数组运算。

```
#数组形状不同，且不满足广播条件
a=np.array([[5,5,5],[10,10,10],[15,15,15],[20,20,20]])
b=np.array([[1,2,3],[1,2,3]])
result=a+b
result
```

输出结果：

```
---------------------------------------------------------------------------
ValueError                              Traceback(most recent call last)
C:\\Users\\AppData\\Local\\Temp/ipykernel_25384/566478309.py in <module>
```

```
      2 a=np.array([[5,5,5],[10,10,10],[15,15,15],[20,20,20]])
      3 b=np.array([[1,2,3],[1,2,3]])
----> 4 result=a+b
      5 result

ValueError: operands could not be broadcast together with shapes (4,3) (2,3)
```

数组还可以与标量值进行运算。标量运算会产生一个与数组具有相同行和列的新数组。新数组的每一元素都是这个标量值，形状相同的两个数组进行矢量化运算，如图 3–37 所示。

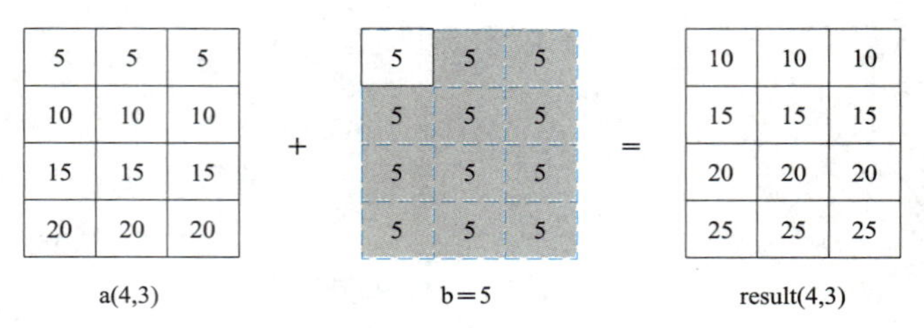

图 3–37　数组与标量的运算

【例 3–28】数组与标量的运算。

```
#数组与标量的运算
a=np.array([[5,5,5],[10,10,10],[15,15,15],[20,20,20]])
b=5
result=a+b
result
```

输出结果：

```
array([[10, 10, 10],
       [15, 15, 15],
       [20, 20, 20],
       [25, 25, 25]])
```

5. numpy 库中的统计函数

numpy 库提供了许多具有统计功能的函数，利用这些函数可以很方便地进行数组的统计汇总，比如查找数组元素的最大值、最小值，以及计算平均值等。表 3–11 中列出了部分常用的 numpy 库统计函数。

表 3–11　部分常用的 numpy 库统计函数

函　数	功能描述
sum()	对数组中的元素求和
mean()	计算数组元素的平均值
min()	计算数组中的最小值
max()	计算数组中的最大值

续表

函　　数	功能描述
argmin()	取最小值的索引
argmax()	取最大值的索引
cumsum()	计算所有元素的累计和
cumprod()	计算所有元素的累计积

【例 3-29】数组的统计计算。

```
import numpy as np
a=np.arange(10)
print("a=",a)
print("平均值=",a.mean())   #a.mean 求平均值
print("数组的和=",a.sum())  #a.sum 求和
a2=np.array([[1,2,3,4],
             [4,5,6,7],
             [7,8,9,10]])
print("a2=\n",a2)
print("按列求和:\n",a2.sum(axis=0)) #按列求和
print("按行求和:\n",a2.sum(axis=1)) #按行求和
```

输出结果：

```
a= [0 1 2 3 4 5 6 7 8 9]
平均值= 4.5
数组的和= 45
a2=
 [[ 1  2  3  4]
 [ 4  5  6  7]
 [ 7  8  9 10]]
按列求和:
 [12 15 18 21]
按行求和:
 [10 22 34]
```

代码解析：

代码中，对二维数组 a2 进行求和运算，可使用 sum()函数，默认时计算一个总值。此外，还可以通过参数 axis 设置计算的轴向——当 axis=0 时，沿纵轴计算；当 axis=1 时，沿横轴计算。

技能训练

1. 单项选择题

（1）pandas 是一个基于（　　）的 Python 库。

A. list　　B. numpy　　C. matlab　　D. linalg

（2）关于 DataFrame 的常用属性，下列说法中错误的是（　　）。

A. values 可以获取元素　　B. index 可查看索引情况

C. column 可查看 DataFrame 的列名　　D. dtypes 可查看各列的数据类型

（3）关于 DataFrame 中数据的访问方式 loc 与 iloc，下列说法中错误的是（　　）。

A. loc 的使用方法是“dataframe.loc[行索引名或条件，列索引名称]”

B. iloc 和 loc 的区别是：iloc 接收的是行索引和列索引的位置，而 loc 接收的是行索引名称或访问的条件，以及列索引名称

C. 在使用 loc 时，如果传入的行索引名称为一个区间，那么该区间为前闭后开区间

D. 在使用 iloc 时，如果传入的行索引位置或列索引位置为一个区间，那么该区间为前闭后开区间

（4）下列代码中，（　　）可以为 DataFrame 对象 df 添加名为“C”的列。

```
import pandas as pd
df=pd.DataFrame({'A':[12,20,14],'B':[48,93,78]})
```

A. df['C']=[1,3,5]　　B. df[C]=[1,3,5]

C. df.'C'=[1,3,5]　　D. df['C']==[1,3,5]

（5）若数据中存在缺失值，则可以使用 pandas 库中的（　　）方法，对缺失值进行填充。

A. fillna()　　B. dropna()　　C. isnull()　　D. equals()

（6）使用 pandas 库处理数据时，经常会遇到重复值，下列说法中错误的是（　　）。

A. duplicated()方法用于判断某行是否存在重复

B. duplicated()方法返回一个 Series 对象

C. duplicated()方法返回值中用 1 表示重复，用 0 表示不重复

D. duplicated()方法不能删除重复值

（7）创建 dataframe 对象 df 形如：

	one	two
a	1.0	9
b	2.0	8
c	3.0	7
d	NaN	6

要获取第'a','c'的数据，可以使用的方法是（　　）。

A. df.loc[['a','c'],:]　　B. df['a','c']

C. df[['a','c']]　　D. df['a':'c']

（8）下列函数中，可以删除缺失值或空值的是（　　）。

A. isnull()　　B. notnull()　　C. dropna()　　D. fillna()

（9）在 matplotlib.pyplot 模块中，使用（　　）函数可以创建一个空白画布。

A. figure()　　B. savefig()　　C. legend()　　D. show()

（10）在使用 matplotlib 库绘制图表时，需要导入（　　）模块。

A. pylab　　B. inline　　C. pyplot　　D. seaborn

2. 判断题

（1）DataFrame()函数可以接收单个列表结构的数据来创建 DataFrame 对象，列表中的值将作为数据框中的一行。（　　）

（2）从字典创建 DataFrame 对象时，字典中的键默认为列索引，字典中的每一个元素对应 DataFrame 对象中的一列。（　　）

（3）drop_duplicated()方法可以删除重复值。（　　）

（4）在数据处理过程中，异常值一定要删除。（　　）

（5）merge()函数中参数 how 的值为 inner，表示使用外连接方式合并。（　　）

（6）箱形图是利用数据中的最小值、中位数与最大值这 3 个统计量来描述连续型特征变量的一种方法。（　　）

（7）绘制图表时，可以使用 subplot()函数创建多个子图。（　　）

（8）数据可视化报告只需要包含图形，不需要对图形进行分析。（　　）

（9）matplotlib 库默认支持中文显示。（　　）

（10）折线图可以显示随时间（根据常用比例设置）而变化的连续数据，因此非常适用于显示在相等时间间隔下数据的趋势。（　　）

3. 填空题

（1）______的目的在于将隐藏在一大批看似杂乱无章的数据集中的有用数据提炼出来。

（2）pandas 库的数据结构中有两大核心，分别是______与______。

（3）Series 是一种一维数组对象，包含一个值序列。Series 对象中的数据通过______访问。

（4）修改数据中的参数 inplace 的含义是__________________。

（5）在 DataFrame 对象中，每列的数据都是一个______对象。

（6）查看 DataFrame 对象的属性 values，可以得到该对象的______。

（7）DataFrame 对象具有两个索引，分别是______与______。

（8）pandas 库执行算术运算时，会先按照索引后__________再进行运算。

（9）在使用 matplotlib 库绘制柱状图时，可以使用 pyplot 模块中的______函数。

（10）使用 matplotlib 库绘制图表时，可以设置 x 轴名称的函数是______。

4. 实操题

（1）图 3-38 为小费数据集 tip_mod.xls，试对此数据集完成以下操作。

① 导入待处理数据集 tip_mod.xls，并显示前 5 行。

② 检测并统计各列缺失值的总数。

③ 删除一行内有两个缺失值的数据。

④ 删除“性别”“聚餐时间段”为空的行。

⑤ 对剩余有空缺的数据用平均值替换。

	A	B	C	D	E	F	G	H
1		消费总额	小费	性别	是否抽烟	星期	聚餐时间段	人数
2	**0**	16.99	1.01	Female	No	Sun	Dinner	2
3	**1**	10.34	1.66	Male	No	Sun	Dinner	3
4	**2**		3.5	Male	No	Sun	Dinner	3
5	**3**	23.68	3.31	Male	No	Sun	Dinner	2
6	**4**	24.59	3.61	Female	No	Sun	Dinner	4
7	**5**	25.29	4.71	Male	No	Sun	Dinner	4
8	**6**	8.77	2	Male	No	Sun	Dinner	2
9	**7**	26.88	3.12	Male	No	Sun	Dinner	4
10	**8**	15.04	1.96	Male	No	Sun	Dinner	2
11	**9**	14.78		Male	No	Sun	Dinner	2
12	**10**	10.27	1.71	Male	No	Sun	Dinner	2
13	**11**	35.26	5	Female	No	Sun	Dinner	4
14	**12**	15.42	1.57		No	Sun		2
15	**13**	18.43	3	Male	No	Sun	Dinner	4
16	**14**	14.83	3.02	Female	No	Sun	Dinner	2
17	**15**	21.58	3.92	Male	No	Sun	Dinner	2
18	**16**	10.33	1.67	Female	No	Sun	Dinner	3

图 3-38　小费数据集 tip_mod.xls

（2）假设你获取了 2017 年电影票房前 20 的电影（列表 a）和电影票房数据（列表 b）：

a=["战狼","速度与激情","功夫瑜伽","西游伏魔篇","变形金刚","最后的骑士","摔跤吧，爸爸","加勒比海盗 5","死无对证","金刚：骷髅岛","极限特工","生化危机","乘风破浪","神偷奶爸","智取威虎山","大闹天宫","金刚狼","蜘蛛侠","悟空传","银河护卫队"]

b=[56.01,29.94,17.53,16.49,15.45,12.96,11.8,11.61,11.28,11.12,10.49,10.3,8.75,7.55,7.32,6.99,6.88,6.86,6.58,6.23]，单位：亿元

试使用 matplotlib 库完成图 3-39 所示条形图的绘制。

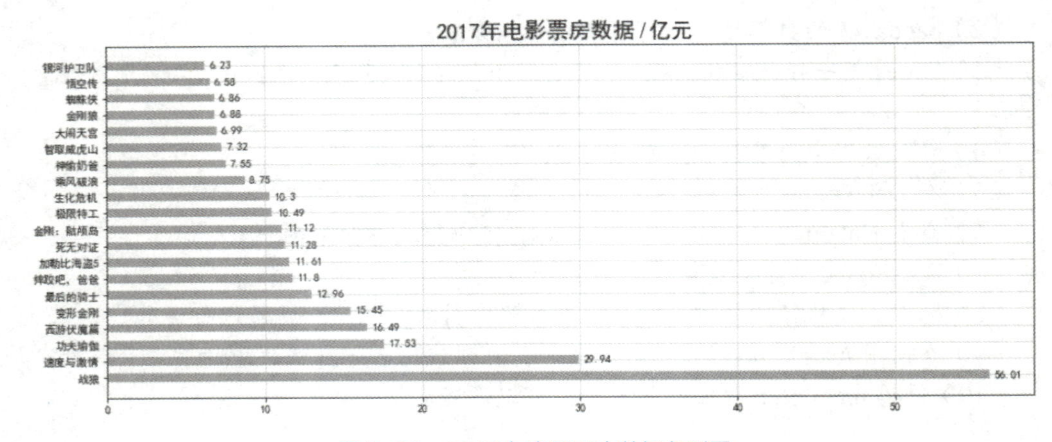

图 3-39　2017 年电影票房数据条形图

项目 4

人口信息管理系统开发

项目 4 相关资源

学习目标

知识目标

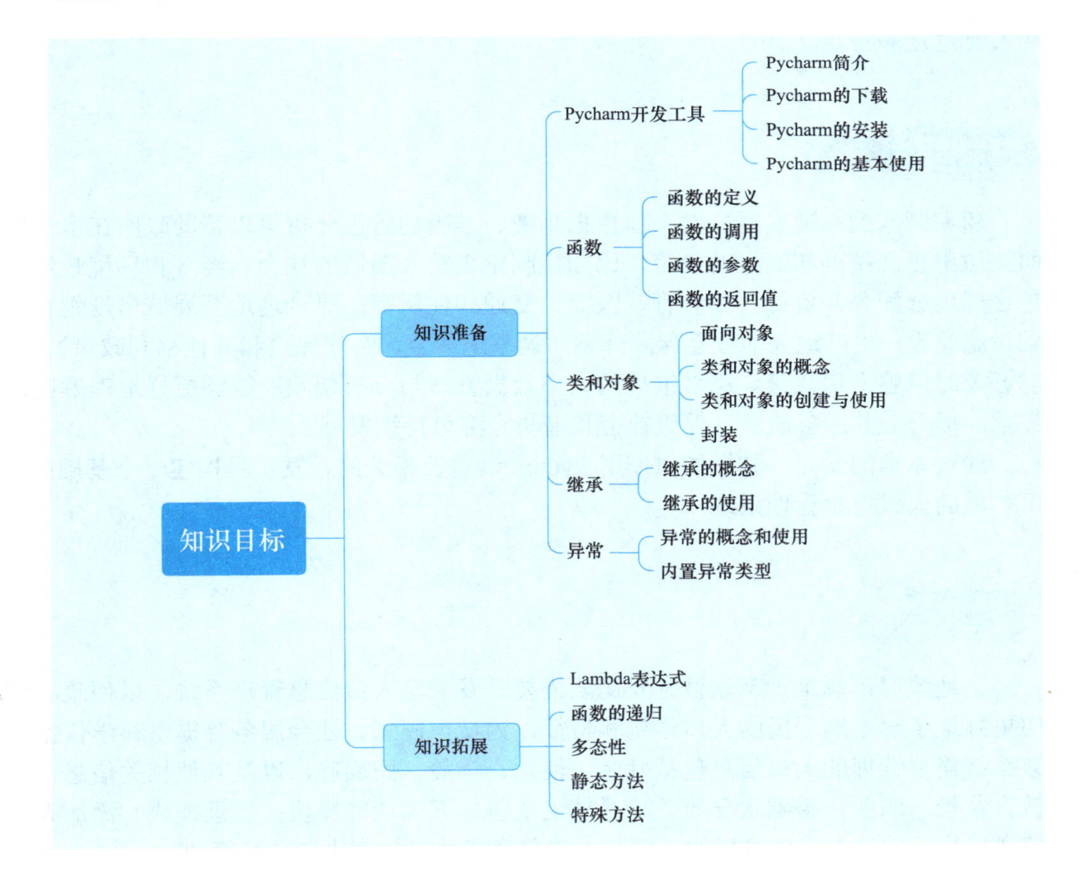

能力目标

熟练掌握 Python 编程语言的关键要点，包括函数、异常处理、类和对象，以及继承等核心概念，能够独立开发和维护人口信息管理系统。具体能力涵盖编写函数实现各种功能模块、处理程序中的异常情况、设计和实现类与对象之间的关系及通过继承实现代码的重用和扩展。具备 Python 编程、数据管理、界面设计和问题解决等综合能力，能够实现数据的添加、修改、删除和查询等功能，并具备系统整体设计和优化的能力，为未来职业发展打下坚实的基础。

素养目标

通过参与人口信息管理系统的设计与实现，培养学生自我学习和解决问题的能力；促进学生的团队合作精神和沟通能力，加强学生对社会和国家重大议题的认识，深入了解我国面临的人口挑战，包括人口结构变化、人口老龄化等问题，进而增强对国家发展战略的理解和认同；培养学生的责任感和社会责任意识，促进学生形成积极向上的人生态度和价值观。

项目背景

随着国家的高速发展，对人口数据高效、准确的管理分析可以帮助政府在多个层面上做出更加精准和高效的决策，比如：制定更符合国情的社会、经济和环境政策；更合理地分配公共资源，如教育、医疗、交通和住房等；更合理地开展城市规划和基础设施建设；更好地评估社会保障体系（调整退休金、医疗保险和其他福利政策），并能够及时调整人口政策。高效准确的人口数据管理与分析使政府能够更好地理解民众需求，提升公共服务质量，促进社会和谐与经济可持续发展。

通过本章的学习，掌握如何使用 Python 语言及相关的开发工具构建一个基础的、可扩展的人口信息管理系统。

任务情景

某地政府信息维护部软件开发团队需要开发一套人口信息管理系统，以便政府部门更好地了解本地居民的人口结构和特征，为城市规划、社会服务等提供科学依据。该系统需要管理的人口信息包括姓名、性别、年龄、民族等，以及其他相关信息，如教育背景、职业、婚姻状况等。该系统主要包括五大功能模块：登录模块、添加人口信息模块、修改人口信息模块、删除人口信息模块及搜索人口信息模块。

本项目使用的开发环境如下。

（1）操作系统：Windows 10。

（2）Python 版本：Python 3.10。

（3）开发工具：PyCharm Community Edition。

（4）Python 库：pandas 2.1.1、openpyxl 3.1.2。

知识准备

4.1　Pycharm 开发工具

项目导入
及 Pycharm 开发工具

4.1.1　Pycharm 简介

Pycharm 是一款由 JetBrains 公司开发的、专为 Python 编程语言设计的集成开发环境。

Pycharm 具有以下特点和优势。

（1）强大的代码编辑器和智能提示：Pycharm 的代码编辑器具备语法高亮、自动补全、代码导航等功能，并能够智能地理解 Python 语法和库，为开发者提供准确的代码提示和建议。

（2）全面的调试功能：内置的调试器使得开发者能够进行逐行调试、变量监视和堆栈跟踪；通过设置断点、观察变量值及使用调试控制台，开发者能够更快地定位和解决问题。

（3）优秀的项目管理功能：Pycharm 提供了高效的项目管理功能，包括项目创建、依赖管理和虚拟环境设置。此外，Pycharm 集成了版本控制系统（如 Git、SVN 等），方便团队协作和代码版本管理。

（4）多样化的工具和插件：除了丰富的内置工具和功能外，Pycharm 还支持安装和配置各种插件，以满足开发者的个性化需求，具体涵盖代码分析、性能优化和自动化测试等方面。

（5）广泛适用的项目类型：Pycharm 适用于各种 Python 项目类型，包括 Web 开发、科学计算、数据分析等。

4.1.2　Pycharm 的下载

Pycharm 官方网站的地址是：https://www.jetbrains.com/pycharm/。Pycharm 有两个版本可供下载，分别是专业版（Pycharm Professional）和社区版（Pycharm Community）。专业版是商业软件，需要购买许可证才能使用。本项目选择使用社区版。Pycharm 支持 Windows、macOS 和 Linux 等操作系统，可在其下载页面中选择适用于所使用操作系统的版本。

4.1.3 Pycharm 的安装

在成功下载 Pycharm 后，可以按照以下步骤进行安装。

（1）运行安装程序：双击已下载的 Pycharm 安装程序文件，启动安装向导，如图 4–1 所示。

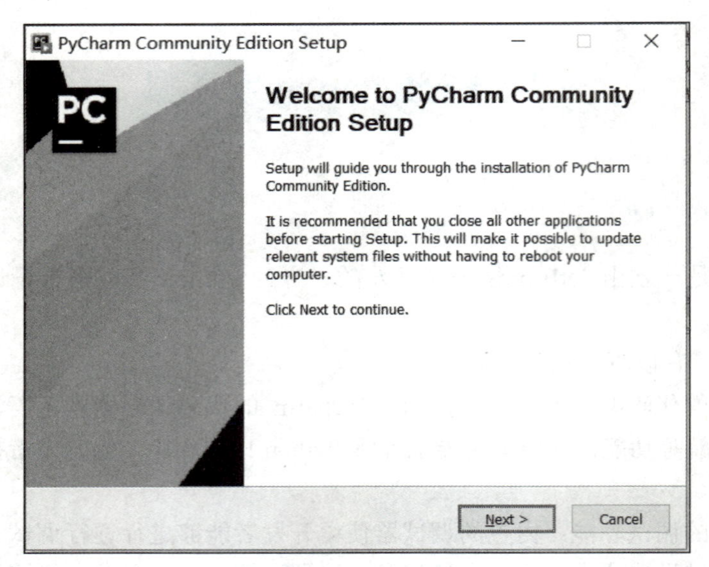

图 4–1　Pycharm 安装向导

（2）选择安装选项：安装向导会提示选择安装类型和位置。通常情况下，默认选项会自动选择最合适的安装类型和位置。如果需要进行自定义设置，可以在此时进行调整，如图 4–2 所示。

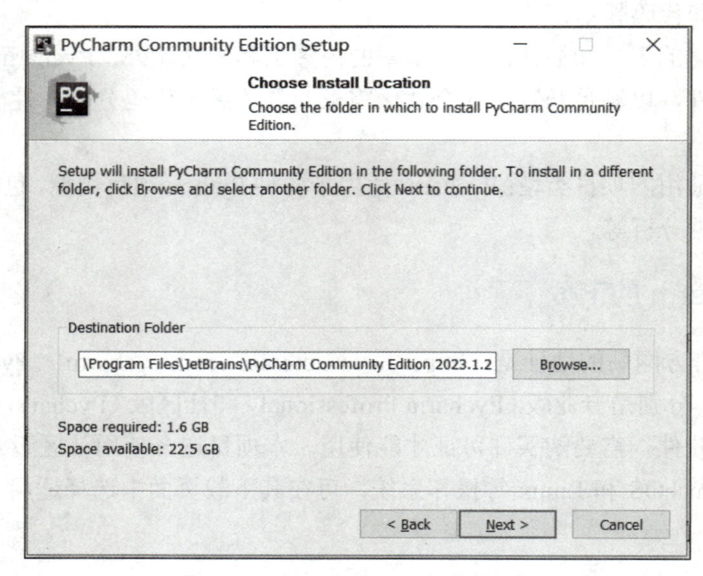

图 4–2　选择 Pycharm 的安装位置

（3）进行安装：单击 Next 按钮后，可以根据需求选择安装选项 Create Desktop Shortcut（创建桌面快捷方式）、Update Context Menu（更新上下文菜单）、Create Associations（关联.py 文件）或 Update PATH Variable（加入系统环境目录），然后单击 Next 按钮开始安装，这个过程可能需要一些时间，如图 4–3 所示。

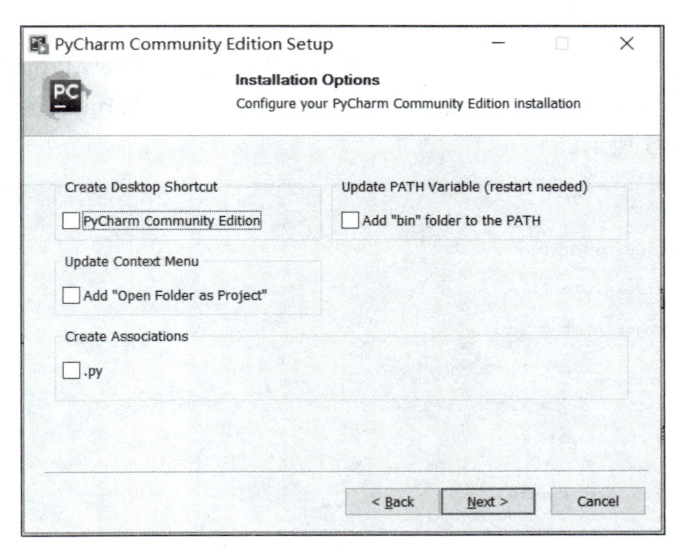

图 4–3　Pycharm 安装选项

（4）安装完成后，安装向导会显示安装成功的信息，然后单击 Finish 按钮，退出安装向导，如图 4–4 所示。

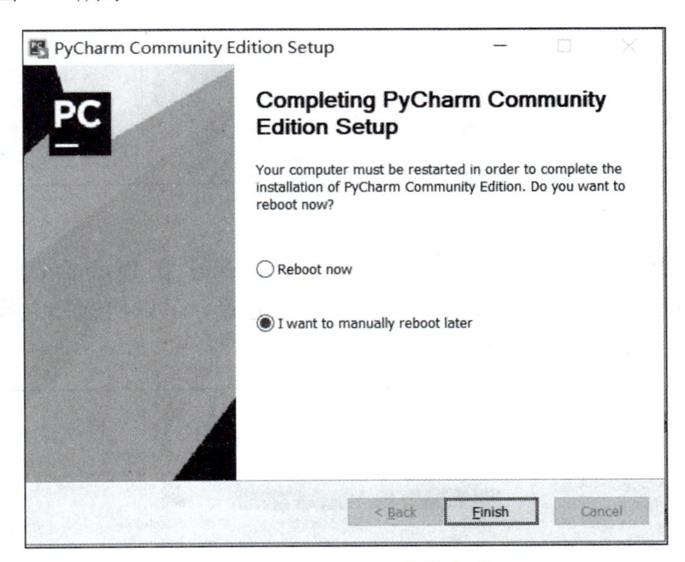

图 4–4　Pycharm 安装完成

首次运行 Pycharm：在【开始】菜单（Windows）或应用程序文件夹（macOS）中找到 Pycharm 的快捷方式，然后双击快捷方式即可启动 Pycharm。

初始设置：在首次运行 Pycharm 时，可能会被要求进行一些初始设置，例如选择界面主题、设置字体和颜色等，可根据个人偏好进行相应的设置。

至此，PyCharm 已全部安装并设置完毕，可以开始使用 PyCharm 进行 Python 项目的开发了。

4.1.4 Pycharm 的基本使用

（1）创建项目：在 Pycharm 的欢迎界面上，单击 Create New Project 按钮，选择项目类型、项目名称和项目位置，然后单击 Create 按钮，Pycharm 就会自动创建一个新的项目，如图 4-5 所示。

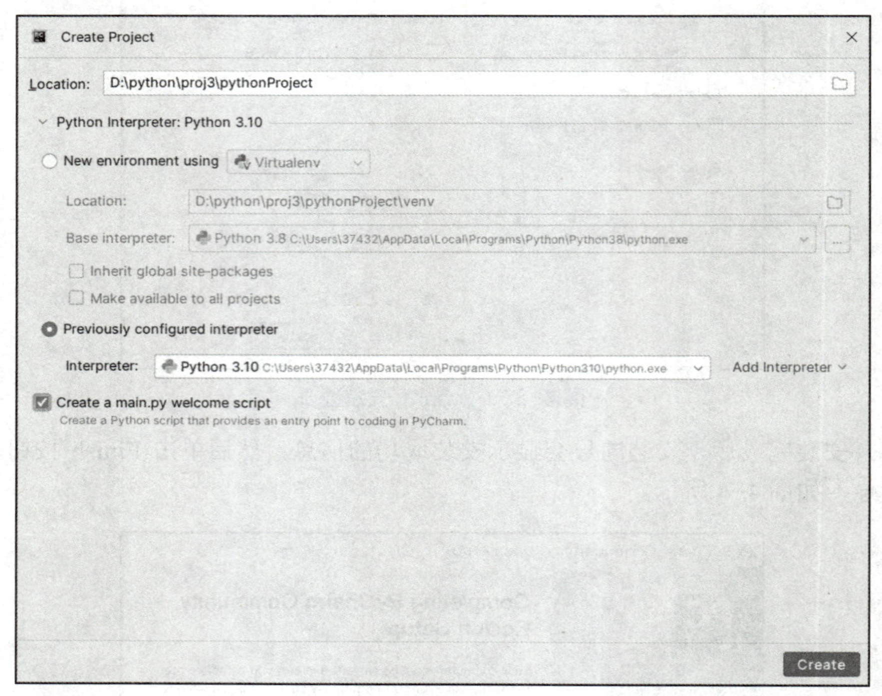

图 4-5 创建项目

（2）编写代码：在项目中右击创建一个 Python File；在 Pycharm 的代码编辑器中，可以编写 Python 代码；使用快捷键或右键菜单等方式，可以快速插入代码模板和代码片段，提高编码效率，如图 4-6 所示。

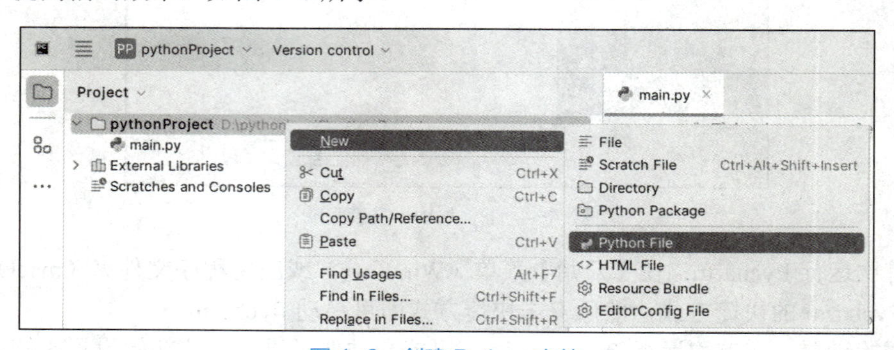

图 4-6 创建 Python 文件

（3）运行代码：在代码编辑器中，选择要运行的 Python 文件，然后右击 Run 按钮或使用快捷键，Pycharm 就会执行代码，并将结果显示在运行窗口中，如图 4-7 所示。

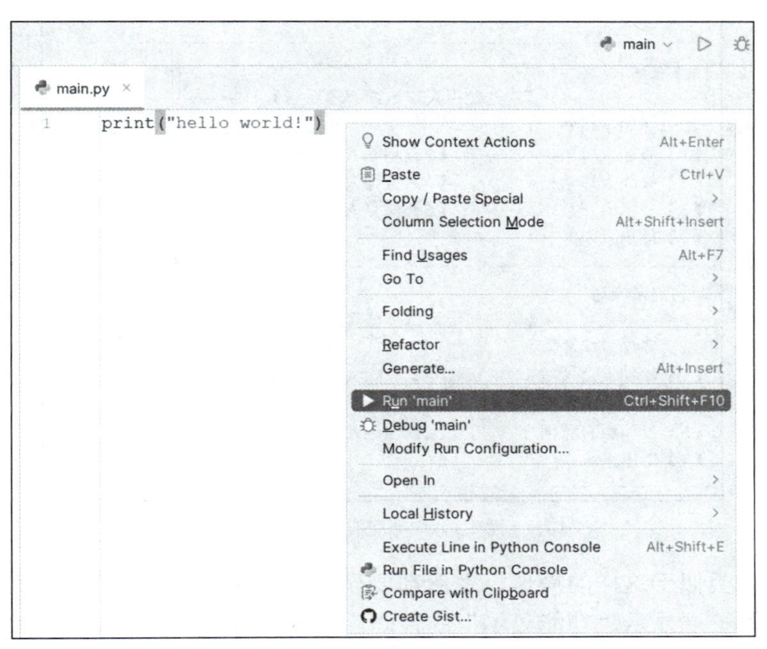

图 4-7　运行 Python 文件

以上是 Pycharm 的基本使用方法，可以帮助进行 Python 项目的开发。随着对 Pycharm 的熟悉程度提高，可以探索更多的高级功能和技巧。

4.2　函　数

函数

4.2.1　函数的定义

函数是一种编程概念，用于封装一段可重复使用的代码。假设在人口信息管理系统中有以下这样一个操作场景：

（1）添加数据成功后显示“功能菜单”界面；

（2）修改数据成功后显示“功能菜单”界面；

（3）删除数据成功后显示“功能菜单”界面；

（4）查询数据成功后显示“功能菜单”界面。

具体操作结果如图 4-8 所示。

```
添加数据成功
--------------【欢迎使用人口数据管理系统】----------------
 请选择如下功能:
【1】添加人口数据          【2】删除人口数据
【3】修改人口数据          【4】查询人口数据
【5】显示所有数据          【6】保存人口数据
【7】退出系统
--------------------------------------------------------
修改数据成功
--------------【欢迎使用人口数据管理系统】----------------
 请选择如下功能:
【1】添加人口数据          【2】删除人口数据
【3】修改人口数据          【4】查询人口数据
【5】显示所有数据          【6】保存人口数据
【7】退出系统
--------------------------------------------------------
删除数据成功
--------------【欢迎使用人口数据管理系统】----------------
 请选择如下功能:
【1】添加人口数据          【2】删除人口数据
【3】修改人口数据          【4】查询人口数据
【5】显示所有数据          【6】保存人口数据
【7】退出系统
--------------------------------------------------------
```

图 4-8 操作成功后显示“功能菜单”界面

还有很多类似于这样的操作，之后都要显示“功能菜单”界面。如果在用户操作完成之后都写一遍显示“功能菜单”的代码，会降低编码效率，而且当修改“功能菜单”里面的内容时，还要把所有涉及“功能菜单”代码的地方都修改一遍，这种方式容易出错且工作量大，不易维护。类似于这样的重复使用的功能，就可以将其写成函数。函数的作用非常强大，具体如下所述。

（1）提高代码的复用性：通过将具有相同功能的代码封装为函数，可以在不同地方多次调用这个函数，而不需要重复编写相同的代码，从而大大提高代码的复用性，减少冗余代码的数量。

（2）简化程序的逻辑：函数将大块的代码分解为逻辑上独立的小块，每个函数负责完成特定的任务。这种模块化的设计使得程序的逻辑更加清晰，易于理解和修改。

（3）增加代码的可维护性：函数将代码分解为多个小的、职责明确的部分，在调试、修改或优化代码时，只需要关注和处理特定的函数，而不会对其他部分产生不必要的影响。这种模块化的设计提高了代码的可维护性。

（4）提供抽象和封装：函数将底层实现细节抽象起来，对于函数的使用者而言，只需要知道函数的功能和如何使用，而不需要关心其内部实现细节。这种封装隐藏了函数内部的复杂性，降低了函数使用者的认知难度。

（5）实现代码的组织和结构化：通过将不同功能的代码划分为不同函数，将代码组织成模块化的结构。这种结构化的编程方式提高了代码的可读性和可管理性，使得代码更加易于维护和扩展。

在 Python 中，函数可以分为以下两类。

（1）系统内置函数。系统内置函数无须导入任何模块即可直接使用。例如 print()、input()、type()、int()等，这些内置函数可以快速方便地执行常见的操作，是 Python 语言的基本组成部分。

（2）用户自定义函数。用户自定义函数由开发人员根据需求自行定义，用于实现特定的功能。自定义函数就像是一个装着特殊功能代码的容器，拥有一个独特的名称。

在 Python 中，自定义函数的语法格式如下：

```
def <函数名>(<参数列表>):
    "函数文档说明字符串"
     <函数体>
     ...
     return <返回值列表>
```

参数说明如下：

（1）关键字 def：标志着函数的开始。

（2）函数名：函数的唯一标识，命名方式遵循标识符的命名规则。

（3）参数列表：可以有 0 个、1 个或多个参数，多个参数之间使用逗号分隔。

（4）函数文档说明字符串：用于描述函数的功能，可以省略。

（5）函数体：函数每次调用时执行的代码，由一行或多行 Python 语句构成。

（6）return 语句：标志着函数的结束，用于将函数中的数据返回给函数调用者。

【例 4-1】 定义 show_menu()函数，用于显示功能菜单。

在函数体内加入“显示功能菜单”要输出的内容代码：

```
#定义函数，封装功能菜单
def show_menu():
    print("---------------【欢迎使用人口数据管理系统】---------------")
    print('请选择如下功能:\n'
                  '【1】添加人口数据          【2】删除人口数据\n'
                  '【3】修改人口数据          【4】查询人口数据\n'
                  '【5】显示所有数据          【6】保存人口数据\n'
                  '【7】退出系统')
    print("-------------------------------------------------------")
```

代码解析：

代码定义了一个名为 show_menu()的函数，功能是输出菜单界面。该函数没有任何参数和返回值，仅显示固定的功能菜单界面。运行该段程序后发现没有任何输出，原因是函数定义后没有被调用就不会执行。

职业小贴士

始终遵循命名规范，使用描述性的函数名。清晰、简洁的函数名可以提高代码的可读性，并使其他开发人员更容易理解你的代码。

4.2.2 函数的调用

函数定义完成后，通过函数调用才能执行相应的功能。当函数被调用时，才会进入函数定义部分执行代码。在 Python 中，函数的调用是通过在函数名后跟一对圆括号来完成的。调用函数时可以传递参数，也可以不传递参数，具体取决于函数的定义。

调用函数的语法格式如下：

```
函数名(参数)
```

当调用函数时，程序会跳转到函数体内部执行函数中定义的代码。执行完毕后，程序会回到函数调用的位置继续执行后续代码。

注意：函数调用时圆括号是必需的，即使没有参数也需要使用空圆括号。另外，函数名大小写敏感，必须与函数定义时的名称一致。

职业小贴士

在编写函数时，始终保持函数的独立性和可重用性。一个函数应该专注于执行一个特定的任务，而不是试图做太多的事情。

【例 4-2】调用 show_menu()函数，实现功能菜单输出。

```
#定义函数，封装功能菜单
def show_menu():
    print("----------------【欢迎使用人口数据管理系统】----------------")
    print('请选择如下功能:\n'
              '【1】添加人口数据          【2】删除人口数据\n'
              '【3】修改人口数据          【4】查询人口数据\n'
              '【5】显示所有数据          【6】保存人口数据\n'
              '【7】退出系统')
    print("----------------------------------------------------------")
#----------------以上代码是在例 4-1 中写的----------------
print('添加数据成功')
#显示"功能菜单"界面，调用函数
show_menu()
print('修改数据成功')
#显示"功能菜单"界面，调用函数
show_menu()
print('删除数据成功')
#显示"功能菜单"界面，调用函数
show_menu()
```

代码解析：

程序每次调用 show_menu()函数都会输出一次功能菜单，实现了代码复用。

4.2.3　函数的参数

函数的参数是函数定义中用于接收输入值的变量。调用函数时，可以向函数传递实际的参数值，这些值将被赋值给函数的参数，从而在函数体内进行处理和操作。

【例 4-3】定义一个名为 show()的函数，函数内部使用 3 个 print 语句输出固定的字符串“我叫小明，我爱北京！”。

```
#定义函数
def show():
    print('我叫小明，我爱北京！')
    print('我叫小明，我爱北京！')
    print('我叫小明，我爱北京！')
show()   #调用函数
```

输出结果：

```
我叫小明，我爱北京！
我叫小明，我爱北京！
我叫小明，我爱北京！
```

代码解析：

通过调用 show()函数，可以实现“我叫小明，我爱北京！”字符串的 3 次输出。

假设现在要用 show()函数输出 3 次“我叫张三，我爱北京”，或输出 3 次“我是李四，我爱上海”“我是王五，我爱云南”……可以使用函数的参数来增强函数的通用性和灵活性。

【例 4-4】将人名和地名作为参数传递给函数，调用函数时提供不同的参数值，实现不同人名和地名的多次输出。

```
def show(name,address):
    print("我叫{},我爱{}!".format(name,address))
    print("我叫{},我爱{}!".format(name,address))
    print("我叫{},我爱{}!".format(name,address))

show("张三","北京")   #调用函数，传递两个参数
show("李四","上海")
show("王五","云南")
```

输出结果：

```
我叫张三，我爱北京！
我叫张三，我爱北京！
我叫张三，我爱北京！
我叫李四，我爱上海！
我叫李四，我爱上海！
我叫李四，我爱上海！
我叫王五，我爱云南！
我叫王五，我爱云南！
我叫王五，我爱云南！
```

通过参数来传递不同数据的方式，不仅增强了函数的通用性，也提高了函数的灵活性；不再需要修改函数体内的代码，而是通过传递不同的参数值来满足不同的需求。这种方式更加方便、清晰，并且避免了不必要的代码修改。

【例 4-5】定义 addition()函数，实现两个数值相加。

```
def addition(a,b):      #包含两个形参 a 和 b
    result=a+b
    print(result)
addition(10,20)         #调用函数时传递两个实参，将 10 传递给 a、20 传递给 b
```

输出结果：

```
30
```

代码解析：

代码定义了一个名为 addition()的函数。该函数有两个参数 a 和 b，用于接收用户指定的数字。在函数体内，将 a 和 b 相加得到结果，并输出这个结果。当调用函数时，需要按照顺序提供两个具体的数字作为参数。

Python 函数的参数是用来接收数据的小容器，就像函数的“工具”。当调用函数时，通过参数向函数传递数据，函数可以使用这些数据来完成特定的任务。可以把函数的参数比作是函数的“门卫”，它负责接收来自外部世界的数据，并将这些数据传递给函数内部使用。

4.2.4 函数的返回值

当编写 Python 程序时，函数的返回值是非常重要的概念。返回值是指函数执行完毕后，将结果返回给函数调用的位置。在 Python 中，使用 return 语句来返回函数的返回值。当函数执行到 return 语句时，它会立即停止执行，并将指定的值作为返回值返回给函数调用的位置。

【例 4-6】函数返回值。

```
def add(a,b):
    result=a+b
    return result          #使用 return 语句返回结果
sum=add(3,5)               #调用函数，并将返回值赋给变量 sum
print(sum)
```

输出结果：

```
8
```

通过函数的返回值，能够从函数内部获取处理结果，并在函数调用之后使用或进一步处理这个返回值。这种机制允许函数与其他代码交互和集成，从而提高了代码的灵活性和重用性。

4.3 类和对象

4.3.1 面向对象

Python 是一种面向对象的编程语言。面向对象是一种编程范式，是一种思维方式和方法论。它以对象作为程序的基本单元，将数据和操作数据的方法组织在一起，以模拟现实世界的事物和概念。在 Python 中，一切都是对象，包括整数、字符串、列表等基本类型，以及创建的类。

面向对象编程（object-oriented programming，OOP）通过创建对象，使用对象的属性和方法来实现程序的功能和逻辑。面向对象的设计思想可以更加模块化、可维护和可扩展地开发复杂的应用程序，以更自然和直观的方式处理问题，提高代码的组织性和可读性，并提供了代码重用的机制。简而言之，面向对象能够以有序和简单的方式处理复杂的问题。

面向对象编程和面向过程编程是两种不同的编程范式，它们之间有一些明显的区别。

首先，面向对象编程关注的是对象和它们之间的交互，将问题看作是由相互关联的对象组成的。而面向过程编程则将问题看作是一系列的步骤和操作。在面向对象编程中，将问题分解成多个独立的对象，每个对象负责自己的功能和状态。这种方式更接近在现实生活中思考问题的方式。比如，可以将汽车、狗和人分别看作是独立的对象，它们有自己的属性和行为。而在面向过程编程中，首先定义一系列的步骤和操作，然后按照这些步骤逐步完成任务。这种方式更类似于按照一定顺序执行一系列指令。比如，可以按照先启动引擎、后加速的顺序来驾驶汽车。

其次，面向对象编程具有更好的封装性和抽象性。面向对象编程通过将属性和方法封装在对象中，提供了一种更优雅的方式来组织和管理代码。这种封装性和抽象性使得代码更易读、更易维护，并且能够减少对代码内部实现的依赖。而面向过程编程往往需要显式地指定每个步骤和操作，代码可能会显得比较冗长和重复，因为它没有提供实现和数据的封装方式，代码可能更依赖于具体实现细节，并且随着代码规模增大，可能变得难以管理和维护。

最后，面向对象编程还提供了继承、多态和封装等特性，这些特性使得代码更具有组织性、可扩展性和灵活性。通过继承和多态，可以基于已有的类创建新的类，并重用已有的代码；而在面向过程编程中，需要手动复制和粘贴已有的代码。

综上所述，面向对象编程强调以对象为中心，通过对象的交互来解决问题，具有封装和抽象的优势。而面向过程编程则以步骤和操作为中心，按照一定的顺序执行指令来解决问题，代码可能较为冗长和重复。选择合适的编程范式取决于问题的性质和个人的编程习惯。

4.3.2 类和对象的概念

在面向对象编程中，类和对象是两个核心概念，用于描述现实世界中的事物和它们之间的关系。

类可以看作是对一类事物的抽象，它定义了这类事物共同的特征和行为。可以将类看作是一个模板或者蓝图，描述了事物的属性和方法。比如，创建一个名为“学生”的类，描述了所有学生的共性。这个类包含了学生的一些共同特征，比如都有学号、姓名、年龄、班级、住址等属性，都有选课、做作业、考试等行为。类是一个抽象的概念，并不能直接使用，需要通过创建对象来实际应用。

对象是类的一个具体实例，它是类的一个具体个体，具有类所定义的属性和方法。对象可以看作是类的一个实体，它有自己的状态和行为。以“学生”类为例，可以创建名为“李小明”的学生对象，该对象的姓名是李小明、性别是男、年龄是 18 岁、年级是大一。这些特征可以被看作是他的属性。此外，李小明还有一些行为，比如听课、看书、做作业。这些行为可以被看作是他的方法。图 4–9 展示了“学生”类的对象“李小明”和“老师”类的对象“张美丽”，每个对象都具有自己的属性和行为。

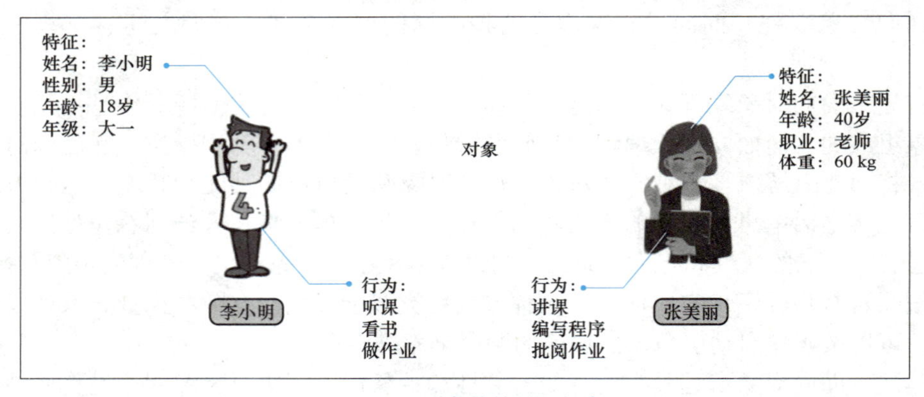

图 4–9 对象的特征和行为

类和对象之间的关系是一种“是–有”的关系。类是对象的模板，定义了对象的属性和行为；而对象是类的具体实例，拥有类所定义的一切。注意：每个对象都是独立存在的，它们具有不同的属性和状态。比如，可以创建多个不同的学生对象，它们分别有自己的属性和行为。

属性和方法可以通过对象来访问和操作。通过访问属性，可以获得对象的特定信息，比如获取李小明的姓名、年龄等属性值。通过调用方法，可以执行对象的相应操作，比如让李小明进行听课、看书、做作业等行为。通过封装属性和方法，可以将相关的数据和行为组织成一个对象，使代码更加模块化、可读性更强、易于维护和扩展。使用对象可以实现更接近现实世界的建模，将复杂的问题简化成一系列对象之间的交互。

类和对象是面向对象编程中的重要概念，能够以一种更自然、直观的方式描述和处理问题。通过定义类和创建对象，可以更好地组织和管理代码，提高代码的可读性和可维护性。同时，类和对象还提供了一种重用代码的机制，通过继承和多态等特性，可以更灵活地扩展和定制类的功能，实现更高效、可扩展的程序设计。

4.3.3　类和对象的创建与使用

在 Python 中，可以使用以下语法来定义一个类：

```
class ClassName:
    #类的属性定义
    attribute1=value1
    attribute2=value2
    #可以添加更多的属性和方法
    def __init__(self,arg1,arg2):  #初始化方法，用于在创建对象时设置属性
        self.arg1=arg1
        self.arg2=arg2              #可以添加更多的初始化代码
    def method1(self):
        #方法定义
        pass
    def method2(self,arg1):
        #方法定义，可以带参数
        pass
```

参数说明如下：

（1）class ClassName 声明了一个名为 ClassName 的类。ClassName 可以是任何合法的标识符。

（2）在类的内部，可以定义属性和方法。

（3）__init__ (self, arg1, arg2) 是一个特殊的方法，称为构造器或初始化方法。它在创建类的新实例时自动调用。参数 self 代表实例本身，arg1 和 arg2 是传递给构造器的参数。在__init__()方法中，通常使用 self 来设置实例的属性。

（4）method1(self) 和 method2(self, arg1) 是类的方法。方法可以访问和修改类属性，并且可以带参数。参数 self 同样是必须的，它代表调用方法的实例。

【例 4-7】定义 Student 类。

```
class Student:                  #class 关键字定义名为 Student 的类
    name=""                     #定义属性 name，存放姓名
    age=""                      #定义属性 age，存放年龄
    def __init__(self,name,age):   #构造方法
        self.name=name
        self.age=age
    def display_student(self):  #定义方法display_student(),用于显示学生的信息
        print("姓名:%s,年龄:%d"%(self.name,self.age))
```

代码解析：

该定义中，__init__()被称为构造方法。构造方法在创建对象时被调用，用于初始化对象的属性。在这个例子中，构造方法有 3 个参数：self、name 和 age。self 是一个特殊的参数，代表对象实例自身。name 和 age 用于传递学生的姓名和年龄。在构造方法的代码块中，使用 self.name 和 self.age 将传入的 name 和 age 赋值给对象实例的属性，

从而将传入的值存储到对象中。运行该段代码后无任何输出，原因是类为抽象的概念，需要创建类的具体对象后才能执行相关的操作。

类定义完成后，可以创建该类的对象。创建对象的方式如下：

对象名=类名()

在创建对象时，还可以通过构造方法来初始化对象的属性。

对象名=ClassName(参数 1,参数 2)　　#此时会自动调用__init__()方法初始化对象

类和对象创建完成后，可以使用对象访问属性和方法。其语法格式如下：

对象名.属性名

对象名.方法名()

【例 4-8】定义 Student 类的对象 stu1、stu2 并访问对象的属性和方法。

```
class Student:                  #class 关键字定义名为 Student 的类
      name=""                   #定义属性 name，存放姓名
      age=""                    #定义属性 age，存放年龄
      def __init__(self,name,age):   #构造方法
          self.name=name
          self.age=age
      def display_student(self):#定义 display_student()方法,用于显示学生的信息
          print("姓名:%s,年龄:%d"%(self.name,self.age))
#----------------以上代码是在例 4-7 中写的----------------

stu1=Student("李小明",18)        #创建 Student 的对象 stu1，同时初始化
print("学生姓名:",stu1.name)   #输出：李小明
print("学生年龄:",stu1.age)    #输出：18
stu1.display_student()          #调用类中的 display_student()方法显示学生信息

stu2=Student("",19)       #创建 Student 的对象 stu2,同时初始化
stu2.name="王伟伟"          #给对象的 name 属性重新赋值
print("学生姓名:",stu2.name)   #输出：王伟伟
print("学生年龄:",stu2.age)    #输出：19
stu2.display_student()          #调用类中的 display_student()方法显示学生信息
```

输出结果：

```
学生姓名：李小明
学生年龄：18
姓名:李小明,年龄:18
学生姓名：王伟伟
学生年龄：19
姓名:王伟伟,年龄:19
```

代码解析：

首先，创建 Student 的对象 stu1 并进行初始化，stu1.name 的初始化值为“李小明”，stu1.age 的初始化值为 18，然后用对象 stu1 调用 display_student()函数输出学生信息。其次，创建 Student 的对象 stu2 并进行初始化，stu2.name 的初始化值为空，stu2.age 的

初始化值为 19，再通过 stu2.name="王伟伟"给 stu2.name 属性重新赋值为“王伟伟”。

通过类的定义和对象的创建，能够将现实世界中的事物转化为代码中的对象，并通过访问对象的属性和调用对象的方法来操作这些对象。这种面向对象的方法使代码更加模块化、可维护和可扩展，提高了代码的可读性和重用性。

思悟小贴士

在设计类和对象时，须始终考虑未来的扩展性和灵活性。一个设计良好的类应该能够应对未来可能的变化和需求的增长。

4.3.4　封装

封装

封装是面向对象编程的基本原则之一，指的是将数据和相关操作封装到一个单一实体（类）中，从外部隐藏内部细节，仅通过公共接口与对象进行交互。这种机制使得数据被保护，外部无法随意访问和修改，而只能通过定义的方法（函数）来操作数据。封装有助于提高代码的可维护性和安全性，同时减少了代码的耦合性。

封装的主要目的是将数据和方法进行组织，以限制对数据的直接访问，从而减少了错误并提高了代码的可维护性。以下是一些应用封装的典型场景。

（1）数据隐藏：在封装下，数据成员通常被声明为私有，以防止被直接访问。封装可以防止不合法的数据修改，从而确保数据的完整性。

（2）接口定义：封装允许类定义公共接口，并通过这些接口与对象进行交互。外部用户只需了解接口，而不必关心内部实现。

（3）复杂操作：封装允许将复杂的操作和逻辑封装在一个方法中，提供了高层次的抽象，使代码更易于理解。

（4）隐藏细节：封装可以隐藏内部细节，使代码更易于维护和升级，因为它可以修改内部实现而不会影响外部使用者。

【例 4–9】假设有一个 Student 类，用于表示学生信息，其中包括学生的姓名（name）和年龄（age），使用封装来隐藏数据并提供公共接口。

```
class Student:
    def __init__(self,name,age):
        self.__name=name    #姓名被封装为私有属性
        self.__age=age      #年龄被封装为私有属性
    #公共方法用于访问和修改私有属性
    def get_name(self):
        return self.__name
    def set_name(self,name):
        if isinstance(name,str):
            self.__name=name
        else:
```

```
                print("姓名必须为字符串")
        def get_age(self):
            return self.__age
        def set_age(self,age):
            if isinstance(age,int) and 0<age<=120:
                self.__age=age
            else:
                print("年龄必须为 1 到 120 之间的整数")
student=Student("Alice",20)   #创建学生对象
#使用公共方法获取和修改私有属性
print("学生姓名:",student.get_name())   #获取姓名
student.set_name("Bob")   #修改姓名
print("学生姓名:",student.get_name())
print("学生年龄:",student.get_age())   #获取年龄
student.set_age(25)   #修改年龄
print("学生年龄:",student.get_age())
```

输出结果：

```
学生姓名：Alice
学生姓名：Bob
学生年龄：20
学生年龄：25
```

代码解析：

Student 类的属性 name 和 age 被封装为私有属性（以__开头）。私有（private）是面向对象编程中的一个封装概念，用于限制类的属性或方法在类的外部不可直接访问或调用。

在 Python 中，通常使用双下划线__开头的命名方式来表示私有属性和方法，例如__name()或__method()。这意味着不能在类的外部直接访问这些属性，而是需要使用类内部定义的公共方法来访问和修改它们，如 get_name()、set_name()、get_age()、set_age()等方法。这些方法可以有效地隐藏属性的实现细节，同时提供一种控制属性访问的方式。这种封装方式隐藏了数据的细节，同时通过方法来验证和过滤输入，确保数据的合法性。

4.4 继　　承

继承

4.4.1 继承的概念

继承是面向对象编程中的一个重要概念，指的是一个类（称为子类或派生类）可以从另一个类（称为父类或基类）继承属性和方法的过程。

通过继承，子类可以获得父类的属性和方法，并且可以在子类中新增属性和方法，或者对继承的属性和方法进行修改，以实现代码的复用和扩展，提高代码的可维护性

和可扩展性。

继承中的一些关键概念如下。

（1）子类（派生类）：通过继承从父类那里获得属性和方法的类。子类可以继承多个父类。

（2）父类（基类或超类）：被继承的类，提供了一些通用的属性和方法。一个父类可以有多个子类。

（3）重写：子类可以重新定义或修改从父类继承而来的方法，以满足子类的特定需求。

（4）调用父类方法：子类可以使用 super()函数来调用父类的方法，以便在子类的方法中使用父类方法的功能。

继承的一个重要目的是减少重复的代码，并将代码的公共部分抽象到父类中，从而提高代码的可重用性和可维护性。通过继承，还可以实现多态性，即同一个方法在不同的子类中可能会有不同的实现，增加了代码的灵活性。

【例 4-10】不使用继承。

```
class Person:   #定义类 Person
        name=""
        age=0
        sex=""
        def say(self):  #定义该类的一个方法
            print(f"我是{self.name},性别:{self.sex},年龄:{self.age}")
        def eat(self):  #定义该类的一个方法
            print(f"{self.name}正在吃饭")
class Student:          #定义类 Student
        name=""
        age=0
        sex=""
        def say(self):
            print(f"我是{self.name},性别:{self.sex},年龄:{self.age}")
        def eat(self):
            print(f"{self.name}正在吃饭")
```

在上面的代码中，Person 和 Student 两个类都具有相似的属性和方法。这导致了代码的重复，这是一种不可取的编程实践，因为它引入了冗余并降低了代码的可维护性。当有多个类之间存在这样的重复时，需要考虑代码的重构，以避免重复。如果在未使用继承的情况下进行代码编写，可能出现以下问题。

（1）冗余：在两个类中重复声明了相同的属性和方法。如果某一天需要修改这些属性或方法，就需要在两个类中都进行修改，这不仅费时费力，还容易出错。

（2）可维护性差：当出现重复代码时，维护代码变得困难，因为每次需要更改时都必须在两个类中进行修改。这增加了代码维护的复杂性。

（3）扩展性差：如果以后想要添加一个新的类似于 Person 和 Student 的类，就会面临着相同的重复问题，这导致代码难以扩展和重用。

4.4.2 继承的使用

通过使用继承，可以解决上述的这些问题，消除重复代码，并提高代码的可重用性和可维护性。通过继承来改善以上问题，可使代码更加简洁、可维护和可扩展。

在 Python 中，可以通过以下语法格式来使用继承：

```
class ChildClass(ParentClass):
    #子类的属性和方法
```

在上述语法格式中，ParentClass 是父类，ChildClass 是子类。

在子类的类定义中，通过在类名后面的括号中指定要继承的父类，例如 class ChildClass(ParentClass)，这样子类 ChildClass 就继承了父类 ParentClass 的属性和方法。

通过继承父类的属性和方法，子类可以使用父类中已有的功能，并可以在子类中新增或修改属性和方法，以满足子类的特殊需求。继承的语法非常简洁和灵活，允许多级继承和多个子类继承同一个父类。

如果子类中定义了与父类同名的属性或方法，或父类方法的功能不能满足子类的需求，可以在子类中重写父类的方法，那么子类的定义将覆盖父类的定义，实现对父类方法的重写。

【例 4-11】定义一个父类 Person，然后让 Teacher 类和 Student 类从这个父类继承。

```
class Person:  #定义父类 Person
    def __init__(self,name,age,sex):
        self.name=name
        self.age=age
        self.sex=sex

    def say(self):
        print(f"我是{self.name},性别:{self.sex},年龄:{self.age}")

    def eat(self):
        print(f"{self.name}正在吃饭")

class Teacher(Person):  #定义 Teacher 类，继承 Person 类
    #如果 Teacher 类有特定于它自己的属性或方法，可以在这里定义
    pass

class Student(Person):  #定义 Student 类，继承 Person
    #如果 Student 类有特定于它自己的属性或方法，可以在这里定义
    pass

#创建一个 Teacher 对象
t=Teacher("老张",35,"男")
#调用父类的 say()方法和 eat()方法
t.say()  #输出：我是老张，性别:男，年龄:35
```

```
t.eat()   #输出：老张正在吃饭

#创建一个 Student 对象
s=Student("小明",18,"男")
#调用父类的 say()方法和 eat()方法
s.say()   #输出：我是小明，性别:男，年龄:18
s.eat()   #输出：小明正在吃饭
```

输出结果：

```
我是老张,性别:男,年龄:35
老张正在吃饭
我是小明,性别:男,年龄:18
小明正在吃饭
```

代码解析：

在 Person 类中定义了两个方法 say()和 eat()，在 Teacher 类和 Student 类中未定义任何方法，但是这两个类继承了 Person 类，因此也拥有了 say()方法和 eat()方法，因此在创建了对象 t 和 s 后均可以调用这两个方法。

由此可见，继承组织和简化了代码，使其更加模块化。更重要的是，它提高了代码的可读性和可维护性，因为当需要修改或更新某个属性或方法时，只需要在一个地方进行更改，而不需要在每个子类中单独进行更改。

职业小贴士

在设计类的层次结构时，合理使用继承可以提高代码的可重用性和可扩展性。通过继承，可以避免重复编写相似的代码，提高代码的效率和质量。

在实际应用中，有时子类需要对父类的某些方法进行定制或扩展。这时，需要进行方法重写。

【例 4-12】方法重写。Person 类中的 say()方法只介绍了姓名、性别和年龄，在 Student 类中除了需要介绍姓名、性别、年龄以外，还要介绍年级和专业，此时就需要在 Student 类中重写 say()方法，因为继承的 say()方法无法满足需求。

```
class Person:  #定义 Person 类
    def __init__(self,name,age,sex):
        self.name=name
        self.age=age
        self.sex=sex
    def say(self):
        print(f"我是{self.name},性别:{self.sex},年龄:{self.age}")

class Student(Person):
    def __init__(self,name,age,sex,grade,major): #定义自己的 init
        super().__init__(name,age,sex)   #使用 super()调用父类的构造方法
```

```
        self.grade=grade
        self.major=major
    #重写 say()方法
    def say(self):
        super().say()       #调用父类的 say()方法
        print(f"我读{self.grade},主修{self.major}")

#定义 Student 类的对象 s
s=Student("小红",20,"女","大三","计算机科学")
s.say()
```

输出结果：

```
我是小红,性别:女,年龄:20
我读大三,主修计算机科学
```

代码解析：

在子类 Student 中，首先定义初始化方法__init__()，在初始化方法中先调用了 super().__init__(name,age,sex)父类的初始化方法，将 self.name、self.age、self.sex 进行初始化，然后再初始化 Student 类的两个独有的属性值 self.grade 和 self.major。之后定义了 say()方法，在方法中先通过 super().say()调用父类的 say()方法，输出姓名、年龄及性别，再添加一行代码输出年级和专业。

方法的重写提供了极大的灵活性。通过这种方式，子类可以继承父类的行为，同时还可以通过自定义添加额外的功能，确保了代码的可重用性和扩展性，是面向对象编程中的核心技术之一。这种继承关系使得代码更加清晰、易于理解和扩展。通过合理使用继承，可以更好地设计和构建复杂的软件系统。

4.5 异　常

异常

4.5.1 异常的概念和使用

Python 中的异常是指在程序执行过程中可能出现的错误或意外情况。当代码无法正常执行或遇到不可预料的问题时，Python 会引发异常以指示出错的原因和位置，表明出现了何种问题。可以将异常想象成是一个警报或错误信号，告知程序出现了问题，需要采取相应的措施来处理。异常提供了一种机制，在出现错误的情况下，能够做出适当的响应或进行特定的处理。

例如一个常见的文件操作：尝试以只读模式（'r'）打开一个名为 hello.txt 的文件，使用的代码为 open('hello.txt', 'r')；Python 会在运行时尝试打开文件，当找不到该文件时，程序会抛出一个 FileNotFoundError 异常，提醒用户所尝试打开的文件不存在，并建议检查文件路径或确认文件是否存在。这样的异常能够帮助定位问题并明确错误类型。

思悟小贴士

异常是代码中不可避免的一部分，因此不要被异常所吓倒。如同使用自己的小智慧解决日常生活中的困难一样，我们也要学会优雅地处理错误情况，这是成为一名优秀开发人员的必备技能之一。

当代码无法正常执行时，异常提供了一种机制来检测问题，并执行相应的错误处理代码。这使得人们能够更好地控制程序的行为，并采取适当的措施来修复问题。Python 中的异常处理是通过使用 try-except 语句来实现的。异常处理的基本语法格式如下：

```
try:
    #可能引发异常的代码块
except ExceptionType1:
    #处理 ExceptionType1 类型的异常
except ExceptionType2:
    #处理 ExceptionType2 类型的异常
else:
    #如果没有引发任何异常，则执行此部分的代码
finally:
    #无论是否发生异常，都会执行此部分的代码
```

在 try 语句块中，放置需要执行的代码。如果发生异常，代码的执行将立即跳转到对应的 except 语句块中，根据异常的类型来执行相应的处理逻辑。如果没有匹配的 except 语句块，则异常将继续向上层调用栈传播。如果没有异常发生，那么将执行 else 语句块中的代码。无论是否发生异常，finally 语句块中的代码都会被执行，它通常用于处理善后工作，如资源的释放。

除了使用 try-except 来捕获和处理异常外，还可以使用 raise 语句来主动引发异常。这样就可以在程序中自定义或触发特定的异常情况。

Python 提供了许多内置的异常类，如 ValueError、TypeError、IndexError 等，可以根据需要选择合适的异常类型进行处理。通过适当地使用异常处理，可以增加代码的健壮性和容错性。合理处理异常可以提高程序的可靠性，并提供良好的用户体验。

【例 4-13】异常处理的基本格式。

```
try:  #可能发生异常的代码
    f=open('hello.txt','r')
except: #如果出现异常，则以'w'模式创建一个文件
    f=open('hello.txt','w')   #'w'表示如果文件不存在则创建
    print("hello.txt 不存在,在 except 中创建了 hello.txt")
else:        #没有异常时执行的代码
    print('我是 else,是没有异常的时候执行的代码')
finally:    #无论是否异常都要执行的代码
    f.close()
```

输出结果：

```
我是else，是没有异常的时候执行的代码
```

代码解析：

第一次执行程序时，因没有 hello.txt 文件，程序进入 except 语句块，创建 hello.txt，并给出提示。第二次再运行程序时，已经存在 hello.txt，因此程序在 try 中正常执行，然后跳过 except 语句块进入 else 语句。通过这种方式，能够处理可能出现的文件操作异常，并在出现异常时采取特定的操作。使用异常处理能够保证代码的可靠性，同时提供了一种统一的方式来处理潜在的错误情况。

职业小贴士

异常处理不仅仅是捕获和处理错误，还可以用于日志记录、错误报告和程序状态恢复等方面。因此，养成良好的异常处理习惯对于构建高质量的软件至关重要。

4.5.2 内置异常类型

当学习异常处理时，了解 Python 的内置异常类型是非常重要的。内置异常类型是 Python 提供的一组用于标识不同错误类型的异常类。在编写程序时，可以使用这些异常类型来捕获、处理和报告错误。以下是一些常见的 Python 内置异常类型。

（1）SyntaxError（语法错误）：当代码的结构无效或不符合 Python 语法规则时引发。

（2）IndentationError（缩进错误）：当代码的缩进不正确时引发。Python 非常依赖于缩进来表示代码块，因此缩进错误会导致异常。

（3）NameError（名称错误）：当尝试访问不存在的变量或函数名时引发，通常是由拼写错误或变量/函数未定义引起的。

（4）TypeError（类型错误）：当操作应用于不适当的数据类型时引发。例如，试图将字符串和整数相加会引发 TypeError。

（5）ValueError（数值错误）：当操作应用于合法类型的对象，但具有无效值时引发。例如，将无法解释的字符串转换为整数会引发 ValueError。

（6）ZeroDivisionError（除零错误）：当尝试除以零时引发。这是一个常见的运行错误。

（7）IndexError（索引错误）：当尝试访问列表、元组或其他序列中不存在的索引时引发，通常由索引超出范围引起。

（8）KeyError（键错误）：当尝试使用字典中不存在的键访问字典元素时引发。

（9）FileNotFoundError（文件未找到错误）：当尝试打开不存在的文件时引发，通常由文件路径错误或文件被删除引起。

（10）PermissionError（权限错误）：当尝试访问未授权的文件或目录时引发，通常由操作系统权限问题引起。

（11）ImportError（导入错误）：当导入模块或包失败时引发，通常由模块不存在或模块内部存在语法错误引起。

（12）AttributeError（属性错误）：当尝试访问对象不存在的属性或方法时引发，通常由拼写错误或使用了不正确的属性名称引起。

任务实施

本部分将实现一个基础的人口信息管理系统，使用 Tkinter 库完成界面设计。该系统具备用户登录、人口数据加载、人口信息添加、人口信息修改、人口信息删除和人口信息搜索等功能，如图 4-10 所示。

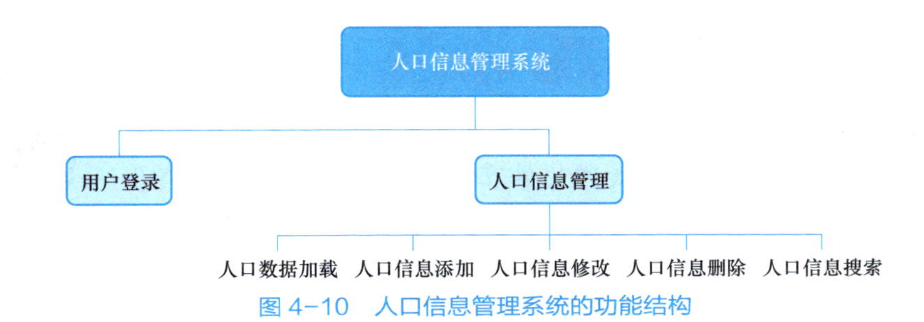

图 4-10　人口信息管理系统的功能结构

（1）界面设计：通过 Tkinter 库创建一个用户友好的图形用户界面（graphical user interface，GUI），用于显示和操作人口信息数据。

（2）用户登录：实现用户登录判断，确保只有授权用户才能操作人口信息。

（3）人口数据加载：从外部文件中加载人口信息数据，并将其显示在界面中。

（4）人口信息添加：允许用户输入新的人口信息并将其添加到系统中。

（5）人口信息修改：允许用户选择要修改的人口信息，并提供编辑窗口修改相关字段。

（6）人口信息删除：允许用户选择要删除的人口信息，并进行删除操作。

（7）人口信息搜索：允许用户根据指定条件进行人口信息搜索，并将满足条件的结果显示在界面中。

关于项目结构规划，建议按照图 4-11 所示的项目文件组织结构来组织项目的代码和文件。

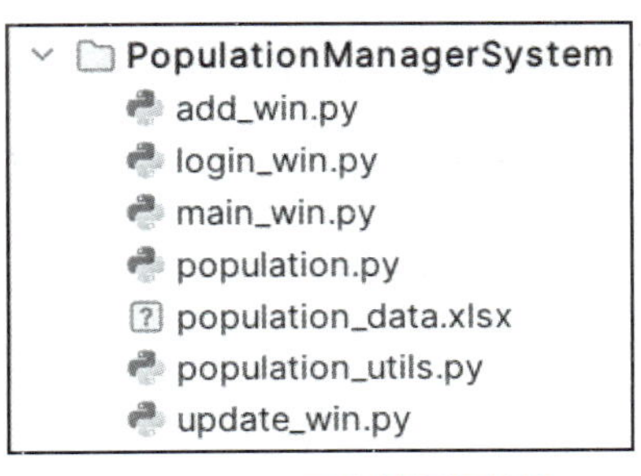

图 4-11　项目文件组织结构

（1）add_win.py：实现添加人口数据界面的初始化、事件绑定等。

（2）login_win.py：实现登录界面设计，验证用户身份。

（3）main_win.py：实现主界面设计，显示人口信息数据，提供菜单和按钮用于操作人口信息。

（4）population.py：定义处理人口信息数据的类。

（5）population_data.xlsx：人口信息数据文件，用于存储人口信息数据，供系统加载和操作。

（6）population_utils.py：包含一些通用的工具函数，用于辅助人口信息管理系统的开发。

（7）update_win.py：实现修改人口数据界面的初始化、事件绑定等。

1. 界面设计

界面设计

1）Tkinter 编程

Tkinter 是 Python 的标准 GUI 库，提供了创建图形用户界面的功能。它是 Python 的一个内置模块，无须另外安装。Tkinter 是基于 Tk 图形库的。Tk 是一个跨平台的图形库，可以在多种操作系统上使用，如 Windows、macOS 和 Linux。TKinter 具有强大的组件库，还支持自定义组件的开发。Tkinter 提供了一系列的组件，如窗口、标签、按钮、文本框、列表框等，以及布局管理器，用于创建各种界面元素和布局。这些组件和布局管理器可以帮助开发者创建用户友好的界面，允许用户与程序进行交互。

2）常用组件

Tkinter 提供了多种常用的组件。组件是 GUI 编程中的可视化元素，用于在图形用户界面中呈现和处理用户界面的各个组成部分。组件可以是按钮、文本框、标签、下拉式菜单等，它们可以接受用户的输入、显示信息、触发事件等。组件通常具有以下特点。

（1）可视化：组件是在用户界面上可见的元素，可以用于展示文本、图像、图表等。

（2）交互性：用户可以与组件进行交互，例如单击按钮、输入文本、选择菜单等。

（3）事件处理：组件可以触发事件，例如按钮单击、文本变化等，开发者可以编写相应的事件处理函数来响应这些事件。

（4）属性和方法：组件通常具有各种属性和方法，用于设置组件的样式、内容、状态等，并进行操作和信息获取。

通过在图形用户界面中放置和组合组件，开发者可以创建具有丰富交互性和功能的应用程序。这些组件可以通过布局管理器进行布局，实现界面的美观性和可操作性。

在 Tkinter 等 GUI 库中，组件是以对象的形式存在的。通过实例化组件对象，并设置相应的属性和方法，开发者可以对组件进行定制化的设置和操作。组件的各种属性和方法可以通过官方文档或相关教程来了解和使用。

以下是一些常见 Tkinter 组件的简介。

（1）窗口（Window）：主窗口对象，通常用于创建应用程序的顶层窗口；顶层窗口对象可用于创建额外的新窗口。

（2）标签：标签是用于显示静态文本或图像的组件。

（3）按钮：按钮是用于触发相关事件或操作的组件。

（4）文本框和文本域：文本框是用于输入单行文本的组件；文本域是用于输入和显示多行文本的组件。

（5）列表框：列表框用于显示一个可选项列表，允许用户选择一个或多个选项。

（6）多选框和单选框：多选框用于显示一个复选框，允许用户在多个选项中做多项选择；单选框用于显示一组单选按钮，用户只能从组内选择其中的一项。

（7）下拉框：下拉框是可结合文本框和列表框的组件，提供下拉菜单选项。

（8）滚动条：滚动条用于添加滚动功能到其他组件，如文本框、列表框等。

（9）菜单和菜单栏：菜单是用于创建弹出菜单的组件；菜单栏位于顶层窗口，包含多个菜单。

（10）表格：表格是一个用于展示树状结构数据的组件，可以用于创建表格。

Tkinter 还提供了一些其他组件，如进度条、画布、滑块等，以满足不同 GUI 应用程序的需要。每个组件都有自己的属性和方法，可以通过设置属性和绑定事件来实现组件的功能和交互。在使用组件时，还可以通过布局管理器（如 Pack、Grid、Place）来安排组件的位置和大小。通过灵活地使用这些组件，可以创建出具有各种功能和交互性的界面，满足不同开发项目的需求。本项目使用到的组件有标签、按钮、下拉框、表格等。

3）Tkinter 布局助手

本项目的界面开发使用 Tkinter 布局助手工具来完成。Tkinter 布局助手是一个开源的第三方工具，可以在 Tkinter 中创建和管理 GUI 布局。Tkinter 布局助手提供了可视化的界面，允许通过拖拽和调整组件的方式来设计 GUI 布局。通过 Tkinter 布局助手，可以将组件放置在框架或网格中，设置它们的位置、大小和其他属性，并实时预览布局效果。Tkinter 布局助手可以提高开发效率和代码质量。

Tkinter 布局助手有以下两种使用方式。

（1）在线访问：Tkinter 布局助手的在线访问地址为 https://www.pytk.net，可以直接通过浏览器访问并使用其中的功能。这种方式无需下载和安装，可以直接在浏览器中进行可视化的界面设计和布局调整。

（2）本地运行：下载 Tkinter 布局助手的项目源码，然后在本地运行并使用。可以到 GitHub 或 Gitee 等代码托管平台搜索 Tkinter 布局助手项目，并下载相关的源码，如图 4-12 所示。

下载后，可以在本地计算机上运行项目，然后在本地环境中使用 Tkinter 布局助手。

项目源码地址如下：

Github：https://github.com/iamxcd/tkinter-helper

Gitee：https://gitee.com/iamxcd/tkinter-helper

下载好源码之后，将压缩包解压到任意盘符的根目录下。Tkinter 布局助手是基于 Vue2+Element UI 开发的，因此在本地使用前要先安装 Vue 环境。

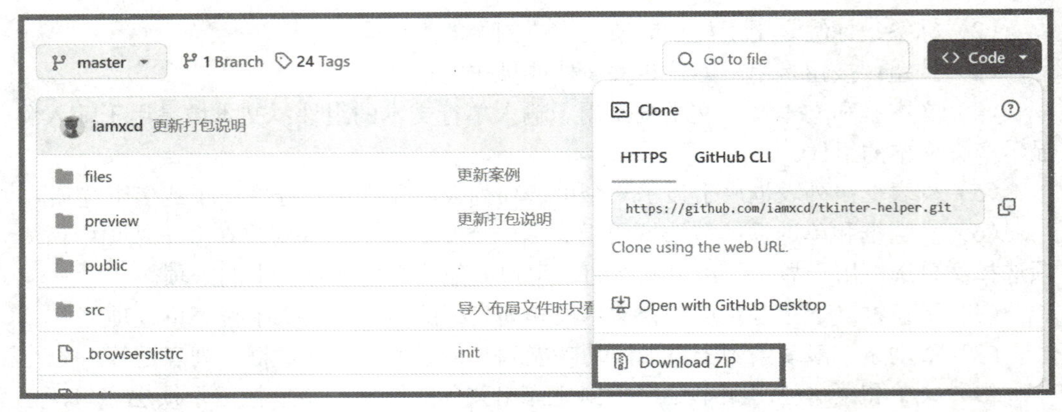

图 4-12　tkinter-helper 下载界面

首先从 Node.js 官网（https://nodejs.org/en/download）下载并安装 Node.js。Node.js 的官网下载页面如图 4-13 所示。

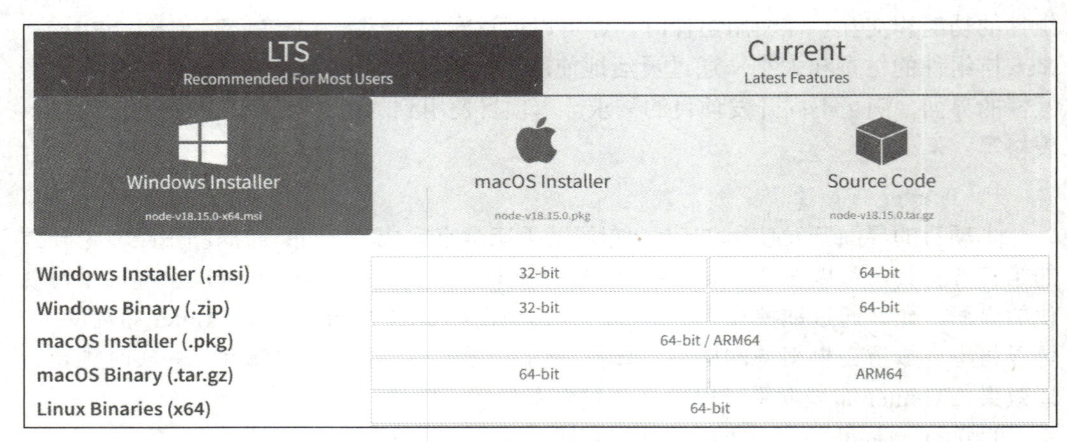

图 4-13　Node.js 的官网下载页面

安装完成后，按 Win+R 键，输入 cmd 打开命令输入框，输入命令"node -v"，查看 node 版本。

接着分别输入两条命令来安装全局的 webpack 和 vue-cli（两个工具为 Vue 框架环境所需要的工具）：

```
npm install webpack -g
npm install vue-cli -g
```

接下来回到 Tkinter 布局助手的项目源码解压目录中，在该目录空白处按 Shift+鼠标右键，单击【在终端中打开】，将自动进入 Tkinter 布局助手的安装文件目录，之后输入命令：npm install，安装依赖。安装依赖的命令输入如图 4-14 所示。

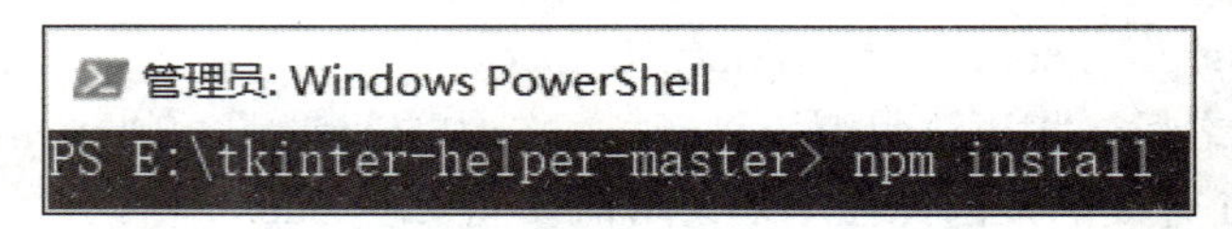

图 4-14　安装依赖的命令输入

至此，本地环境安装完成。每次启动服务时，进入命令行，切换到 Tkinter 布局助手源码目录，输入启动服务命令：npm run serve。服务启动后，就可以看到项目访问地址是 http://localhost:8080/，如图 4-15 所示。

图 4-15　项目启动后的访问地址

在浏览器地址栏中输入 localhost:8080，访问本地运行的 Tkinter 布局助手，如图 4-16 所示。

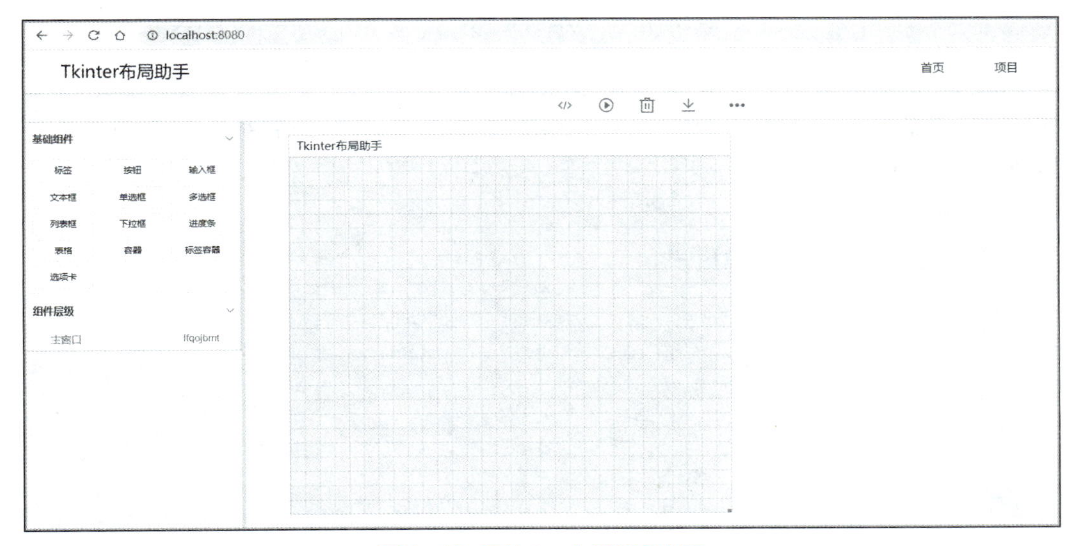

图 4-16　Tkinter 布局助手主页

至此，就可以开始对界面进行设计了。

在线访问和本地运行这两种方式完全相同，在线访问方便快捷，无须下载和安装，适用于简单的布局设计和调整。而本地运行方式则更加灵活，可以根据自己的需求来自定义配置和使用。另外，本地运行方式还可以在没有网络连接的环境下进行布局设计。进行项目开发时，可以根据自己的需要选择合适的方式。

4）系统界面设计

在 Tkinter 布局助手中，可以对人口信息管理系统的界面进行设计。

首先，设计系统的登录界面。

从 Tkinter 布局助手左侧的【基础组件】选项区域中分别拖出两个标签组件，在右侧的【组件配置】选项区域中将两个标签组件的文字分别改为“账号：”和“密码：”，两个标签组件的组件 ID 分别改为 username 和 password。拖入两个输入框组件（账号输入框、密码输入框），将两个输入框组件的组件 ID 分别改为 username 和 password。拖入两个按钮组件，在右侧的【组件配置】选项区域中将两个按钮组件的文字分别改为“登录”和“取消”，两个按钮组件的组件 ID 分别改为 login 和 cancel。设计好的登录界面如图 4-17 所示。

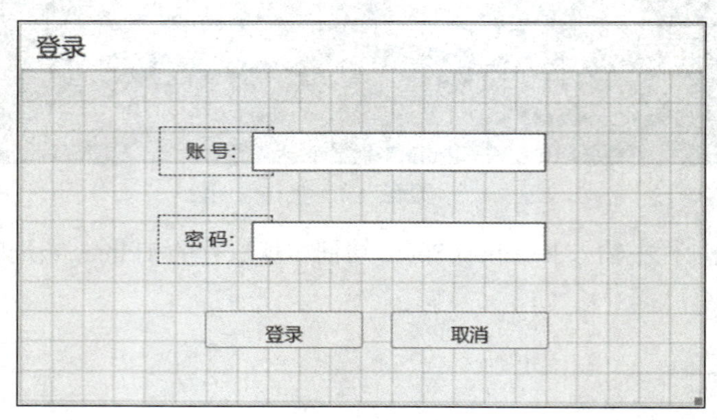

图 4-17　设计好的登录界面

在 Tkinter 布局助手左侧的【组件层级】选项区域中，可以看到每个组件的 ID，如图 4-18 所示。

组件层级	
主窗口	login
标签	username
标签	password
输入框	username
输入框	password
按钮	login
按钮	cancel

图 4-18　登录界面的组件 ID

若要实现单击登录界面上的按钮有响应，则需要为【登录】和【取消】两个按钮绑定单击事件处理函数，这样单击按钮时才会有响应。

在左侧的【组件层级】选项区域选中【登录】按钮，在右侧的【事件绑定】选项区域单击【添加事件】选项，弹出【事件管理】对话框。在【事件管理】对话框的【事件名称】下拉列表框中选择“单击鼠标左键”，在【回调函数】文本框中输入函数名 login_click，然后单击【确定】按钮，如图 4-19 所示。将【登录】按钮的单击鼠标左键事件绑定一个回调函数 login_click，当单击【登录】按钮时，就会调用该函数。

图 4-19　单击事件绑定回调函数

以同样的方式，为【取消】按钮绑定单击事件处理函数 cancel_click。两个按钮的单击事件绑定完成后，在右侧的【事件绑定】选项区域可以看到两个绑定的单击事件，如图 4-20 所示。

事件名	函数名
<Button-1>	cancel_click
<Button-1>	login_click

图 4-20　登录界面按钮的单击事件处理函数绑定

至此，登录界面布局代码已经生成。单击菜单栏中的【导出文件】按钮（如图 4-21 所示），将登录界面的.py 文件下载到本地。

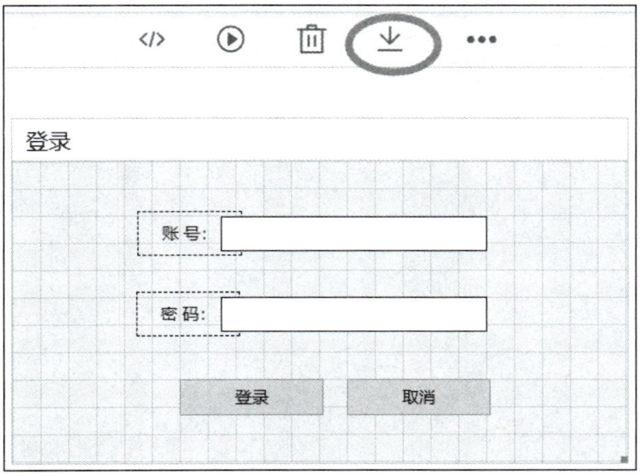

图 4-21　【导出文件】按钮

在 PyCharm 中新建项目，命名为 PopulationManagerSystem，将下载好的.py 文件复制到项目中，并重命名为 login_win.py，如图 4-22 所示。

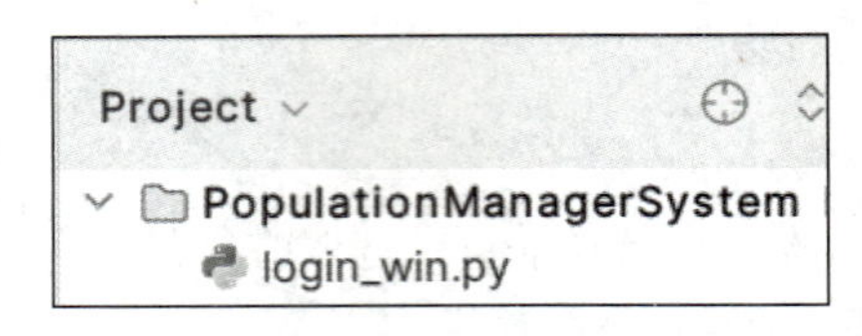

图 4-22　复制登录界面的.py 文件并重命名

运行文件 login_win.py，运行结果如图 4-23 所示。

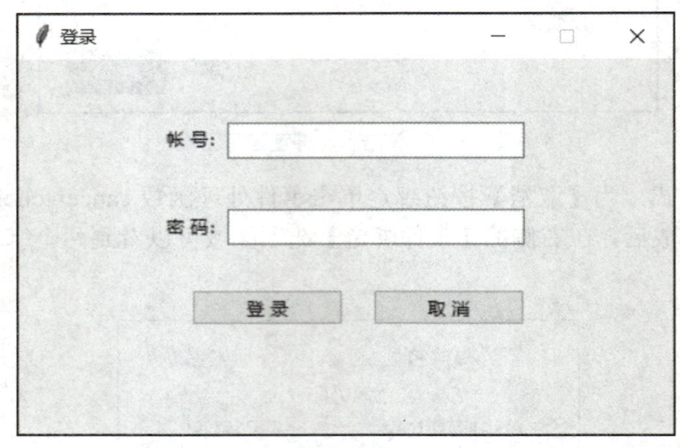

图 4-23　运行后的登录界面

其次，设计系统的主界面。

在主界面中，除了标签、按钮、输入框等组件外，还需要用表格组件来展示人口数据。拖出相应的组件进行布局，在右侧的【表头设置】选项区域设置表格的表头字段。设计好的主界面如图 4-24 所示。

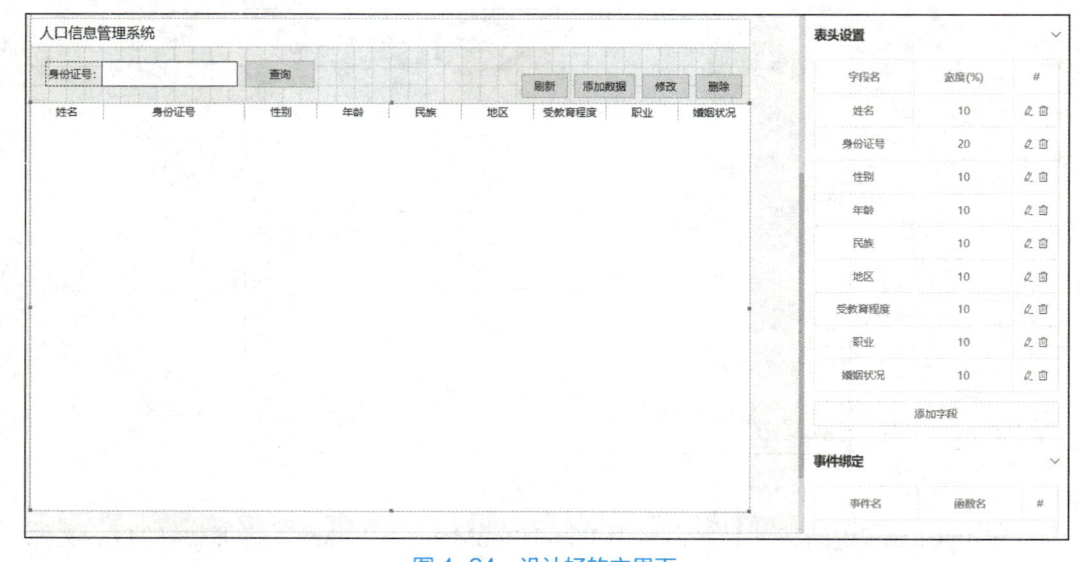

图 4-24　设计好的主界面

用与设计登录界面同样的方式，在 Tkinter 布局助手左侧的【组件层级】选项区域为每个组件 ID 重新命名，确保生成界面的代码规范。主界面的组件 ID 如图 4-25 所示。

组件层级	
主窗口	main
标签	id_card
输入框	id_card
按钮	find
按钮	refresh
按钮	add
按钮	update
按钮	delete
表格	list

图 4-25　主界面的组件 ID

在主界面中，有 5 个按钮。同样，要为这 5 个按钮绑定单击事件处理函数，这样单击按钮时才能做出相应的响应。在【组件层级】选项区域中分别选中各个按钮，在右侧的【事件绑定】选项区域为其绑定单击事件处理函数，如图 4-26 所示。

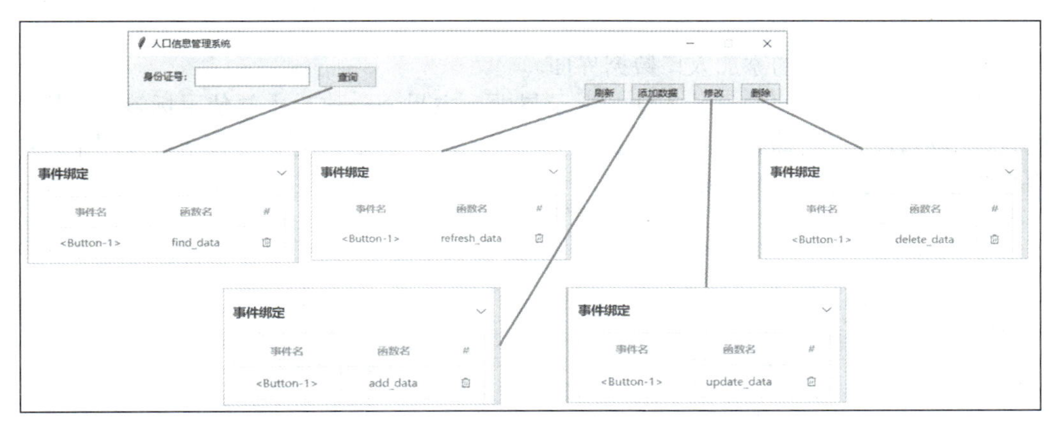

图 4-26　主界面按钮的单击事件处理函数绑定

为按钮绑定相应的单击事件处理函数后，主界面布局代码已经生成。单击菜单栏中的【导出文件】按钮 ⤓，将主界面的.py 文件下载到本地。将下载好的.py 文件复制到项目中，并重命名为 main_win.py，如图 4-27 所示。

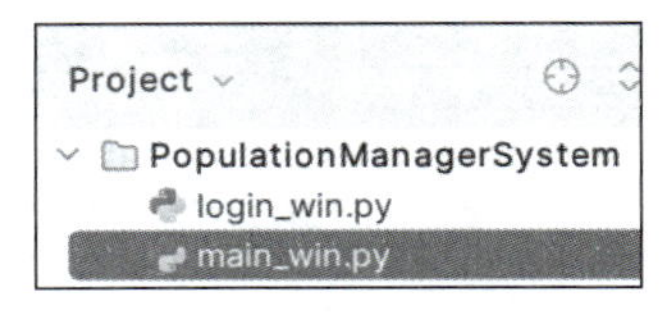

图 4-27　复制主界面的.py 文件并重命名

运行文件 main_win.py，运行结果如图 4-28 所示。

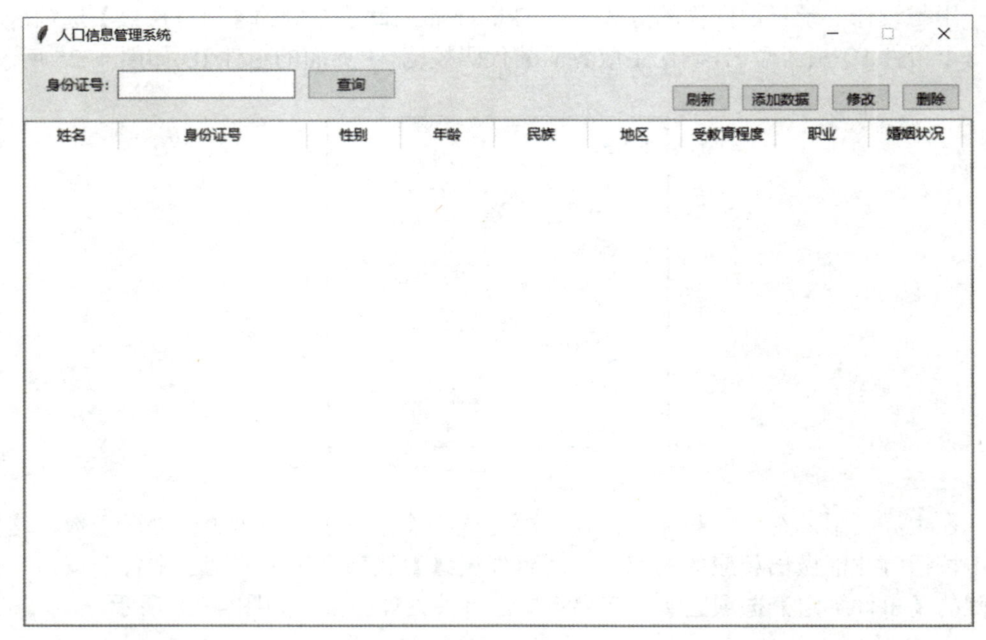

图 4-28　运行后的主界面

再次，设计系统的添加人口数据界面。

添加人口数据界面的设计方法与登录界面、主界面一致，主要使用标签、按钮、输入框等组件进行设计。其中，性别、受教育程度、婚姻状况 3 个数据值使用下拉框组件来设置固定值，如图 4-29 所示。

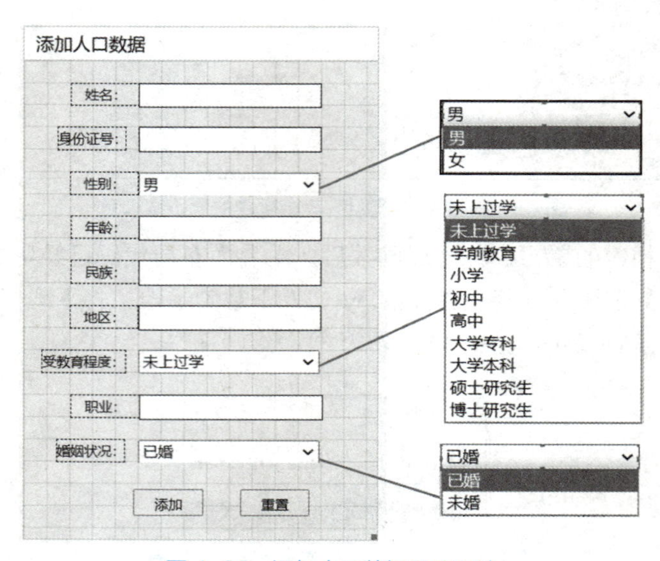

图 4-29　添加人口数据界面设计

为每个组件 ID 重新命名，确保生成界面的代码规范。添加人口数据界面的组件 ID 如图 4-30 所示。

图 4–30　添加人口数据界面的组件 ID

为【添加】按钮和【重置】按钮分别绑定单击事件处理函数，并做好函数命名，如图 4–31 所示。

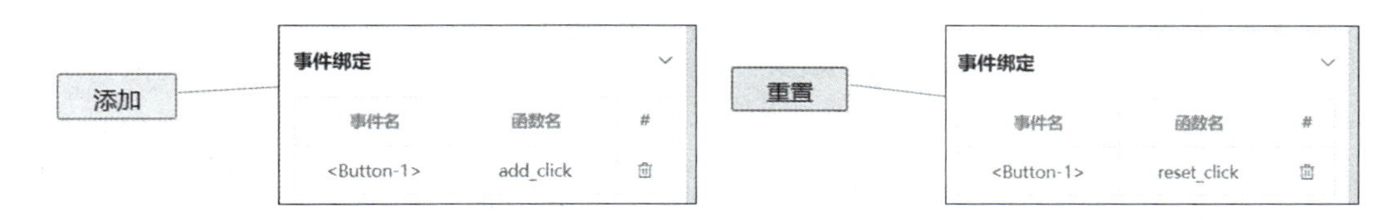

图 4–31　添加人口数据界面按钮的单击事件处理函数绑定

绑定相应的单击事件处理函数后，添加人口数据界面布局代码已经生成，单击菜单栏中的【导出文件】按钮，将添加人口数据界面的.py 文件下载到本地。将添加人口数据界面的.py 文件复制到项目中，并重命名为 add_win.py，如图 4–32 所示。

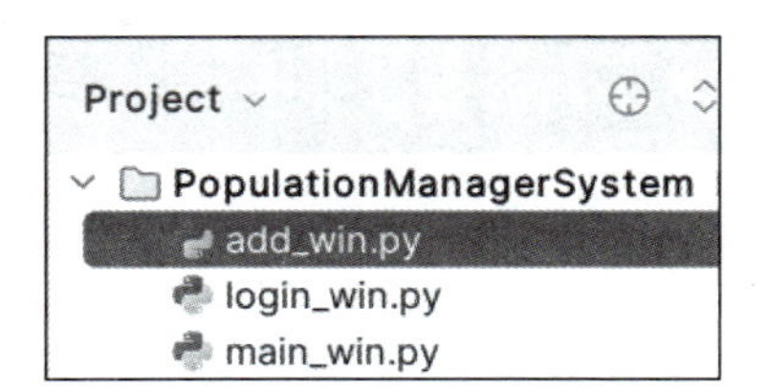

图 4–32　复制添加人口数据界面的.py 文件并重命名

运行文件 add_win.py，运行结果如图 4–33 所示。

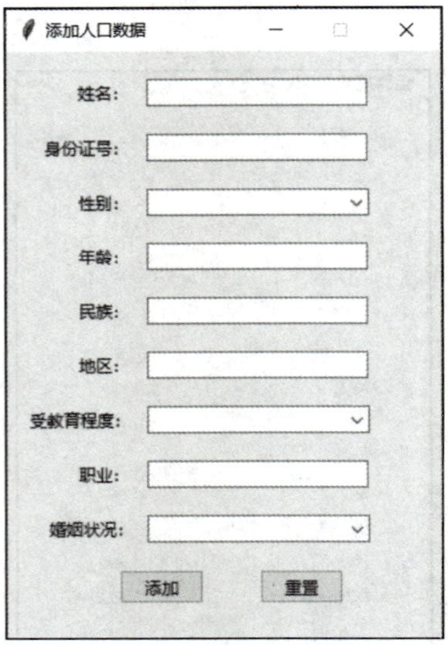

图 4-33　运行后的添加人口数据界面

最后，设计系统的修改人口数据界面。

修改人口数据界面与添加人口数据界面十分相似，只需要在添加人口数据界面的基础上修改一下主窗口的组件 ID、标题并将【添加】按钮的文本修改为“修改”即可完成，如图 4-34 所示。

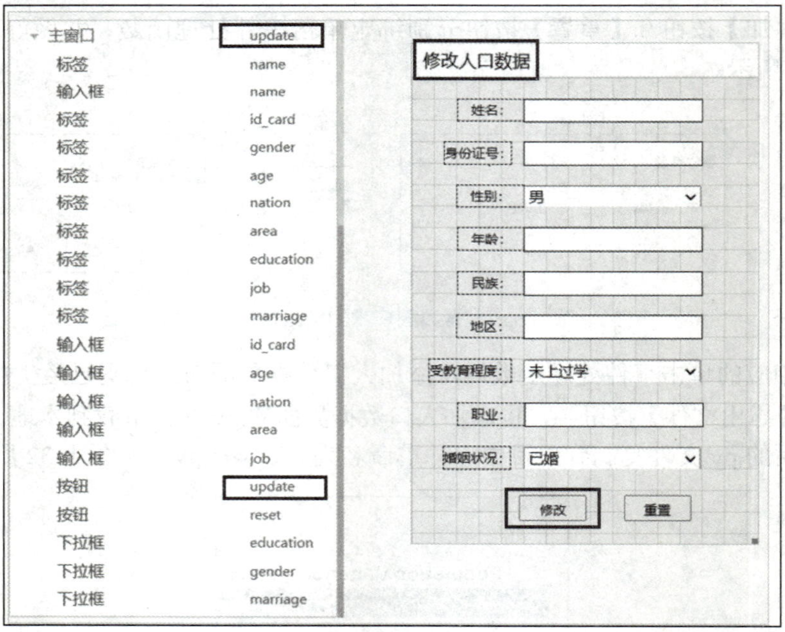

图 4-34　修改人口数据界面设计

同时，也要为【修改】按钮绑定单击事件处理函数，并做好函数命名，如图 4-35 所示。

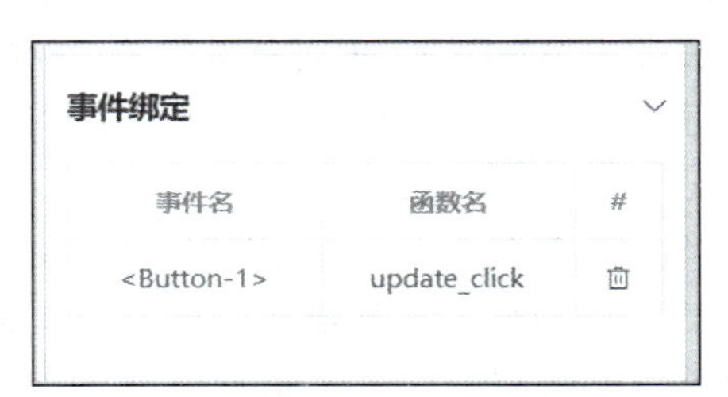

图 4-35 修改人口数据界面按钮的单击事件处理函数绑定

然后，用同样的操作，下载修改人口数据界面的.py 文件到本地。将下载好的.py 文件复制到项目中，并重命名为 update_win.py，如图 4-36 所示。

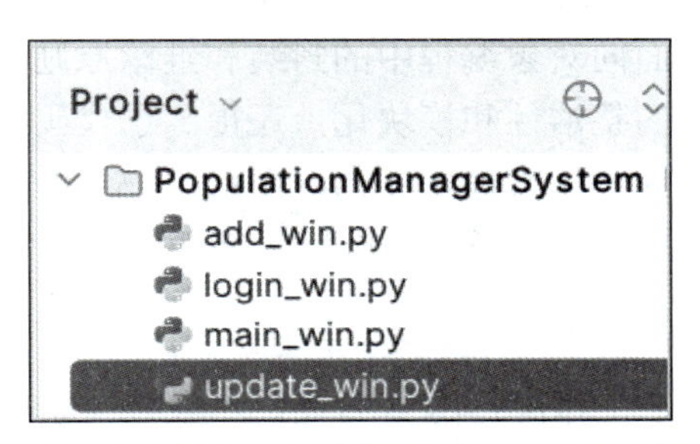

图 4-36 复制修改人口数据界面的.py 文件并重命名

运行文件 update_win.py，运行结果如图 4-37 所示。

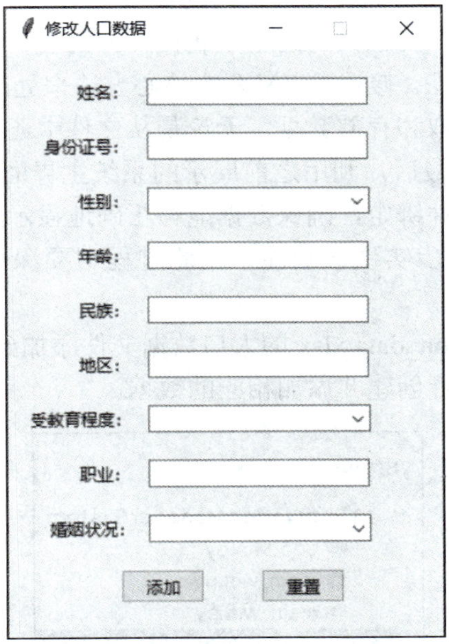

图 4-37 运行后的修改人口数据界面

至此，人口信息管理系统的 4 个界面就全部设计完成了。

观察 4 个界面的代码，可以发现它们的结构具有高度的相似性和一致性，都由两个类组成：第一个是界面设计类 WinGUI，主要负责界面组件的显示与布局；第二个是事件处理类 Win，继承界面设计类，主要用于处理单击事件。这两个类体现了一种明确的编码模式。

（1）界面设计类：每个文件都包含一个界面设计类（如 WinGUI）。这个类的核心职责是构建图形用户界面，负责界面的组件定义、布局及基本的显示属性，如标签、按钮、输入框等。它派生自 Tkinter 的 Tk 类，确保所有必要的组件都被初始化并摆放在恰当的位置。

（2）事件处理类：紧接着界面设计类的是事件处理类（如 Win）。这个类继承了界面设计类的所有界面组件，并进一步为它们附加了事件处理功能，如按钮的单击操作。这意味着，当用户与界面交互时，相应的函数或方法会被触发。

此种编码模式体现了面向对象编程中的封装和继承原则。通过分离界面设计与事件处理，不仅确保了代码的整洁性和模块化，还提高了代码的可读性和可维护性，提供了一种清晰的、步骤化的方法来理解和构建图形用户界面程序。在后续的开发中，可以为每个窗口赋予更具描述性的类名，以便更好地区分和管理不同的界面和功能。

2. 人口数据加载

人口数据加载

界面设计好之后，接下来就是编码实现各个界面的功能。

首先，编写一个特定功能：加载人口数据。这不仅是系统的核心功能之一，而且也提供了一种直观的方式来查看和管理人口信息。

可以将其拆分为以下 3 个关键步骤，以便理解并实现此功能。

（1）定义人口类。首先，需要一个专门的类来表示单个的人口数据。这个类将充当数据模型，定义单个人口应该具有的基本属性，如姓名、年龄等。

（2）创建数据操作方法。接着，定义两个核心方法来处理人口数据的加载和保存。这些方法将确保方便地读取和存储数据，无论是从文件中还是从其他数据源。

（3）集成到主界面。最后，利用之前展示的系统主界面设计，将加载的人口数据与界面上的表格或其他组件绑定，确保数据能够正确地显示给用户。

下面按照上述步骤逐步实现该功能，在此过程中要深化对图形界面编程及数据操作的理解。

首先，将名为 population_data.xlsx 的人口数据文件添加到项目中，如图 4–38 所示。如果没有该文件，可以自行创建并添加相应的数据。

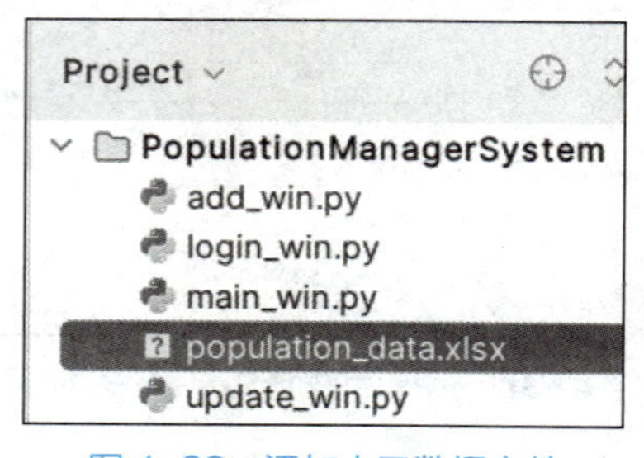

图 4–38　添加人口数据文件

在这个文件中，有几个关键的数据列：姓名（name）、身份证号（id_card）、性别（gender）、年龄（age）、民族（nation）、地区（area）、受教育程度（education）、职业（job）及婚姻状况（marriage），如图 4–39 所示。它们构成了基本的人口数据结构，并为后续的信息管理提供了基础。

name	id_card	gender	age	nation	area	education	job	marriage
谭小春	110101197603079000	男	47	汉族	北京	博士研究生	教师	已婚
徐高爽	370102198308135000	男	40	回族	山东	硕士研究生	医生	已婚
彤思	330106197707162000	女	46	彝族	浙江	大学专科	导演	已婚
康梦	430102198507156000	女	38	侗族	湖南	大学本科	厨师	已婚
山德	520103199302258000	男	30	苗族	贵州	大学专科	程序员	未婚
齐冬莲	520322198809158000	女	35	状族	贵州	硕士研究生	编剧	已婚
吴魁玮	530102199707150000	男	26	白族	云南	大学专科	导游	未婚
申颖	532301200005106000	女	23	傣族	云南	大学本科	营销	未婚
岳浩广	310101200407157000	男	19	汉族	上海	大学本科	学生	未婚
张发	110101199001011000	男	32	蒙古族	北京	大学本科	工程师	已婚

图 4–39　人口数据文件的内容

接下来，进行“人口数据”类 Population 的定义及构建。为了有效地管理和操纵表格中的数据，可为其设计一个专门的类，名为 Population。在项目中创建一个名为 population.py 的文件，如图 4–40 所示。

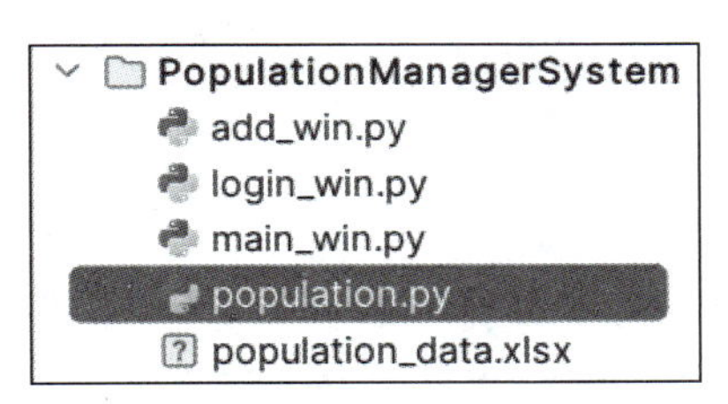

图 4–40　创建名为 population.py 的文件

通过观察已有的人口数据文件，可知该类数据需要具备哪些属性。在文件 population.py 中，编写具体代码如下：

```
 class Population():                                    #创建 Population 类
def _init_(self,name,id_card,gender,age,nation,area,education,job,marriage):
        self.name=name                                  #姓名
        self.id_card=id_card                            #身份证号
        self.gender=gender                              #性别
        self.age=age                                    #年龄
        self.nation=nation                              #民族
        self.area=area                                  #地区
        self.education=education                        #受教育程度
        self.job=job                                    #职业
        self.marriage=marriage                          #婚姻状况
```

类的定义中，在__init__()方法中为类定义了 9 个参数，每个参数都对应人口数据文件中的一个数据列，它们的作用是用于初始化类的属性。在 Python 中，参数 self 用于表示对象自身，是一个必须存在的参数。在类的方法内部使用属性或其他方法时，都需要使用参数 self 来引用。

有了这个清晰的属性定义后，就可以顺利地读取文件 population_data.xlsx，并将其中的每一条记录作为一个 Population 对象进行保存。这种使用对象来表示和操作数据的方法是面向对象编程的核心思想。通过这个类的设计，为后续的数据操作和功能实现打下了坚实的基础。

在项目中，加载人口数据的功能可能在多个地方都需要被调用，因此可以将此功能抽取并封装到一个公共的工具类或模块中。当需要在多个地方加载人口数据时，只需调用人口数据加载方法，而不是在每个地方都重写相同的代码。这样做可以提高代码的复用性和可维护性。

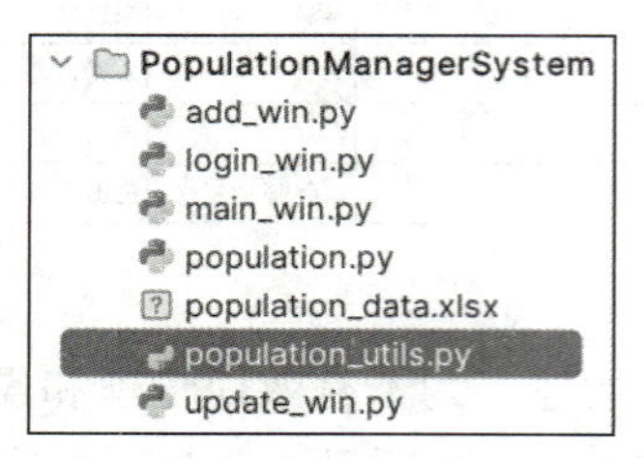

图 4-41　创建文件 population_utils.py

为项目构建一个功能性工具类，如图 4-41 所示。此工具类的文件名为 population_ utils.py，其主要职责是将一些公共方法封装在里面，例如人口数据加载。

首先，为了实现从 Excel 文件中加载人口数据，须确保在文件 population_utils.py 顶部导入了前面定义的 Population 类（自定义的人口对象类）和必要的 pandas 库（一个强大的数据处理库）。

```
from population import Population    #导入人口对象类
import pandas as pd                  #导入 pandas 库
```

技能小贴士

如果在 PyCharm 中使用时发现 pandas 库未被识别，那么很可能是环境中没有安装该库。下面演示如何在 PyCharm 中轻松地添加新库。

在 PyCharm 中，安装新的 Python 库的步骤如下。

（1）在主界面左上角的菜单栏中单击 File 菜单，然后选择 Settings...，如图 4-42 所示。

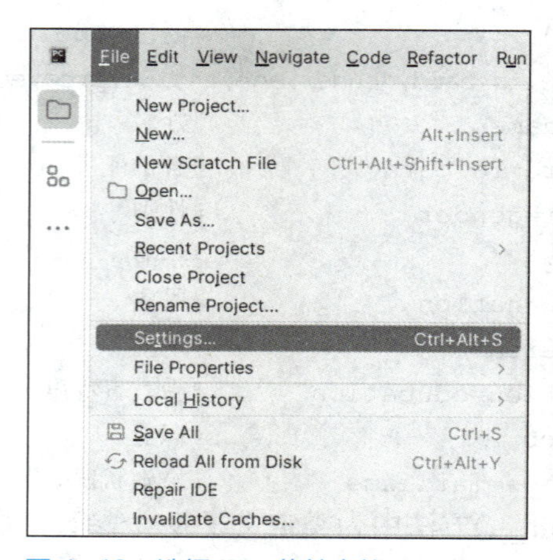

图 4-42　选择 File 菜单中的 Settings...

（2）在弹出的 Settings 对话框中，选择左侧的 Python Interpreter（Python 解释器），如图 4-43 所示。

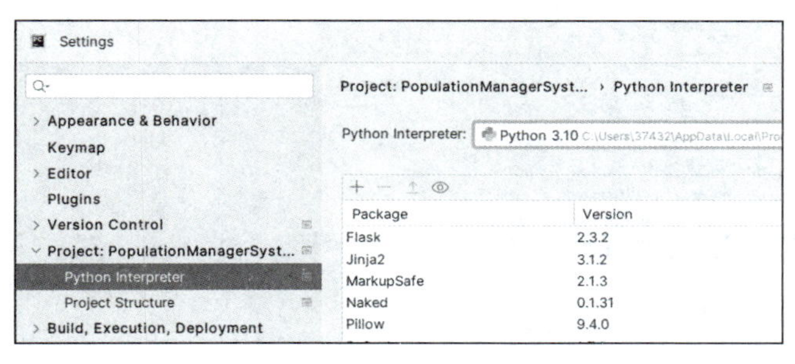

图 4-43　选择 Project Interpreter

（3）确保 Python 解释器路径设置正确。错误的路径可能导致搜索库时出现问题或无法正确安装。

（4）单击界面右侧的+按钮以添加新库，如图 4-44 所示。

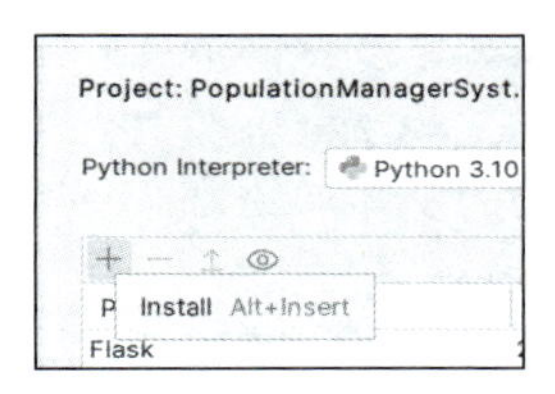

图 4-44　添加新库

（5）在搜索框中输入想要安装的库名，如“pandas”。对于本项目，选择版本 2.1.1，如图 4-45 所示。单击 Install Package 按钮并稍等片刻，让 PyCharm 完成安装。

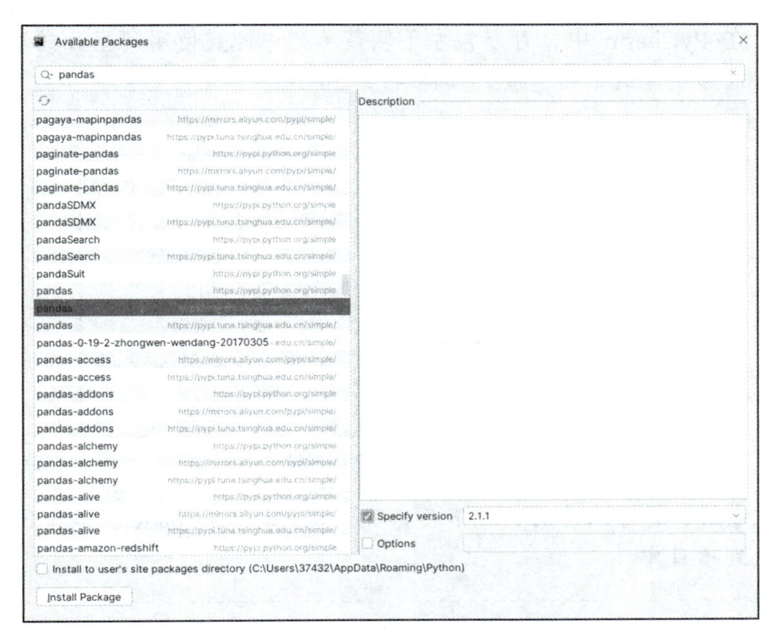

图 4-45　安装 pandas 库

（6）以相同方式，搜索并安装 openpyxl 库，选择版本 3.1.2，如图 4–46 所示。

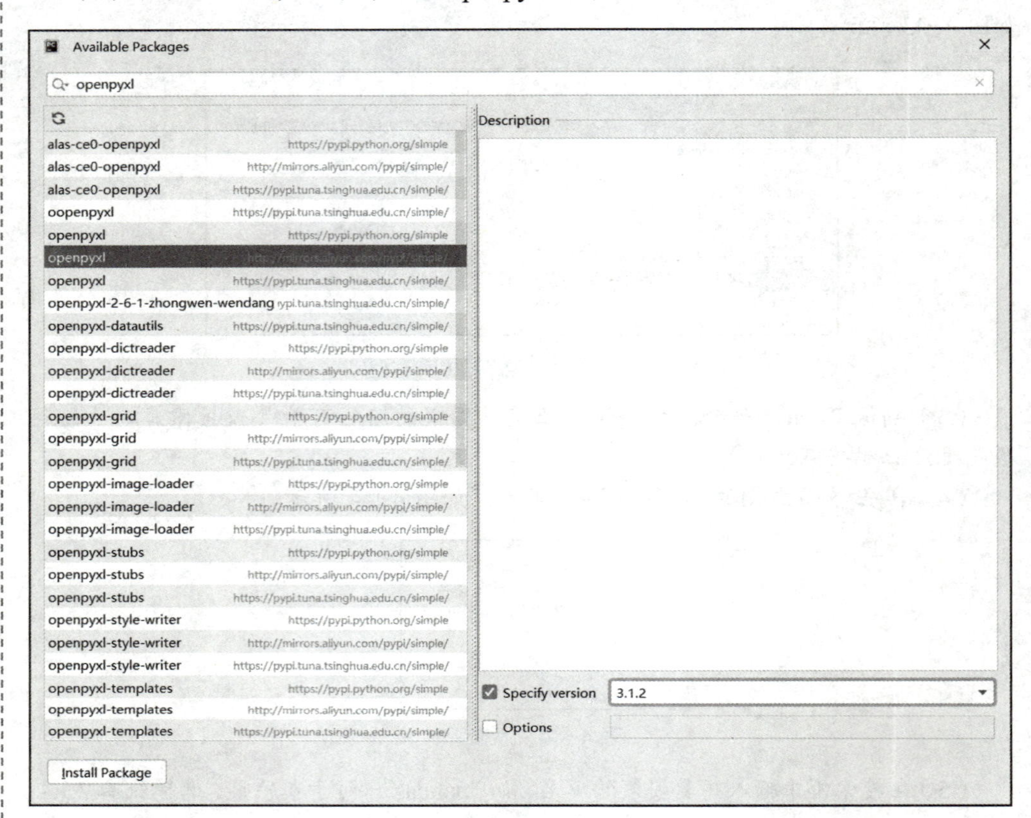

图 4–46 安装 openpyxl 库

提示：在 PyCharm 中，可以在左下侧菜单栏中配置使用阿里云或清华大学等的镜像源，以加快库的下载速度，如图 4–47 所示。

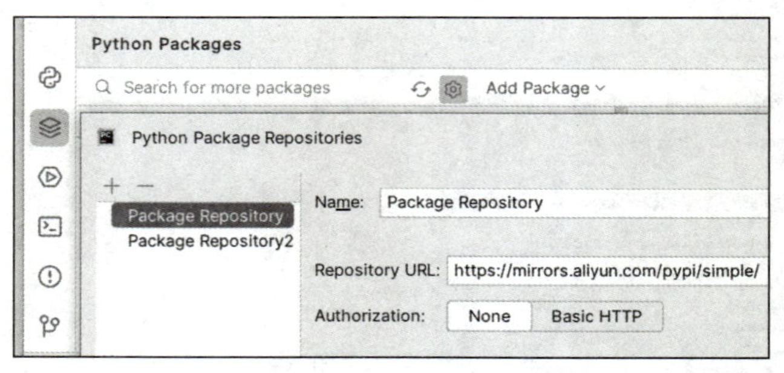

图 4–47 配置镜像源

安装完成后，再导入库时，就不会出现错误，这表示 pandas 库和 openpyxl 库已成功集成到项目中。

其次，定义一个名为 PopulationUtils 的工具类。该类中，特别定义了一个静态方法 load_population()（静态方法可直接通过类名.方法名调用），其主要功能是从 Excel 文件中读取数据，并将这些数据转化为一系列的 Population 对象。

整个加载过程如下。

（1）使用 pandas 库的 read_excel()方法读取名为 population_data.xlsx 的文件。

（2）将读取的数据转换为一个字典列表，其中每个字典代表一条人口数据记录。

（3）利用这些字典数据，通过列表推导式创建一系列 Population 对象。

（4）为了处理可能出现的异常，如文件不存在或数据格式错误，使用 try-except 语句来捕获异常。

具体代码如下：

```
from population import Population   #导入人口对象类
import pandas as pd                 #导入 pandas 库

class PopulationUtils:
    @staticmethod               #修饰为静态方法，可直接通过类名.方法名调用
    def load_population():   #从 Excel 文件中加载人口数据的方法
        try:
            data=pd.read_excel("population_data.xlsx")  #使用 pandas 库读
取人口数据
            data_list=data.to_dict(orient='records')  #将每一行数据转换成
一个字典，返回一个字典列表
            population_list=[Population(i['name'],i['id_card'],
            i['gender'],i['age'],i['nation'],i['area'],i['education'],
            i['job'],i['marriage'])
            for i in data_list]        #使用列表推导式创建人口数据列表
            return population_list    #返回人口数据列表
        except Exception as e:
            print(e)         #在开发阶段，输出异常以获取更多信息
            return None      #在异常或失败的情况下返回 None
```

使用此方法成功加载数据后，会返回一个 Population 对象的列表；若出现异常，则返回 None。因此，可以通过返回值判断人口数据是否加载成功。

在本项目中，除了加载人口数据，还需要一个功能，即将数据保存回 Excel 文件。为此，也可以在文件 population_utils.py 中定义一个保存人口数据的方法 save_population()，具体代码如下：

```
@staticmethod #修饰为静态方法，可直接通过类名.方法名调用
    def save_population(population_list):  #保存人口数据到 Excel 文件
        try:
            new_list=[i.__dict__ for i in population_list]  #人口对象转换
成字典
            df=pd.DataFrame(new_list)  #创建 DataFrame 对象
            df['id_card']=df['id_card'].astype(str)  #将“身份证”列的类型转换成 str
```

```
        #将数据写入文件
        df.to_excel('population_data.xlsx',index=False,header=True,
        engine='openpyxl')
        return True #没有发生异常表示数据写入成功
    except Exception as e:
        print(e)        #在开发阶段，输出异常以获取更多信息
        return False #发生异常表示数据写入失败
```

该方法的实现步骤如下。

（1）传入一个人口数据列表 population_list 作为参数。

（2）使用列表推导式将人口数据对象转换成字典形式，即人口对象转换成字典。

（3）创建一个 DataFrame 对象 df，这个对象是 pandas 库提供的用于数据操作的数据结构。

（4）将 DataFrame 对象中 id_card 这一列的数据类型转换为字符串，以便正确保存身份证号。

（5）调用 to_excel()方法将数据写入 Excel 文件 population_data.xlsx，并设定一些参数，如不保存索引、保存表头等。

（6）如果一切正常，即没有发生异常，该方法返回 True，表示数据写入成功；反之，如果出现异常，则将异常信息输出到控制台并返回 False，表示数据写入失败。

通过将该方法修饰为静态方法（@staticmethod），也可以直接通过类名.方法名的方式调用，使得后续的项目开发更加便捷。

经过前期的努力，已经成功定义了加载和保存人口数据的方法。接下来的任务就是将这些方法与设计好的系统主界面相结合。需要在主界面中调用之前定义的加载数据的方法，目的是将 Excel 文件中的人口数据读取并展示到主界面的相应位置。向主界面中加载人口数据，需要对已有的文件进行微小的调整，以增强代码的可读性和可管理性。按照此操作，将在主界面上看到文件中完整的人口数据。

（1）类名修改。在主界面文件 main_win.py 中，有两个类，分别命名为 WinGUI 和 Win。为了避免与其他界面的类名重复并更明确地表示其功能，需对它们进行重命名。WinGUI 被改为 MainWinGUI，而 Win 则被改为 MainWin。需要确保在 MainWin 的父类中进行相应的更改，且生成对象时的类名也要做相应的修改，即 win=Win()修改为 win=MainWin()，如图 4-48 所示。

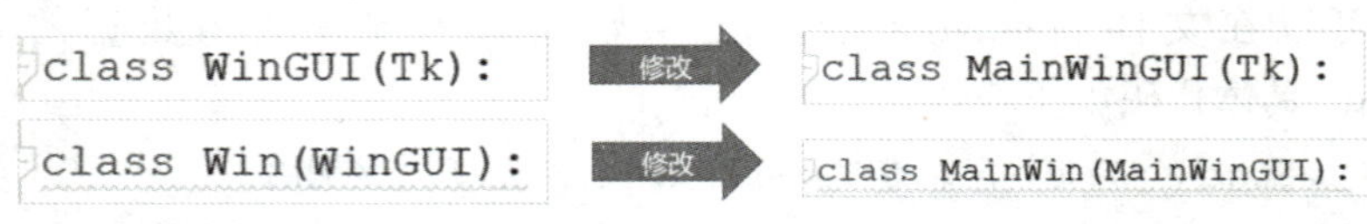

图 4-48　修改主界面文件 main_win.py 中的类名

（2）数据加载到主界面。在 MainWinGUI 类中，需要找到生成表格组件的方法 __tk_table_list()。这个方法中已经有了表格的基本设置代码，如图 4-49 所示。在表格初始化完成后，准备加载数据。

```
def __tk_table_list(self,parent):
    # 表头字段 表头宽度
    columns = {"姓名":79,"身份证号":159,"性别":79,"年龄":79,"民族":79,"地区":79,"受教育程度":79,"职业":79,"婚姻状况":79}
    tk_table = Treeview(parent, show="headings", columns=list(columns),)
    for text, width in columns.items():  # 批量设置列属性
        tk_table.heading(text, text=text, anchor='center')
        tk_table.column(text, anchor='center', width=width, stretch=False)  # stretch 不自动拉伸

    tk_table.place(x=0, y=59, width=800, height=441)
    return tk_table
```

图 4-49　表格的基本设置代码

首先，需要利用 PopulationUtils 工具类中定义的 load_population()方法，读取 Excel 文件中的数据并存储到一个列表中，因此需要在 main_win.py 顶部先添加语句“from population_utils import PopulationUtils”引入 PopulationUtils 类，然后调用类中的方法 load_population()将数据放入表格中。这里提供了一种简捷的方式来做到这一点。以下是相关的代码段：

```
    def __tk_table_list(self,parent):
            #表头字段,表头宽度
            columns = {"姓名":79,"身份证号":159,"性别":79,"年龄":79,"民族":79,"
地区":79,"受教育程度":79,"职业":79,"婚姻状况":79}
            tk_table = Treeview(parent, show="headings", columns=list(columns),)
            for text, width in columns.items():  #批量设置列属性
                tk_table.heading(text, text=text, anchor='center')
                tk_table.column(text, anchor='center', width=width, stretch=False)
#stretch 不自动拉伸
            tk_table.place(x=0, y=59, width=800, height=441)

    #调用 PopulationUtils 中加载人口数据的方法
           population_list=PopulationUtils.load_population()
           if population_list: #判断列表是否不为空，确保数据加载成功
               for i in population_list:  #将人口数据导入到表格组件中
                   tk_table.insert('',END,values=(
                       i.name,i.id_card,i.gender,i.age,i.nation,i.area,i.
education, i.job,i.marriage))
           else:
               messagebox.showerror('错误','加载数据失败，请检查加载文件中的数据！')
           return tk_table
```

提示：如果运行代码时提示“name 'messagebox' is not defined”，请在 main_win.py 顶部用语句“from tkinter import messagebox”单独引入 massagebox。

（3）结果展示。当完成上述步骤后，直接运行主界面文件 main_win.py。如果一切顺利，应该能够看到 Excel 文件中的人口数据被成功加载到系统的主界面上，这标志着人口数据加载功能已经成功实现，如图 4-50 所示。

人口信息管理系统

身份证号: 查询

刷新 添加数据 修改 删除

姓名	身份证号	性别	年龄	民族	地区	受教育程度	职业	婚姻状况
徐高爽	370102198308134976	男	40	回族	山东	硕士研究生	医生	已婚
彤思	330106197707161984	女	46	彝族	浙江	大学专科	导演	已婚
康梦	430102198507155968	女	38	侗族	湖南	大学本科	厨师	已婚
山德	520103199302257984	男	30	苗族	贵州	大学专科	程序员	未婚
齐冬莲	520322198809158016	女	35	状族	贵州	硕士研究生	编剧	已婚
吴魁玮	530102199707150016	男	26	白族	云南	大学专科	导游	未婚
申颖	532301200005105984	女	23	傣族	云南	大学本科	营销	未婚
岳浩广	310101200407156992	男	19	汉族	上海	大学本科	学生	未婚
张发	110101199001011008	男	32	蒙古族	北京	大学本科	工程师	已婚
李四高	310101198512121024	女	36	汉族	上海	硕士研究生	医生	已婚
王五好	440101198703051008	男	35	壮族	广东	大学本科	律师	未婚
赵六德	610101199503031040	女	28	布依族	陕西	大学专科	教师	已婚
周七	320101198209281024	男	41	汉族	江苏	硕士研究生	企业家	已婚
钱八	510101197709150976	女	46	回族	四川	博士研究生	科学家	已婚
孙九行	120101198608080992	男	37	蒙古族	天津	大学本科	公务员	已婚
吴十	330101199912251008	女	24	汉族	浙江	大学专科	护士	未婚
赵一会	130101198401031008	男	39	回族	河北	硕士研究生	医生	已婚
钱二克	320101199001011008	女	32	蒙古族	江苏	硕士研究生	工程师	已婚
孙三	440101198512121024	男	36	回族	广东	大学专科	技工	已婚
李四	610101198703051008	女	35	彝族	陕西	硕士研究生	律师	未婚

图 4-50　人口数据成功加载到主界面

3. 用户登录

用户登录

用户登录功能在系统开发中是一个常见且重要的部分。它允许用户通过提供正确的账号和密码来验证身份，进而访问系统的各项服务。用户登录也是人口信息管理系统的核心组成部分之一，用户通过输入正确的凭证，可以顺利登录系统并使用各项功能。

本部分着重介绍以下两个方面的内容。

（1）按钮事件处理。首先，需要处理界面上的按钮事件。这是确保用户在单击按钮时触发相应操作的重要步骤。

（2）登录验证。其次，实现登录验证。这涉及获取用户在登录界面上输入的账号和密码，并验证这些凭证是否与系统中预设的信息相匹配。如果用户提供了正确的凭证，系统将被允许用户登录并访问其功能。

这个过程将包括对用户输入的数据进行验证并与系统中存储的数据进行比较。如果验证成功，用户将获得访问权限，进入系统主界面。这一过程对于确保系统安全和用户身份的合法性至关重要。

在开始之前，需要对之前设计好的登录界面文件 login_win.py 进行一些重命名操作。类似于修改主界面文件中的类名，需要将登录界面文件 login_win.py 中第一个类 WinGUI 的名称改为 LoginWinGUI，第二个类 Win 的名称改为 LoginWin。同样，需要确保父类的名称做相应的修改，生成对象时的类名也要做相应的修改，即 win=Win() 修改为 win=LoginWin()，以便后续的区分和使用，如图 4-51 所示。

```
class WinGUI(Tk):          修改  →  class LoginWinGUI(Tk):
class Win(WinGUI):         修改  →  class LoginWin(LoginWinGUI):
```

图 4-51　修改用户登录界面文件 login_win.py 中的类名

在 LoginWin 类中，需要关注两个事件处理方法：login_click()和 cancel_click()。这两个方法就是在界面设计时为【登录】按钮和【取消】按钮绑定的单击事件处理方法。

首先，须考虑【取消】按钮的处理逻辑。在 cancel_click()方法中，只需要编写一行代码，调用 destroy()方法，以关闭当前窗口。这样，当单击【取消】按钮时，会触发 cancel_click()方法，从而实现取消功能。

以下是【取消】按钮的事件处理代码：

```
def cancel_click(self,evt):
        self.destroy() #关闭当前窗口
```

这两行代码非常简单，它实现了关闭登录窗口的功能，确保用户可以轻松地取消登录操作。

在【登录】按钮的事件处理方法 login_click()中，需要使用【账号:】输入框和【密码:】输入框的组件名称 tk_input_username 和 tk_input_password，然后分别调用 get()方法来获取这两个输入框中输入的内容，并将它们分别赋值给两个变量 username 和 password，然后将这两个变量的值与预设的账号和密码做对比，实现登录判断。

以下是【登录】按钮的事件处理代码：

```
def login_click(self,evt):
        #预设正确的账号和密码
        VALID_USERNAME="admin"
        VALID_PASSWORD="123456"
        #从窗口输入框中获取账号和密码
        username=self.tk_input_username.get()
        password=self.tk_input_password.get()
        #判断账号和密码是否输入正确
        if username==VALID_USERNAME and password==VALID_PASSWORD:
            self.destroy()      #如果正确，销毁当前窗口
            win=MainWin()       #创建主窗口对象
            win.mainloop()      #进入消息循环，显示主窗口
        else:
            #弹出错误提示框
            messagebox.showerror('提示','账号或密码不正确！')
```

在上述这段代码中，username 和 password 两个变量分别保存了界面中输入的账号和密码。通过 if 语句判断界面中输入的账号、密码与预设的账号（VALID_USERNAME）和密码（VALID_PASSWORD）是否相匹配。如果匹配，则正常登录，调用 self.destroy()方法来关闭登录窗口，然后创建一个 MainWin 对象，并通过 mainloop()方法进入消息循环，以显示主窗口。如果账号或密码不正确，则会使用 messagebox.showerror()方法弹出一个【提示】对话框，提示账号或密码不正确。

在接下来的操作中，将运行登录界面文件 login_win.py，输入正确的账号和密码，成功登录到系统主界面，从而可以进行后续操作，如图 4-52 所示。

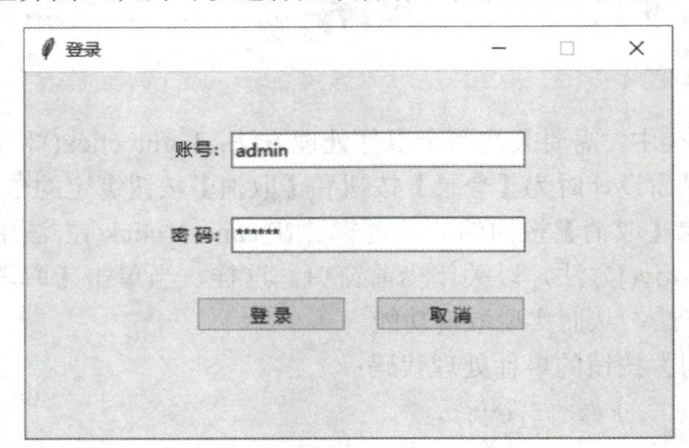

图 4-52　输入正确的账号、密码并登录

提示：要在输入密码时用*来隐藏密码，可以进入 LoginWinGUI 类，找到密码框的构建方法__tk_input_password()。在创建 Entry 对象时，加上 show="*"参数。具体代码如下：

```
def __tk_input_password(self,parent):
    ipt=Entry(parent,show='*')
    ipt.place(x=140,y=104,width=200,height=25)
    return ipt
```

这样在输入密码时，密码字符将以*来显示，如图 4-53 所示。

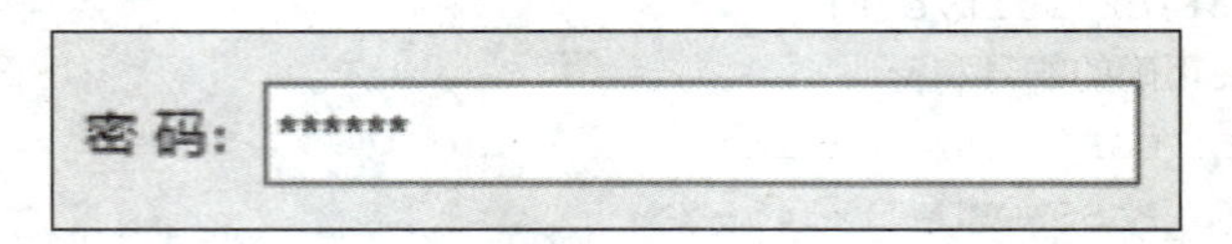

图 4-53　设置密码框显示的字符

如果输入的账号或密码不正确，系统将弹出一个【提示】框，提示“账号或密码不正确!”，如图 4-54 所示。

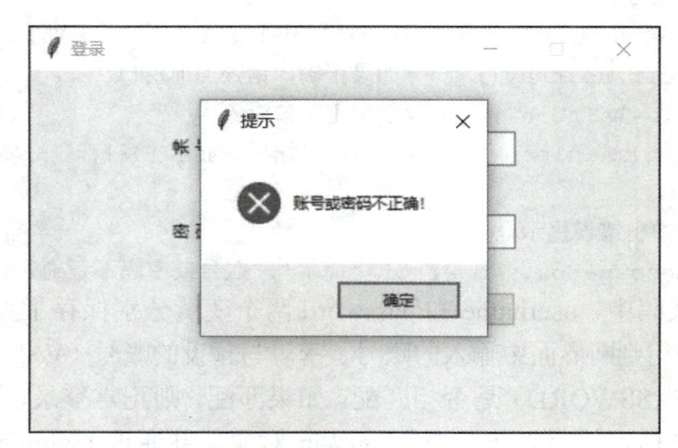

图 4-54　登录失败提示

至此，用户登录功能就完成了。

4. 人口信息添加

人口信息添加功能允许用户输入人口的基本信息，如姓名、身份证号、性别、民族、受教育程度等，并将其存储到系统中。

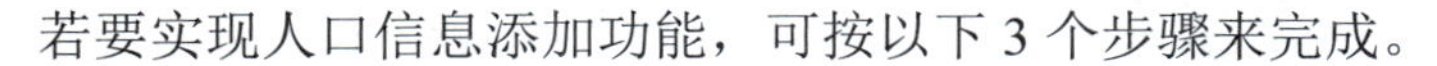

若要实现人口信息添加功能，可按以下 3 个步骤来完成。

（1）在【人口信息管理系统】窗口中单击【添加数据】按钮，弹出【添加人口数据】窗口，如图 4-55 所示。

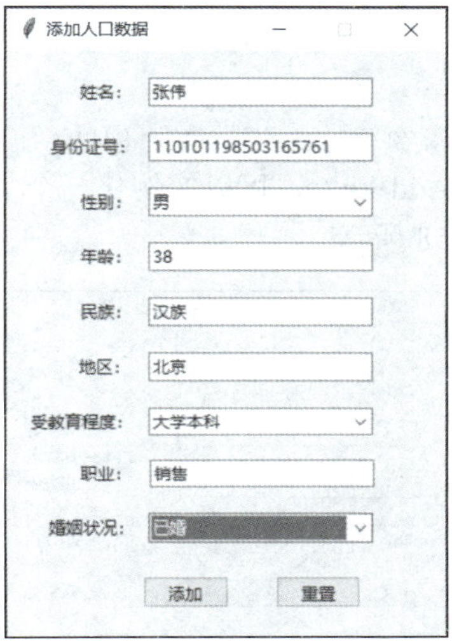

添加人口数据

姓名：张伟
身份证号：110101198503165761
性别：男
年龄：38
民族：汉族
地区：北京
受教育程度：大学本科
职业：销售
婚姻状况：已婚

添加　重置

图 4-55 【添加人口数据】窗口

（2）在【添加人口数据】窗口中输入所要添加的人口数据，然后单击【添加】按钮，将数据添加到系统中。

（3）回到【人口信息管理系统】窗口，单击【刷新】按钮，刷新数据表格，便可以显示最新添加的人口信息，如图 4-56 所示。

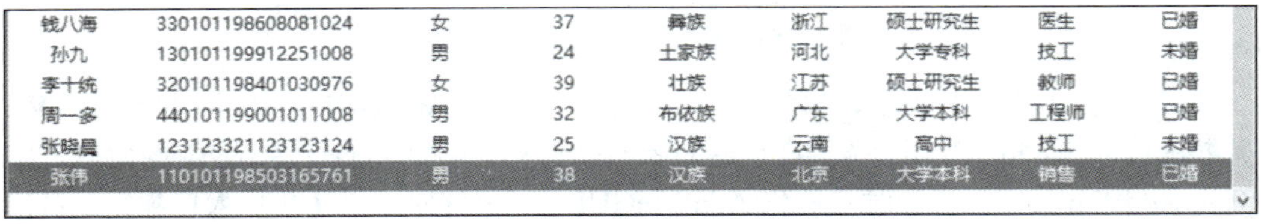

钱八海	330101198608081024	女	37	彝族	浙江	硕士研究生	医生	已婚
孙九	130101199912251008	男	24	土家族	河北	大学专科	技工	未婚
李十统	320101198401030976	女	39	壮族	江苏	硕士研究生	教师	已婚
周一多	440101199001011008	男	32	布依族	广东	大学本科	工程师	已婚
张晓晨	123123321123123124	男	25	汉族	云南	高中	技工	未婚
张伟	110101198503165761	男	38	汉族	北京	大学本科	销售	已婚

图 4-56　显示新添加的人口数据

回到项目中，打开之前设计好的添加人口数据界面文件 add_win.py。为了与其他界面文件的类名有所区分，需要对该文件中的两个类名进行修改。将第一个类 WinGUI 的名称修改为 AddWinGUI，将第二个类 Win 的名称修改为 AddWin，如图 4-57 所示。同时，将父类修改为 AddWinGUI，将生成对象部分的 win=Win()修改为 win=AddWin()。这样的修改可以更清晰地区分各个界面文件和类，以便于后续使用。

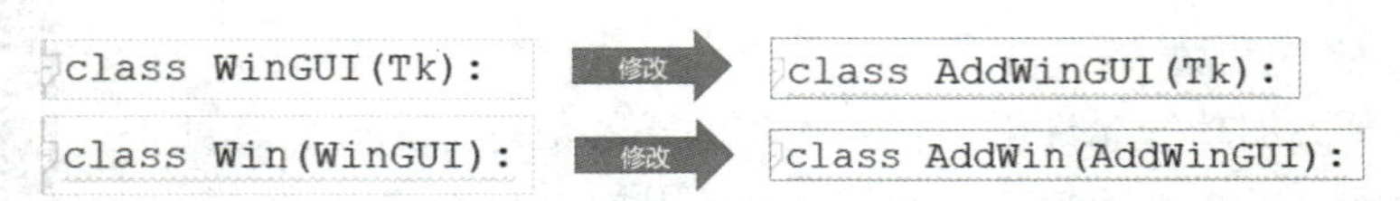

图 4-57　修改添加人口数据界面文件 add_win.py 中的类名

第一步，单击【人口信息管理系统】窗口中的【添加数据】按钮，弹出【添加人口数据】窗口。在主界面文件 main_win.py 中找到【添加数据】按钮绑定的单击事件处理方法。该方法被命名为 add_data()。在这个方法中，需要编写代码来创建【添加人口数据】窗口。以下是代码示例：

```
#创建添加人口数据的窗口
def add_data(self,evt):
        add=AddWin()   #实例化 AddWin 对象，创建添加人口数据的窗口
```

通过简单的代码行 add=AddWin()，可以实例化一个 AddWin 对象，从而创建【添加人口数据】窗口，如图 4-58 所示。

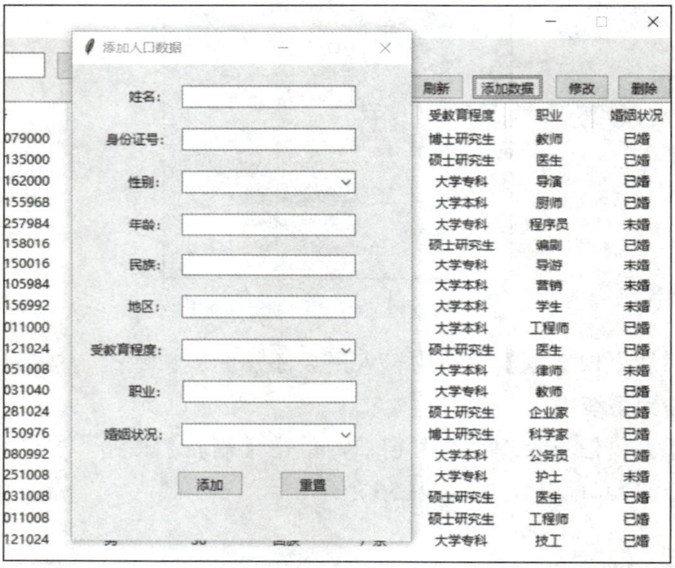

图 4-58　创建【添加人口数据】窗口

尽管【添加人口数据】窗口的组件和布局代码在 AddWinGUI 类中，但由于 AddWin 类继承自 AddWinGUI 类，子类在创建对象时会自动调用父类的构造方法，因此通过实例化 AddWin 类，也会同时实例化 AddWinGUI 类，最终实现了【添加人口数据】窗口的创建。

第二步，在【添加人口数据】窗口中输入所要添加的人口数据，然后单击【添加】按钮，将数据添加到系统中。

回到添加人口数据界面文件 add_win.py，在 AddWin 类中，需要分别针对【添加人口数据】窗口中的【添加】按钮和【重置】按钮编写单击事件处理代码。在 add_click() 方法中，将实现单击【添加】按钮后的处理代码；在 reset_click()方法中，将实现单击【重置】按钮后的处理代码，如图 4-59 所示。

```
PopulationManagerSystem        160  class AddWin(AddWinGUI):
  add_win.py                   161      def __init__(self):
  login_win.py                 162          super().__init__()
  main_win.py                  163          self.__event_bind()
  population.py                         1 usage
  population_data.xlsx         164      def add_click(self,evt):
  population_utils.py          165          print("<Button-1>事件未处理:",evt)
  update_win.py                166
External Libraries                      1 usage
Scratches and Consoles         167      def reset_click(self,evt):
                               168          print("<Button-1>事件未处理:",evt)
```

图 4-59　在 AddWin 类中编写【添加】按钮及【重置】按钮的单击事件处理代码

首先，实现【重置】按钮的单击事件处理方法 reset_click()。该方法的目标是清除窗口中输入的数据。需要找到窗口中的每个组件，并将这些组件的值设置为空。对于输入框，可以调用 delete(first, last)方法，以删除输入框内指定范围的字符。通常，可以使用 0～END 来删除所有字符。对于下拉框，可以调用 set()方法，将其值设置为空字符串，从而清空下拉框中的选项。这样，就成功实现了【重置】按钮的功能。

在以下代码示例中，reset_click()方法中的操作清除了窗口中每个输入字段的内容。

```
#清空窗口中的内容
def reset_click(self,evt):
    #delete(first,last)方法可删除输入框内(first, last)范围内的字符
    self.tk_input_name.delete(0,END)
    self.tk_input_id_card.delete(0,END)
    self.tk_select_box_gender.set("")  #将下拉框的值设置为空字符串
    self.tk_input_age.delete(0,END)
    self.tk_input_nation.delete(0,END)
    self.tk_input_area.delete(0,END)
    self.tk_select_box_education.set("")
    self.tk_input_job.delete(0,END)
    self.tk_select_box_marriage.set("")
```

在上述这段代码中，分别使用 delete(0,END)来清空输入框中的内容，使用 set("")来清空下拉框中的选项。用户可以在单击【重置】按钮后清空所有输入字段的内容。

其次，实现【添加】按钮的单击事件处理方法 add_click()。在这个方法中，使用各个组件的名称，调用 get()方法，以获取窗口中输入的值，并将这些值存储到相应的变量中。获取窗口中输入值的代码如下：

```
def add_click(self,evt):
    #get()方法获取窗口中各个组件的值
    name=self.tk_input_name.get()                          #姓名
    id_card=self.tk_input_id_card.get()                    #身份证号
    gender=self.tk_select_box_gender.get()                 #性别
    age=self.tk_input_age.get()                            #年龄
    area=self.tk_input_area.get()                          #地区
    education=self.tk_select_box_education.get()           #受教育程度
    job=self.tk_input_job.get()                            #职业
    nation=self.tk_input_nation.get()                      #民族
    marriage=self.tk_select_box_marriage.get()             #婚姻状况
```

使用 if 语句来检查窗口中输入框内的值，以避免保存无效或不完整的数据。如果窗口中的输入框内有任何一个字段为空，将弹出一个【提示】对话框，并使用 return 关键字来终止保存操作。否则，将创建一个 Population 对象，将赋值好的变量作为参数传递给该对象的各个属性，以对象的方式存储窗口中输入的数据。然后，再调用工具类 PopulationUtils. load_population()方法，来获取人口数据列表。具体代码如下：

```
#对窗口中输入框内的值进行空值检查，避免保存无效或不完整的数据
if not (name and id_card and gender and age and area and education and
job and nation and marriage):
    messagebox.showerror('错误','输入数据不完整或无效!')
    self.wm_deiconify()  #继续显示添加人口数据的窗口
    return
#创建人口数据对象，将窗口中获取的值赋给对象的属性
population=Population(name,id_card,gender,age,nation,area,education,
job,marriage)
#通过工具类获取人口数据列表
population_list=PopulationUtils.load_population()
```

判断加载的人口数据列表是否为空。如果不为空，将封装好数据的对象添加到人口数据列表中，然后调用工具类 PopulationUtils.save_population()方法，将最新的列表数据写入文件 population_data.xlsx 中保存。根据写入的成功与否，会弹出相应的【提示】对话框。具体代码如下：

```
if not population_list:  #判断列表是否为空，确保数据加载成功
    messagebox.showerror('错误','加载数据失败，请检查加载文件中的数据!')
    return
#将该对象添加到人口数据列表
population_list.append(population)
#通过工具类将人口数据列表存储到文件 population_data.xlsx 中
success=PopulationUtils.save_population(population_list)
if success:
    messagebox.showinfo('提示','添加成功!')
    self.after(10,self.destroy)  #10 ms 后延迟销毁窗口
else:
    messagebox.showerror('提示','添加失败!')
    self.after(10,self.destroy)  #10 ms 后延迟销毁窗口
```

在上述这段代码中，首先检查数据是否加载成功，然后将新添加的人口数据对象添加到列表中。

再次，调用工具类来保存数据。如果保存成功，就会弹出一个【提示】对话框，提示添加成功。确定后将在 10 ms 后关闭【添加人口数据】窗口（延迟关闭窗口，确保在窗口关闭后不再访问窗口中的组件，以避免出现错误）。如果保存失败，就会弹出一个【提示】对话框，提示添加失败。单击【提示】对话框中的【确定】按钮将同样在 10 ms 后关闭【添加人口数据】窗口。

最后，可以验证一下数据是否被成功添加。打开文件 population_data.xlsx，应该能

够看到新添加的人口数据已被插入到文件的最后一行。这样，就成功完成了人口信息添加功能。

完成了人口信息的添加后，要让【人口信息管理系统】窗口中的表格能够显示最新的数据。为了实现这一功能，需要实现【刷新】按钮的功能——单击它可以重新加载并显示最新的人口信息。刷新功能的实现非常重要，它允许用户在添加、修改或删除数据后，能够及时更新系统中的数据，确保数据的实时性和准确性。

在项目中，可以在 MainWin 类中找到 refresh_data()方法。该方法用于处理单击【刷新】按钮时的事件，需要在其中编写代码来完成数据的重新加载和显示。具体代码如下：

```
def refresh_data(self,evt):
    #清空表格数据
    self.tk_table_list.delete(*self.tk_table_list.get_children())
    population_list=PopulationUtils.load_population()  #重新加载数据
    if population_list:  #判断列表是否为空，确保数据加载成功
        for i in population_list:
            self.tk_table_list.insert('',END,values=(
                i.name,i.id_card,i.gender,i.age,i.nation,i.area,i.
education, i.job,i.marriage))
    else:
        messagebox.showerror('错误','加载数据失败，请检查加载文件中的数据！')
```

技能小贴士

*运算符可以将元组、列表或其他可迭代对象中的元素解包为单独的元素，从而简化代码并提高可读性。

首先，调用 self.tk_table_list.delete(*self.tk_table_list.get_children()方法清空表格中的数据。self.tk_table_list 是表格组件对象，通过 delete()方法删除所有表格中的子项，确保表格是空白的。这样做是为了在刷新数据之前清除旧数据，从而确保不会出现数据重叠或重复显示。然后，通过调用 PopulationUtils.load_population()方法重新加载人口数据。如果数据加载成功，使用 self.tk_table_list.insert()方法将新的数据插入到表格中，以更新显示。如果数据加载失败，则会弹出一个【提示】对话框，提示加载失败。

刷新功能的核心思想是清空表格，重新加载数据，然后在表格中显示新数据。这样，单击【刷新】按钮后，【人口信息管理系统】窗口中的表格就能够显示最新的人口信息了。

5. 人口信息修改

人口信息修改

虽然人口信息添加功能提供了便捷的途径将人口信息录入系统，但随着时间推移，人口信息可能会发生变化。为了确保系统中的数据持续准确，需要实现人口信息修改功能，让用户能够根据实际情况来更新人

口信息，包括姓名、性别、年龄、身份证号、民族、婚姻状况等。这个功能的目的在于保证人口信息的准确性和实时性，从而更好地进行人口统计、分析和服务。

为了实现人口信息修改功能，需要按照以下 3 个步骤来完成。

（1）在【人口信息管理系统】窗口中，选择并获取需要修改的人口信息，如图 4-60 所示。

申颖	532301200005105984	女	23	傣族	云南	大学本科	营销	未婚
岳浩广	310101200407156992	男	19	汉族	上海	大学本科	学生	未婚
张发	110101199001011008	男	32	蒙古族	北京	大学本科	工程师	已婚
李四高	310101198512121024	女	36	汉族	上海	硕士研究生	医生	已婚

图 4-60　选中需要修改的人口信息

（2）单击【人口信息管理系统】窗口中的【修改】按钮，弹出【修改人口数据】窗口，如图 4-61 所示。在【修改人口数据】窗口中，选中的人口信息将会被显示出来，以供用户修改。

修改人口数据
姓名：张发
身份证号：110101199001011000
性别：男
年龄：32
民族：蒙古族
地区：北京
受教育程度：大学本科
职业：工程师
婚姻状况：已婚
修改　重置

图 4-61 【修改人口数据】窗口

（3）根据实际情况对数据进行修改，然后单击【修改】按钮，修改后的人口数据将会被更新到系统中。在【人口信息管理系统】窗口的表格中刷新人口数据，可以显示最新的人口信息。

通过以上这 3 个步骤，就实现了人口信息修改功能。

在项目中，打开之前设计好的修改人口数据界面文件 update_win.py，然后对文件中的两个类名进行修改。将第一个类 WinGUI 的名称改为 UpdateWinGUI，将第二个类 Win 的名称改为 UpdateWin，如图 4-62 所示。同时，将父类修改为 UpdateWinGUI，将生成对象部分的 win=Win()修改为 win=UpdateWin()。这一系列的改名操作有助于后续更好地区分和使用这些类。

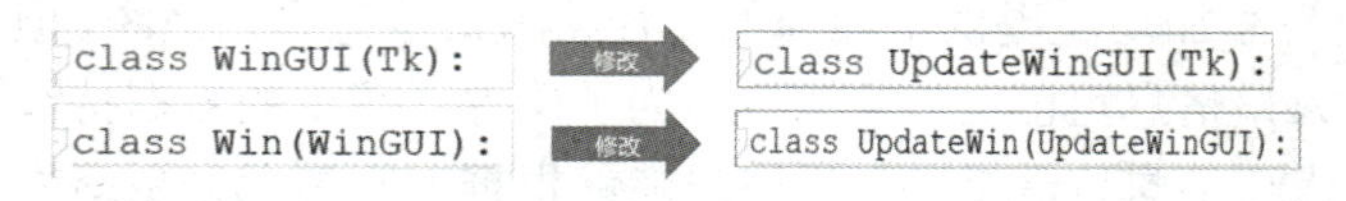

图 4-62　修改修改人口数据界面文件 update_win.py 中的类名

第一步，获取选中的数据。

在【人口信息管理系统】窗口中单击【修改】按钮，弹出【修改人口数据】窗口，选中的数据将在该窗口中显示出来。这个过程与之前所实现的添加人口数据功能有一些相似之处，但也有一些区别。二者的主要区别在于，在进行修改操作前，需要首先将选中的数据加载到【修改人口数据】窗口中。

为了实现在【人口信息管理系统】窗口中单击【修改】按钮后弹出【修改人口数据】窗口并将选中的数据显示在该窗口中，需要编写【修改】按钮的单击事件处理方法。该方法可以在文件 main_win.py 中的 MainWin 类中找到，被命名为 update_data()，如图 4–63 所示。

图 4–63　在 MainWin 类中编写【修改】按钮的单击事件处理代码

在这个方法中，编写代码以创建【修改人口数据】窗口。具体代码如下：

```
def update_data(self,evt):
    if(self.tk_table_list.focus()==""):  #判断是否选中行
        messagebox.showwarning('提示','请先选择要修改的数据！')
    else: #选中行之后才能修改
        #使用 Treeview 的 focus()方法获取当前焦点项
        selection=self.tk_table_list.focus()
        #使用 set()方法获取焦点项的值，获取一个字典
        row=self.tk_table_list.set(selection)
        #创建修改人口数据的窗口，将获取的数据传入修改人口数据的窗口中显示
        update_win=UpdateWin(row)
```

代码解析：

先使用表格组件 tk_table_list 的 focus()方法来判断是否选中了某一行。如果没有选中某一行，系统会弹出一个【提示】对话框，提醒用户需要先选择要修改的数据。如果已选中某一行，使用 focus()方法获取当前焦点项，然后通过 set()方法获取焦点项的值，并会返回一个字典，其中包含选中行每一列数据的键值对。最后，创建一个名为 update_win 的对象，并将选中行的数据传递给这个窗口，以便在【修改人口数据】窗口中显示这些数据。

当需要接收选中行的数据时，打开文件 update_win.py，然后在 UpdateWin 类中进行相应的操作。

首先，需要在构造方法中添加一个参数 row，以便接收选中行的数据。同时，在调用父类 UpdateWinGUI 的构造方法时，将选中行的值传递给它。

以下是 UpdateWin 类中的相关代码：

```
class UpdateWin(UpdateWinGUI):
    def __init__(self,row):
```

```
        super().__init__(row)
        self.__event_bind()
```

技能小贴士

在定义子类时，使用 super()函数来调用父类的构造函数和方法，可以有效地继承父类的行为。

其次，选中行的数据被传递到 UpdateWinGUI 类中，并定义一个属性 update_row，用于存储传递过来的选中行的数据。

以下是 UpdateWinGUI 类中的相关代码：

```
class UpdateWinGUI(Tk):
    def __init__(self,row):
        super().__init__()
        self.__win()
        self.update_row=row
```

最后，经过前面的参数传递操作，成功地将【人口信息管理系统】窗口中选中行的数据传递到了 UpdateWinGUI 对象。

第二步，创建【修改人口数据】窗口，并将传递过来的数据显示在各个组件中。

在 UpdateWinGUI 类中，需要找到界面中各个组件初始化的方法，然后将选中行的数据赋值给这些组件，以便在【修改人口数据】窗口中显示。例如，要显示姓名，就在“姓名”输入框的构建方法__tk_input_name()中，首先实例化一个输入框对象，然后添加一行代码，使用 insert()方法将选中行数据中“姓名”键的值插入到输入框中，这样“姓名”输入框就会有一个初始值。具体代码如下：

```
def __tk_input_name(self):
        ipt=Entry(self)
        ipt.insert(0,self.update_row['姓名']) #为“姓名”输入框赋初始值
        ipt.place(x=100,y=20,width=159,height=21)
        return ipt
```

“身份证号”输入框和“年龄”输入框的初始化方法为__tk_input_id_card()和__tk_input_age()。在这些方法中，也是使用 insert()方法将选中行数据中“身份证号”键和“年龄”键的值插入到输入框中，以便这两个输入框在初始化时具有正确的初始值。具体代码如下：

```
def __tk_input_id_card(self):
    ipt=Entry(self)
    ipt.insert(0,self.update_row['身份证号']) #为“身份证号”输入框赋初始值
    ipt.place(x=100,y=60,width=159,height=21)
    return ipt

def __tk_input_age(self):
    ipt=Entry(self)
```

```
        ipt.insert(0,self.update_row['年龄'])      #为“年龄”输入框赋初始值
        ipt.place(x=100,y=140,width=159,height=21)
        return ipt
```

以同样的方式处理“民族”“地区”“职业”等输入框，确保它们在创建时具有正确的初始值。同样，还是使用 insert()方法将选中行数据中“民族”键、“地区”键、“职业”键的值插入到输入框中。这样，这三个输入框也将具有正确的初始值。具体代码如下：

```
    def __tk_input_nation(self):
        ipt=Entry(self)
        ipt.insert(0,self.update_row['民族'])     #为“民族”输入框赋初始值
        ipt.place(x=100,y=180,width=159,height=21)
        return ipt

    def __tk_input_area(self):
        ipt=Entry(self)
        ipt insert(0,self.update_row['地区'])     #为“地区”输入框赋初始值
        ipt.place(x=100,y=220,width=159,height=21)
        return ipt

    def __tk_input_job(self):
        ipt=Entry(self)
        ipt.insert(0,self.update_row['职业'])     #为“职业”输入框赋初始值
        ipt.place(x=101,y=300,width=159,height=21)
        return ipt
```

通过上述步骤中的代码编写，能够确保在打开【修改人口数据】窗口时，各个输入框都包含了选中行的数据，为用户提供了方便的编辑操作。

假设选中了姓名为“张发”的人口数据，在【修改人口数据】窗口中将呈现图 4-64 所示的效果。

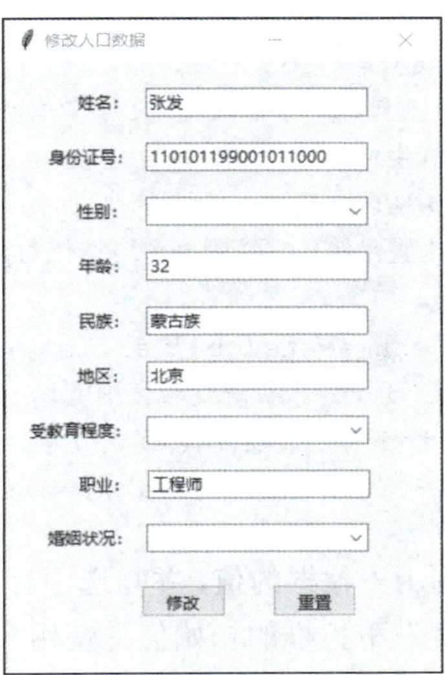

图 4-64　在【修改人口数据】窗口中显示选中行各输入框的值

【修改人口数据】窗口中除了有输入框外，还有3个下拉框。如何设置“性别”“受教育程度”“婚姻状况”这3个下拉框的初始值呢？

首先，处理“性别”下拉框的初始值设置。性别只有两个选项：“男”和“女”。需要在下拉框的选项值设置完成后，根据选中行的数据来判断默认选中的选项。如果选中行的性别值为“男”，使用下拉框的current()方法将其默认选中索引值为0的选项（“男”），否则选中索引值为1的选项（“女”）。这样，就能够正确地设置“性别”下拉框的初始值。同样，在UpdateWinGUI类中，找到下拉框组件初始化的方法，然后将选中行的数据赋值给下拉框。具体代码如下：

```
def __tk_select_box_gender(self):
        cb=Combobox(self,state="readonly")
        cb['values']=("男","女")
        #根据选中行的值设置下拉框默认选中项
        if self.update_row['性别']=='男':
            cb.current(0) #设置默认选中'男'
        elif self.update_row['性别']=='女':
            cb.current(1) #设置默认选中'女'
        cb.place(x=100,y=100,width=159,height=21)
        return cb
```

通过上述代码，能够确保在打开【修改人口数据】窗口时，“性别”下拉框将正确显示选中行数据的性别，从而帮助用户进行编辑操作。

其次，处理“受教育程度”下拉框的初始值设置。考虑到受教育程度有多个选项，逐一使用if语句判断将会相当烦琐。因此，可以使用for循环来遍历下拉框中的所有选项值，依次与选中行数据中的受教育程度进行比对。当找到匹配的值时，使用current()方法将对应索引值的下拉选项设置为默认选中，以此来完成“受教育程度”下拉框的初始值设置。具体代码如下：

```
def __tk_select_box_education(self):
    cb=Combobox(self,state="readonly")
    cb['values']=("未上过学","学前教育","小学","初中","高中","大学专科","大
学本科","硕士研究生","博士研究生")
    #遍历下拉框的值，和选中值做比对
    #enumerate()是一个内置函数，它接受一个可迭代对象，如列表，然后返回一个包含每
个元素索引和对应元素值的迭代器。
    for index,item in enumerate(cb['values']):
        if item==self.update_row['受教育程度']:
            cb.current(index)  #设置默认选中
    cb.place(x=100,y=260,width=159,height=21)
    return cb
```

以上这段代码通过循环遍历下拉框的值，并与选中行数据的受教育程度进行比对，能够灵活地设置“受教育程度”下拉框的初始值，使用户在打开【修改人口数据】窗口时能够方便地编辑“受教育程度”信息。

最后，处理“婚姻状况”下拉框的初始值设置。可以采用与“性别”下拉框初始值设置类似的方法。将“婚姻状况”下拉框的值限定为两个选项：“已婚”和“未婚”。然后，使用 if 语句来判断选中行的数据是“已婚”还是“未婚”。如果数据匹配“已婚”，则将下拉框的默认选项设置为“已婚”，否则设置为“未婚”。这样，“婚姻状况”下拉框的初始值就被正确地设置了。具体代码如下：

```
def __tk_select_box_marriage(self):
    cb=Combobox(self,state="readonly")
    cb['values']=("已婚","未婚")
    if self.update_row['婚姻状况']=='已婚':
        cb.current(0)  #设置默认选中'已婚'
    elif self.update_row['婚姻状况']=='未婚':
        cb.current(1)  #设置默认选中'未婚'
    cb.place(x=100,y=340,width=159,height=21)
    return cb
```

以上这段代码展示了如何使用 if 语句来根据选中行的数据为“婚姻状况”下拉框设置默认选项，确保用户在修改数据时能够看到正确的“婚姻状况”初始值。

至此，已经完成创建【修改人口数据】窗口，并将已选中行的数据显示在该窗口的各个组件中。在打开【修改人口数据】窗口时，相关数据将会自动填充到相应组件中，从而使用户能够方便地进行人口信息修改，如图 4-65 所示。这一过程提升了用户体验，同时也确保了数据的准确性和一致性。

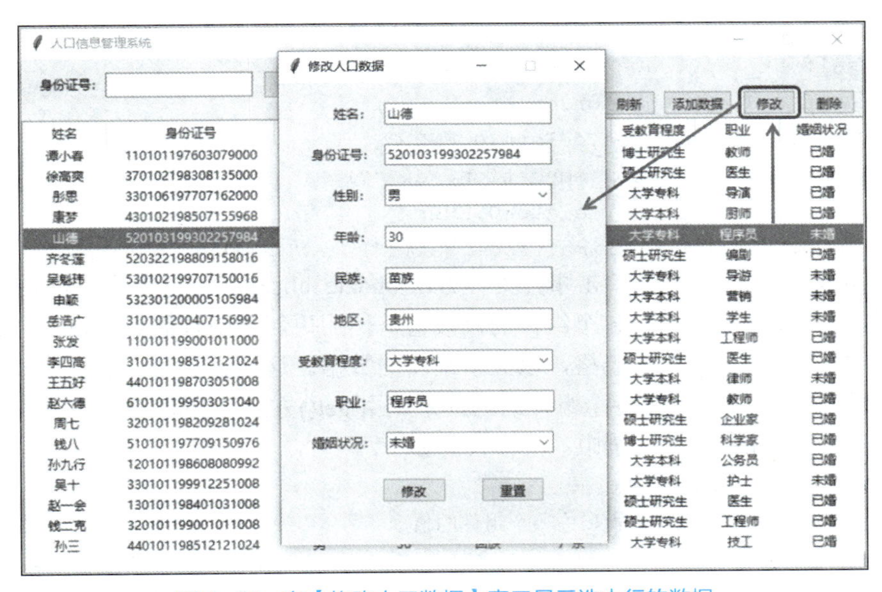

图 4-65　在【修改人口数据】窗口显示选中行的数据

第三步，对选中行的数据进行修改。

在修改人口数据界面文件 update_win.py 中，需要编写对应于【修改】按钮和【重置】按钮的单击事件处理代码。具体来说，【修改】按钮的单击事件处理代码将写在

update_click()方法中，而【重置】按钮的单击事件处理代码将写在 reset_click()方法中，如图 4-66 所示。

```
PopulationManagerSystem
  add_win.py
  login_win.py
  main_win.py
  population.py
  population_data.xlsx
  population_utils.py
  update_win.py
External Libraries
Scratches and Consoles

181  class UpdateWin(UpdateWinGUI):
182      def __init__(self,row):
183          super().__init__(row)
184          self.__event_bind()
185      # 修改数据
186      def update_click(self,evt):
187          print("<Button-1>事件未处理:",evt)
188      # 重置界面中输入的数据
189      def reset_click(self,evt):
190          print("<Button-1>事件未处理:",evt)
```

图 4-66　在 UpdateWin 类中编写【修改】按钮及【重置】按钮的单击事件处理代码

① 编写【重置】按钮的单击事件处理方法 reset_click()。这个方法的功能类似于【添加人口数据】窗口的【重置】按钮，用于清空所有输入框和下拉框的内容。对于输入框，使用 delete(first,last)方法来删除输入框内的字符。对于下拉框，使用 set()方法将其值设置为空字符串。这样，【重置】按钮的功能就得以实现。具体代码如下：

```
#清空窗口中的内容
def reset_click(self,evt):
    #使用 delete(first,last)方法可以删除输入框内的字符
    self.tk_input_name.delete(0,END)
    self.tk_input_id_card.delete(0,END)
    self.tk_select_box_gender.set("")    #将下拉框的值设置为空字符串
    self.tk_input_age.delete(0,END)
    self.tk_input_nation.delete(0,END)
    self.tk_input_area.delete(0,END)
    self.tk_select_box_education.set("")
    self.tk_input_job.delete(0,END)
    self.tk_select_box_marriage.set("")
```

② 编写【修改】按钮的单击事件处理方法 update_click()，以完成数据的实际修改。这个方法会涉及获取用户对各个组件的修改值，然后更新选中行的数据，并刷新【人口信息管理系统】窗口中的表格，以显示最新的数据。这是完成人口信息修改关键的一步。在这个方法中，使用各个组件的名称来调用 get()方法，以获取窗口中输入的值，并将这些值存储在相应的变量中。具体代码如下：

```
def update_click(self,evt):
    #使用 get()方法获取窗口中各个组件的值
    name=self.tk_input_name.get()                        #姓名
    id_card=self.tk_input_id_card.get()                  #身份证号
    gender=self.tk_select_box_gender.get()               #性别
    age=self.tk_input_age.get()                          #年龄
    area=self.tk_input_area.get()                        #地区
    education=self.tk_select_box_education.get()         #受教育程度
```

```
    job=self.tk_input_job.get()                        #职业
    nation=self.tk_input_nation.get()                  #民族
    marriage=self.tk_select_box_marriage.get()         #婚姻状况
```

③ 进行空值检查，以确保不保存无效或不完整的数据。如果存在任何空数据，将显示相应的提示并继续显示【修改人口数据】窗口，然后返回方法。可以通过以下代码来实现：

```
if not (name and id_card and gender and age and area and education and
job and nation and marriage):
    messagebox.showerror('错误','输入数据不完整或无效!')
    self.wm_deiconify()  #继续显示修改人口数据的窗口
    return
```

④ 通过 PopulationUtils.load_population()方法，获取人口数据列表。如果获取数据列表失败，则会显示相应的提示并返回方法。

```
population_list=PopulationUtils.load_population()#通过工具类获取人口数据
列表
if not population_list:  #判断列表是否为空，确保数据加载成功
    messagebox.showerror('错误','加载数据失败，请检查加载文件中的数据!')
    return
```

在现有的人口数据列表中找到要修改的那一条数据，并使用 for 循环遍历列表中的数据，每次将遍历到的身份证号与选中行的身份证号进行比对。如果身份证号匹配，就找到了要修改的数据。然后，将窗口中输入的数据传递给对象属性，以完成数据的修改。修改列表后，再次调用 PopulationUtils.save_population()方法，将最新的列表数据写入到系统中进行保存。

```
#列表不为空，修改列表中的数据
for p in population_list:  #遍历列表中的数据
    p.id_card=str(p.id_card)  #将身份证号类型转换为字符串
    #用每一条数据的身份证号与未修改之前的身份证号做对比,找出选中行的数据进行修改
    if p.id_card==self.update_row['身份证号']:
        #从列表中找到要修改的对象，用窗口中输入的数据为对象属性重新赋值，完成修改
        p.name=name
        p.id_card=id_card
        p.gender=gender
        p.age=age
        p.nation=nation
        p.area=area
        p.education=education
        p.job=job
        p.marriage=marriage
        #将修改后的数据保存到文件中
        success=PopulationUtils.save_population(population_list)
```

⑤ 对保存结果的返回值进行判断。如果返回 True，则弹出一个【提示】对话框，提示修改成功，并延迟 10 ms 后销毁【修改人口数据】窗口；否则，将提示修改失败。

```
    if success:
        messagebox.showinfo('提示','修改成功！')
        self.after(10,self.destroy)  #10 ms 后延迟销毁窗口，避免事件仍然在事件队列中等待处理而发生错误
        return #返回，结束循环
    else:
        messagebox.showerror('提示','修改失败！')
        self.after(10,self.destroy)  #10 ms 后延迟销毁窗口，避免事件仍然在事件队列中等待处理而发生错误
        return  #返回，结束循环
```

【修改】按钮的单击事件处理方法得以完成后，用户可以根据实际情况对数据进行修改。单击【修改】按钮后，数据将得以更新。如果成功，则会有相应的提示。

修改数据后，在【人口信息管理系统】窗口中，单击【刷新】按钮将触发数据刷新操作。这一操作将更新【人口信息管理系统】窗口中的数据表格，反映最新的人口信息修改。

至此，便成功实现了人口信息修改功能。

6. 人口信息删除

人口信息删除

人口信息删除功能在人口信息管理中扮演着重要的角色，因为它允许用户根据特定情况删除某一个体的人口信息。删除人口信息的目的在于确保人口数据的有效性和合理性，以便更精确地进行人口统计、分析和提供相关服务。

要实现人口信息删除功能，需要在【人口信息管理系统】窗口中按照以下步骤进行操作：首先，选中要删除的数据，然后单击【删除】按钮，接着系统会提示用户确认删除操作，一旦确认删除，【人口信息管理系统】窗口中的数据表格将会刷新，以反映最新的删除操作结果。这样，就成功完成了人口信息的删除。

值得注意的是，人口信息删除功能与人口信息修改功能相似，都需要先选择数据才能执行操作。如果用户未选择任何数据，系统则弹出一个【提示】对话框，提醒用户必须先选中数据才能继续执行删除操作。

如何实现删除人口信息功能呢？

首先，打开主界面文件 main_win.py，并在 MainWin 类中找到【删除】按钮所绑定的单击事件处理方法 delete_data()，如图 4-67 所示。在该方法中，编写用于删除数据的代码。

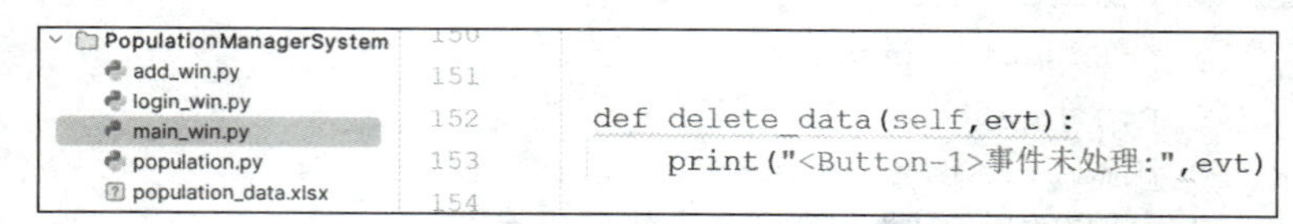

图 4-67　在 MainWin 类中编写【删除】按钮单击事件处理代码

与修改人口数据的方法类似，需要先获取选中行的数据。使用 tk_table_list 表格组件的 focus()方法来判断是否选中了行。如果没有选中，系统则弹出一个【提示】对话

框，提醒用户必须先选中行。如果已选中，系统则弹出一个【确认】对话框，要求用户确认是否要执行删除操作。如果用户单击【确定】按钮以确认删除，将再次使用 focus()方法获取当前行的焦点项，并使用 set()方法获取该行的值，得到一个字典。然后，从字典中获取与身份证号相关的值，以此唯一标识来删除数据。具体代码如下：

```
def delete_data(self,evt):
    if(self.tk_table_list.focus()==""):
        messagebox.showwarning('提示','请先选择要删除的数据！')
    else:
        if "yes"==messagebox.askquestion('提示',"确认删除吗？"):
            #先使用 Treeview 的 focus()方法获取当前焦点项
            selection=self.tk_table_list.focus()
            #再使用 set()方法获取焦点项的值，获取一个字典
            row=self.tk_table_list.set(selection)
            del_id_card=row['身份证号']  #获取字典中'身份证号'对应的值
```

其次，通过调用工具类 PopulationUtils.load_population()方法来获取人口数据列表。随后，在人口数据列表中查找要删除的那条数据。使用 for 循环遍历列表中的数据，每次将遍历到的身份证号与选中行的身份证号进行对比。如果身份证号相同，表示找到了需要删除的数据，然后使用列表的 remove()方法将该数据从人口数据列表中删除。

最后，再次调用工具类 PopulationUtils.save_population()方法，将最新的列表数据写入文件 population_data.xlsx 中进行保存。如果成功保存数据到文件，则弹出删除成功的【提示】对话框，然后调用 refresh_data()方法，重新刷新表格中的数据。这样，删除人口信息功能就得以实现。具体代码如下：

```
population_list=PopulationUtils.load_population()
if population_list:
    for i in population_list:
        #判断当前数据的身份证号是否和选中行的身份证号相等
        if str(i.id_card)==del_id_card:
            population_list.remove(i)  #从列表中删除该人口对象
            #将删除后的数据保存到文件中
            success=PopulationUtils.save_population(population_list)
            if success:
                messagebox.showinfo('提示','删除数据成功！')
                #调用刷新数据的方法 refresh_data()刷新数据
                self.refresh_data(evt)
          else:
                messagebox.showerror('提示','删除数据失败!')
else:
    messagebox.showerror('错误','加载数据失败，请检查加载文件中的数据!')
```

在【人口信息管理系统】窗口中，若仅单击【删除】按钮，系统将会提示用户未选中数据。当用户选中数据后再次单击【删除】按钮，系统则弹出【确认】对话框。用户确认后，该条数据将被删除。

7. 人口信息搜索

本部分实现人口信息搜索功能。

人口信息搜索是一个与人口管理相关的基础功能，它使用户能够根据输入的关键词查询人口信息。这个功能的目的是方便用户获取和了解人口信息。

要实现人口信息搜索功能，核心思想是对人口数据列表进行模糊查询。以身份证号查询为例，用户在【人口信息管理系统】窗口的【身份证号:】输入框中输入身份证号，然后单击【查询】按钮，系统将会在表格中显示包含所提供条件的人口信息。例如，如果用户在【身份证号:】输入框中输入“1101”，单击【查询】按钮后，系统将搜索出所有身份证号码中包含“1101”的相关人口信息，如图 4-68 所示。同样，如果用户输入“1985”，系统将搜索出所有身份证号码中包含“1985”的相关人口信息。如果用户不输入任何条件，系统将搜索并显示所有的人口信息。

人口信息管理系统

身份证号: 1101　查询

刷新　添加数据　修改　删除

姓名	身份证号	性别	年龄	民族	地区	受教育程度	职业	婚姻状况
谭小春	110101197603079000	男	47	汉族	北京	博士研究生	教师	已婚
张发	110101199001011000	男	32	蒙古族	北京	大学本科	工程师	已婚

图 4-68　输入身份证号搜索人口信息

人口信息搜索功能将帮助用户更轻松地找到所需的人口信息，提高了数据的可访问性和可使用性。

接下来，完成人口信息搜索功能。这个功能允许用户根据输入的关键词查询人口信息。若要实现人口信息搜索功能，需要编辑主界面文件 main_win.py，找到 find_ data() 方法，该方法是与【查询】按钮绑定的单击事件处理方法。在这个方法中，编写查询数据的代码，如图 4-69 所示。

```
PopulationManagerSystem
    add_win.py
    login_win.py
    main_win.py
    population.py
    population_data.xlsx

122
123     def find_data(self,evt):
124         print("<Button-1>事件未处理:",evt)
125
```

图 4-69　在 MainWin 类中编写【查询】按钮的单击事件处理代码

首先，使用 len()函数检查输入框中是否有输入内容。如果输入框不为空（长度不为零），则用户已经输入了查询条件。其次，使用 get()方法获取输入框中输入的内容。再次，清空表格中的数据，使用 delete()方法删除表格中的每一行数据。最后，调用工具类 PopulationUtils.load_population()方法获取人口数据列表。具体代码如下：

```
def find_data(self,evt):
    if len(self.tk_input_id_card.get()) != 0:     #检查是否输入了内容
        id_card=self.tk_input_id_card.get()       #获取输入框中输入的值
        #清空表格中的所有数据，以显示新数据
        for child in self.tk_table_list.get_children():
```

```
            self.tk_table_list.delete(child)  #逐行删除数据

        #通过工具类获取人口数据列表
        population_list=PopulationUtils.load_population()
```

如果人口数据列表不为空，使用 for 循环遍历列表中的数据，获取每条数据中的身份证号，并使用 find()方法检测每条数据的“身份证号”字符串中是否包含输入的条件。如果包含，则将该条数据插入到表格中显示。如果输入框中没有输入要查询的条件，直接调用 refresh_data()方法，刷新表格中的数据。这样，根据身份证号查询人口信息的功能就得以实现。具体代码如下：

```
    if population_list:  #判断列表是否为空，确保数据加载成功
        for i in population_list:    #遍历列表
        i.id_card=str(i.id_card)     #将身份证号类型转换成字符串
        #使用字符串模糊查询方法 find()，判断身份证号中是否包含输入值
        if i.id_card.find(id_card)!=-1:
            #将查询到的数据插入到表格中显示
            self.tk_table_list.insert('',END,values=(i.name,i.id_card,
i.gender,i.age,i.nation,i.area,i.education,i.job,i.marriage))
        else:
            messagebox.showerror('错误','加载数据失败，请检查加载文件中的数据!')
    else:
        self.refresh_data(evt)  #没有输入查询条件，调用刷新方法加载所有数据
```

人口信息搜索功能将允许用户更轻松地查找所需的人口信息，提高数据的可访问性和可使用性。

8. 项目总结

该项目的核心功能包括人口信息添加、人口信息修改、人口信息删除、人口信息搜索。用户可以轻松地在系统中执行这些操作，无需复杂的命令或数据处理。面向对象编程在整个项目中起到了关键的作用，能够更好地组织和管理代码，增强了代码的可维护性和可扩展性。

1）面向对象编程

在整个项目中，采用面向对象编程的方法，并创建多个类来代表不同的窗口和数据对象，如 MainWin 类、AddWin 类、Population 类等。每个类都具有特定的属性和方法，能够更好地组织和管理代码。在项目中，面向对象编程的重要性表现在以下几个方面。

（1）模块化设计：采用面向对象编程的原则，将整个项目分解为多个类，每个类都有特定的功能和职责。这种模块化设计使得项目更易于管理，可以单独开发和测试每个类，然后组合在一起形成完整的系统。

（2）代码复用：鼓励代码的复用，通过创建类和对象，可以在不同部分重复使用相同的代码块，避免了冗余的代码。在整个项目中，许多类的方法被多次使用，从而提高了代码的可维护性。

（3）可扩展性：使得项目更易于扩展。当需求变化时，可以创建新的类或修改现有类，而无需影响整个项目。这种灵活性有助于项目适应未来需求的变化。

（4）代码清晰性：通过面向对象编程，可以更清晰地组织代码，将数据和操作数据的方法封装在类中，使得代码更易于理解和维护，减少了错误和调试的难度。

（5）继承和多态：继承和多态特性允许创建通用的类和方法，然后通过派生类来扩展和自定义功能，使得代码更具灵活性和可重用性。

2）项目流程总结

（1）项目准备：在项目启动之前，首先明确项目的需求和功能。其次，确定项目的主要功能，包括人口信息添加、修改、删除、搜索。接下来，创建项目的文件结构，包括主界面、添加人口数据窗口、修改人口数据窗口等。此外，还创建了一个 Excel 文件，用于存储人口数据。

（2）主界面：主界面是项目的核心，它显示了人口数据的概览信息，包括姓名、身份证号、性别、年龄、民族、地区、受教育程度、职业和婚姻状况。在主界面中，使用 Tkinter 库创建一个表格来显示数据，并添加按钮来执行各种操作。此外，主界面还实现了刷新数据的功能，以确保数据的实时性。

（3）人口信息添加：在人口信息添加功能中，创建一个新的窗口，允许用户输入人口信息。用户需要填写姓名、身份证号、性别、年龄、民族、地区、受教育程度、职业和婚姻状况。使用 Tkinter 库创建相应的输入框和下拉框，以便用户输入数据。一旦用户输入数据，便可以单击【添加】按钮，将数据添加到 Excel 文件中。这个功能使用户能够轻松地将新的人口信息输入系统。

（4）人口信息修改：在人口信息修改功能中，创建一个新的窗口，允许用户选择要修改的人口信息。用户首先需要在【人口信息管理系统】窗口中选中要修改的行，然后单击【修改】按钮，选择行的数据将自动填充到【修改人口数据】窗口中，用户可以在窗口中进行修改。一旦修改完成，用户便可以单击【修改人口数据】窗口中的【修改】按钮，将更新后的数据写回 Excel 文件中。这个功能允许用户在需要时更新人口信息，确保数据的准确性和完整性。

（5）人口信息删除：在人口信息删除功能中，允许用户删除人口信息。用户首先需要在【人口信息管理系统】窗口中选中要删除的行，然后单击【删除】按钮。系统将弹出一个【确认】对话框，确保用户的操作是有意义的。一旦用户确认删除，系统将从 Excel 文件中删除选中的数据。这个功能确保了人口数据的有效性和合理性，同时提供了一种手段来维护数据的质量。

（6）人口信息搜索：在人口信息搜索功能中，用户可以根据关键词查询人口信息。用户需要在输入框中输入关键词，然后单击【查询】按钮。系统将清空表格数据，并根据查询条件显示符合条件的人口信息。这个功能使用户能够方便地查找特定的人口信息，提高了数据的可使用性。

3）技术和方法

在项目的开发过程中，使用了多种 Python 技术和方法。

（1）Tkinter 库：Tkinter 库是 Python 的标准 GUI 库，用于创建图形用户界面。

（2）pandas 库：pandas 库用于数据处理和分析、读写 Excel 文件中的人口数据。

（3）Excel 文件：Excel 文件用于存储人口数据，可使用 pandas 库来读取和写入

Excel 文件。

（4）GUI 设计：通过创建按钮、文本框、下拉框、表格等元素，设计用户友好的界面。

（5）数据校验：进行数据校验，以确保用户输入的数据是有效且完整的。

（6）列表操作：遍历、查找、删除等列表操作是项目的核心操作，用于维护数据的准确性。

（7）事件处理：使用事件处理方法来处理按钮的单击事件、表格的行选择事件等，实现项目的核心逻辑。

（8）用户提示对话框：项目中使用提示对话框，向用户提供信息和确认，提升用户体验。

总的来说，该项目不仅提供了一个基础的人口信息管理系统，还展示了 Python 和相关库在实际应用中的潜力。该项目可以作为学习 Python 编程和 GUI 设计的参考，帮助新手了解如何开发功能强大的应用程序。在未来，可以进一步扩展这个项目，添加更多的功能和特性，以适应不同领域的需求。此外，还可以改进用户界面、优化数据处理方法，以提供更好的用户体验。这个项目将是不断学习和提高编程技能的基础，同时也是满足实际需求的有用工具。

Lambda 表达式、函数的递归、多态性、静态方法、特殊方法

知识拓展

1. Lambda 表达式

当需要创建一个简单的函数，具有一个返回值且函数体只包含一条语句时，可以使用 Lambda 表达式来简化函数的定义。Lambda 表达式的语法非常简洁，它可以在一行代码内完成函数的定义，而且可以接收任意数量的参数，但只能返回一个表达式的值。

Lambda 表达式的基本语法格式如下：

```
lambda 参数列表:表达式
```

其中，参数列表表示函数的参数，可以为空或包含一个或多个参数，而表达式则定义了函数的操作。Lambda 表达式常用于一些简单的操作，它的语法清晰明了。

【例 4-14】Lambda 表达式。

```
#使用常规函数
def fn1():
    return 200

print(fn1)          #输出函数对象，输出的是其内存地址
print(fn1())        #输出函数执行结果

#使用 Lambda 表达式
fn2=lambda:100

print(fn2)          #直接输出 Lambda 表达式，输出的是其内存地址
print(fn2())        #输出 Lambda 函数执行结果
```

输出结果：

```
<function fn1 at 0x02FEB928>
200
<function <lambda> at 0x02FEB970>
100
```

代码解析：

比较常规函数 fn1 和 Lambda 表达式 fn2。fn1 是一个常规函数，返回 200，而 fn2 则是一个 Lambda 函数，返回 100。Lambda 函数特别适用于需求简单、代码紧凑的场景。

需要注意的是，直接输出 Lambda 表达式时，会输出 Lambda 函数的内存地址。另外，Lambda 函数可以接收不同形式的参数。例如，可以通过以下示例来展示 Lambda 函数接收多个参数。

【例 4-15】Lambda 表达式接收不同的参数。

```
#常规函数
def add(a,b):
    return a+b

result=add(1,2)
print(result)

#使用 Lambda 表达式
print((lambda a,b:a+b)(1,2))
```

输出结果：

```
3
3
```

Lambda 函数的强大之处在于它的简洁性，它可以在一行代码内定义函数，非常适合处理简单的任务或需要临时函数的情况。同时，Lambda 函数提供了更多的灵活性和表达能力，用于满足不同的需求。

2. 函数的递归

讨论函数时，除了函数的基本定义、参数和返回值外，还有一个重要的概念：函数的递归。递归是指函数可以直接或间接地调用自身的特性，是一种常见的编程技巧，用于解决需要反复分解问题的情况。以下将介绍函数递归的基本概念，阐明递归的应用场景，解释递归的基本原理，并提供一些示例以帮助理解。

1）递归的基本概念

函数的递归是指在函数的定义中，函数可以通过直接或间接调用自身来解决问题。递归函数通常包括两部分：递归终止条件和递归调用。递归终止条件是一个判断，用于确定何时不再继续递归，以避免无限循环。递归调用是函数调用自身的过程，通常伴随着问题规模的缩小，直至达到终止条件。

2）递归的应用场景

递归通常应用于需要将复杂问题分解成更小的相似问题的情况。常见的应用场景包括计算阶乘、生成斐波那契序列、遍历树形结构等。递归的优点在于它能够使问题的解决更加清晰和简洁，减少了重复的代码。

3）递归的基本原理

递归终止条件：每个递归函数都需要有一个递归终止条件，用于判断递归是否应该结束。当满足终止条件时，递归不再进行，从而避免无限循环。

递归调用：递归函数会调用自身，通常是通过传入不同的参数，以缩小问题的规模。这使得递归函数能够反复处理相似的子问题，直至达到终止条件。

以下是一些常见的递归函数应用示例。

（1）计算阶乘。

阶乘是一个自然数的乘积，通常表示为 n!，其中 n 是非负整数。

【例 4-16】定义计算 n!的递归函数。

```
def factorial(n):
    if n==0:
        return 1   #递归终止条件
    else:
        return n*factorial(n-1)   #递归调用
```

（2）生成斐波那契序列。

斐波那契序列是一个数列，其中每个数字是前两个数字之和。

【例 4-17】定义递归函数生成斐波那契序列。

```
def fibonacci(n):
    if n<=1:
        return n   #递归终止条件
    else:
        return fibonacci(n-1)+fibonacci(n-2)   #递归调用
```

通过以上这些应用示例，可以更好地理解递归的基本原理和应用场景。递归是一种强大的工具，可以帮助解决许多复杂问题，但需要谨慎设计递归函数，确保有明确定义的终止条件，以避免潜在的无限递归。同时，适当的递归可以使代码更加简洁和易读，是函数编程的重要概念之一，也是解决许多问题的有力工具，对于学习编程和算法有着重要的意义。

3. 多态性

多态性（polymorphism）是面向对象编程中的一个重要概念，它允许不同类的对象对同一消息做出响应，并表现出不同的行为。多态性提供了一种抽象的、灵活的方法来处理对象，可以编写通用的代码，适用于各种不同类型的对象，而无须关心具体对象的类型。

多态性的应用场景包括但不限于以下情况。

（1）方法的参数和返回值：多态性允许不同子类的对象作为方法的参数或返回值，以实现统一的接口。

（2）方法重载：同一方法可以有多个不同的实现，根据参数的不同类型或数量，调用相应的实现。

（3）接口和抽象类：多态性常用于接口和抽象类中，使得不同的子类可以实现相同的接口或抽象方法。

（4）运算符重载：不同的类可以重载运算符，以实现相同的操作，如加法、减法、乘法等。

【例 4-18】多态性的应用。

```
class Animal:
    def speak(self):
        pass

class Dog(Animal):
    def speak(self):
        return "Woof!"

class Cat(Animal):
    def speak(self):
        return "Meow!"

def animal_sound(animal):
    return animal.speak()

dog=Dog()
cat=Cat()

print(animal_sound(dog))  #输出 "Woof!"
print(animal_sound(cat))  #输出 "Meow!"
```

输出结果：

```
Woof!
Meow!
```

代码解析：

Animal 是父类，它有一个 speak()方法，但没有具体实现。Dog 和 Cat 是继承自 Animal 的子类，它们分别重写了 speak()方法，以返回不同的声音。通过多态性，可以调用 animal_sound()方法，传入不同的动物对象，它们会根据自己的类型返回不同的声音，而无需修改 animal_sound()方法的代码。这展示了多态性的强大之处，允许编写通用的函数和类，以处理各种不同类型的对象。

4. 静态方法

当讨论类和对象的特性时，静态方法是一个重要的概念。静态方法是定义在类中的方法，它与类和实例无关。也就是说，静态方法不会访问类的属性或实例的属性。静态方法通常用于将一些与类相关的函数放在类中，以便更好地组织代码。静态方法可以通过装饰器@staticmethod 来定义。

静态方法的主要特点包括以下几个方面。

（1）与类和实例无关：静态方法与类和实例无关，不会访问或修改类变量或实例变量。

（2）属于类：静态方法属于类本身，而不属于特定实例。

（3）通过类或实例调用：静态方法可以通过类名或实例来调用，与普通函数类似。

静态方法通常应用于以下情况。

（1）辅助函数：定义类内部的辅助函数或工具函数，这些函数与类相关但不依赖于实例变量。

（2）更好地组织代码：将与类相关的函数放在类中，以更好地组织代码和命名空间。

【例 4-19】静态方法的使用。

```
class MathUtils:
    @staticmethod
    def add(x,y):
        return x+y
    @staticmethod
    def subtract(x,y):
        return x-y
#调用静态方法
result1=MathUtils.add(5,3)
result2=MathUtils.subtract(10,4)
print(result1)  #输出:8
print(result2)  #输出:6
```

输出结果：

```
8
6
```

代码解析：

本例定义了一个名为 MathUtils 的类，其中包含了两个静态方法 add()和 subtract()。这些方法可以通过类名 MathUtils 来调用，而不需要创建类的实例。静态方法允许在类中组织相关的函数，提高代码的可读性和可维护性。

5. 特殊方法

特殊方法，也称为魔法方法，是 Python 中的一组预定义方法。它们以双下划线（__）开头和结尾，例如__init__和__str__。这些方法通常用于控制类的初始化、对象创建、字符串表示、属性访问、迭代和比较等行为。特殊方法使得用户定义的类可以模拟内置对象的行为，使代码更具表现力和一致性。

特殊方法可以应用于以下几个方面。

（1）对象初始化：__init__用于对象的初始化，允许为对象的属性设置初始值。

（2）字符串表示：__str__和__repr__用于定义对象的字符串表示，可以通过 str()函数和 repr()函数获取对象的字符串表示。

（3）属性访问：__getattr__和__setattr__用于控制属性的访问和赋值。

（4）容器类：__len__、__getitem__和__setitem__用于创建自定义容器类，如列表和字典。

（5）比较操作：__eq__、__ne__、__lt__、__le__、__gt__和__ge__用于自定义对象之间的比较操作。

【例 4-20】特殊方法的使用。

```
class Book:
    def __init__(self,title,author,pages):
        self.title=title
        self.author=author
        self.pages=pages

    def __str__(self):
        return f"{self.title} by {self.author}"

    def __len__(self):
        return self.pages

    def __eq__(self,other):
        if isinstance(other,Book):
            return(self.title,self.author)==(other.title, other.author)
        return False

#创建两本书
book1=Book("Python Programming","John Smith",300)
book2=Book("Python Programming","John Smith",350)

#使用特殊方法
print(book1)                #调用__str__
print(len(book1))           #调用__len__
print(book1==book2)         #调用__eq__
```

输出结果：

```
Python Programming by John Smith
300
True
```

代码解析：

Book 类定义了__str__()、__len__()、__eq__()等特殊方法，以控制字符串表示、长度和相等性的行为。

特殊方法使类更加灵活，能够与内置函数和操作符进行交互，提高了代码的可读性和可维护性。根据需要选择实现适当的特殊方法，以使自定义类与 Python 的各种功能无缝协作。

技能训练

1. 选择题

（1）在 Python 中，以下关键字中用于定义一个类的是（　　）。

A. def　　B. class　　C. object　　D. self

（2）在 Python 中，以下关键字中用于定义一个函数的是（　　）。

A. def　　B. function　　C. fun　　D. define

（3）如果想在子类中使用父类的方法，应该使用的关键字是（　　）。

A. super　　B. child　　C. parent　　D. extend

（4）在 Python 中，异常处理的目的是（　　）。

A. 避免编写错误的代码　　B. 强制终止程序

C. 处理程序中的错误情况　　D. 使程序更复杂

（5）以下属于 Python 内置的异常类型的是（　　）。

A. Exception　　B. Error　　C. Fault　　D. Issue

（6）在 Python 中，函数是（　　）。

A. 类的实例　　B. 对象的属性

C. 一组有序的语句　　D. 类的属性

（7）在 Python 中，以下属于正确的类定义方式的是（　　）。

A. class MyClass:　　B. MyClass=class()

C. def MyClass():　　D. new Class MyClass

（8）在 Python 中，以下语句中用于捕获异常的是（　　）。

A. attempt　　B. catch　　C. except　　D. catchException

（9）继承允许子类继承父类的（　　）。

A. 数据　　B. 方法　　C. 属性　　D. 所有上述

（10）在 Python 中，创建一个对象的方法是（　　）。

A. obj=Object()　　B. obj=new Object()

C. obj=create Object()　　D. obj=Object.create()

2. 判断题

（1）在 Python 中，函数是不可重用的。（　　）

（2）类是面向对象编程中的核心概念，它用于封装数据和方法。（　　）

（3）子类可以继承父类的属性和方法。（　　）

（4）异常处理在 Python 中用于处理程序运行时的错误。（　　）

（5）在 Python 中，try 语句块后必须紧跟 except 语句块来捕获异常。（　　）

（6）Python 中的对象是不可变的，一旦创建就无法更改。（　　）

（7）所有 Python 函数都必须显式指定返回类型。（　　）

（8）在 Python 中，子类可以覆盖父类的方法，以改变其行为。（　　）

（9）异常处理是 Python 中处理错误的唯一方式。（　　）

（10）在 Python 中，类可以继承多个父类。（　　）

3. 填空题

（1）在面向对象编程中，对象是类的一个具体实例，而类是对象的__________。

（2）子类继承了父类的__________和__________。

（3）在 Python 中，try 语句块用于包含可能引发异常的__________。

（4）子类可以通过__________方法来调用父类的同名方法。

（5）类中的__________方法用于初始化对象的属性。

（6）当 Python 程序中出现异常时，可以使用__________语句块来捕获和处理异常。

（7）在 Python 中，类中的函数称为__________。

（8）在类的方法中，第一个参数通常是__________，它指向对象本身。

（9）在 Python 中，通过__________可以创建一个类的新对象。

（10）在 Python 中，父类的__________可以在子类中被重写。

4. 实操题

（1）编写一个程序，定义以下 3 个函数。

get_sum(a,b,c)：计算 3 个数的和。

get_max(a,b,c)：计算 3 个数的最大值。

get_avg(a,b,c)：计算 3 个数的平均值。

从键盘输入 3 个数，通过上述定义的函数，计算并输出这 3 个数的和、最大值和平均值。示例如下：

输入：

请输入第一个数：12

请输入第二个数：8

请输入第三个数：16

输出：

这三个数的和是：36

这三个数的最大值是：16

这三个数的平均值是：12.0

（2）编写一个 Python 函数 divide(a, b)，它接受两个参数 a 和 b，并返回它们的商。在函数内部，使用异常处理来捕获除零错误，并返回“除数不能为零”。测试这个函数并确保它在输入 10 和 2 时返回 5，并在输入 5 和 0 时返回“除数不能为零”。

（3）创建一个 Person 类，包含一个初始化方法__init__()。该方法接受参数 name 和 age，并将它们分配为对象属性。然后创建一个 Student 类，继承自 Person 类，并添加一个属性 student_id。最后，实例化一个 Student 对象并输出其 name、age 和 student_id 属性。

（4）创建一个 Animal 类，包含一个初始化方法__init__()。该方法接受参数 name 和 sound，并将它们分配为对象属性。然后创建两个子类 Dog 和 Cat，它们都继承自 Animal 类。每个子类应该包含一个方法 make_sound()，该方法返回动物的声音。创建一个 Dog 实例和一个 Cat 实例，并调用它们的 make_sound()方法，然后输出结果。

（5）创建简单的银行账户管理功能，涉及一个类：BankAccount。

要求：

BankAccount 类应包含 account_number（账号）、owner_name（账户持有者姓名）、balance（账户余额，默认为 100）等属性及以下方法：

deposit(amount)：存款——增加账户余额。

withdraw(amount)：取款——如果账户余额足够，则减少相应余额，否则给出对应提示。

get_balance()：返回当前账户余额。

创建一个银行账户实例，完成存款、取款、获取余额等操作。

项目 5
人口数据爬取

项目 5 相关资源

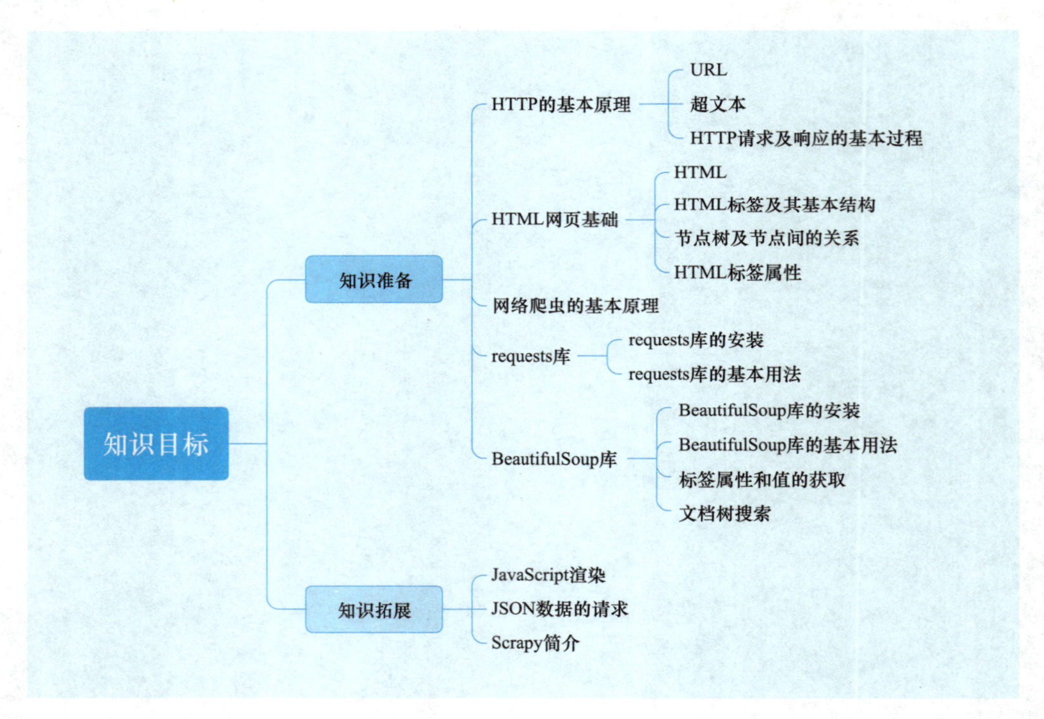

能力目标

熟练应用 requests 库及 BeautifulSoup 库编写原生爬虫程序，对目标网页进行数据爬取、存储及分析。

素养目标

以 Python 语言程序设计为基础，选取人口普查数据分析的项目作为切入点，旨在通过对实际项目的研究与实践，让学生深入了解我国目前所面临的一系列重要问题。例如，在战略性人口方面，人口老龄化趋势加剧、劳动力结构变化等问题日益凸显；高等教育普及程度的不均衡及其对社会经济发展的影响不容忽视；同时，人口普查数据采集过程中的准确性和高效性挑战，以及数据安全保障等问题也至关重要。通过对这些问题的探究，引导学生树立正确的认识论和知行统一观，培养学生的科学精神和人类命运共同体价值观念，弘扬爱国主义精神。

项目背景

“数据”是当前出现频率最高的一个词，如农业数据、经济数据、环境数据、医疗数据、交通数据、能源数据、科研数据、教育数据、金融数据、人口数据等。数据可以指导决策、发掘商机、推动创新、提高效率，等等。但面对物联网中的各类海量数据，如何自动高效地获取其中有用的信息或数据是一个重要问题，而网络爬虫技术就是为解决这些问题而生的。

数据既可以成为人们解决问题的有力工具，也可能成为引发安全问题的潜在因素，比如：在数据的收集、存储和使用过程中，如果管理不善，就可能导致隐私泄露；在信息传播过程中，不当的数据利用可能引发舆情危机；而对于一些敏感数据，若防护不到位，极有可能造成机密信息泄露等严重后果。在人们的日常生活中，数据已然扮演起越来越重要的角色。然而，与此同时，数据泄露问题却呈现出日益严峻的态势。为保障数据安全，国家相继出台《中华人民共和国网络安全法》《中华人民共和国个人信息保护法》《中华人民共和国数据安全法》等法律法规，明确了对个人数据和重要数据的保护要求，规定了企业在数据处理和存储方面的责任与义务。保护国家秘密、维护国家安全是每个公民义不容辞的义务。鉴于此，高等院校应当着力培养学生的网络安全观、数据安全观及国家安全观，使他们在思想层面深刻认识到安全的重要性，并在行动中积极践行维护安全的责任。

通过本项目的学习，掌握如何使用第三方 Python 库，按照基本的网络爬虫流程，编写自己的爬虫程序，实现目标数据的爬取和本地保存。

项目引入

任务情景

在本项目中，学习和了解 requests 库及 BeautifulSoup 库的基本用法。然后，通过一个简单的实例，爬取国家统计局官方网站上所发布的《第七次全国人口普查公报（第五号）——人口年龄构成情况》中的数据。通过该实例，了解网络爬虫的工作原理，熟悉完成爬虫程序编写的大致流程和步骤，为后续在网络爬虫方面开展更加深入的实践和应用打下坚实的基础。

本项目使用的开发环境如下。

（1）操作系统：Windows 10。

（2）Python 版本：Python 3.10。

（3）开发工具：PyCharm Community Edition。

（4）Python 库：BeautifulSoup4 4.12.2、requests 2.31.0。

知识准备

HTTP 的基本原理

5.1 HTTP 的基本原理

HTTP（hypertext transfer protocol），即超文本传送协议，是用于在互联网上传输超媒体信息的网络协议。超文本数据包含文本、图像、音频、视频等多种形式的信息，并且这些信息通过链接相互关联。HTTP 是由万维网联盟（World Wide Web consortium，W3C）和因特网工程任务组（Internet engineering task force，IETF）共同合作制定的规范，目前广泛使用的是 HTTP 1.1 版本。

HTTPS 的全称为 hypertext transfer protocol secure，就是在 HTTP 的基础上加入 SSL 层，通过 SSL 层的加密通道来保证数据传输的安全性。HTTPS 简单讲就是 HTTP 的加密、安全版本。

5.1.1 URL

URL 的全称为 universal resource locator，即统一资源定位符。它是互联网上资源的位置和访问方法的一种简洁表示，是互联网上标准资源的地址，就是日常所说的网址或者网站链接地址。基本 URL 包含协议（protocol，常见的协议有 HTTP、FTP 等）、服务器名称（域名或 IP 地址）、端口（默认为 80）、路径、资源名称及参数。例如，https://www.stats.gov.cn/sj/zxfb/202312/t20231225_1945745.html 是国家统计局的一个网站链接，其中：访问协议 https 确定了数据传输的加密方式；互联网服务 WWW（World Wide Web）表示访问的是万维网资源；目标网站的域名 stats.gov.cn 指明了资源所在的位置；访问的路径/sj/zxfb/202312/就像是资源的“房间号”，告诉人们资源在网站中的具体位置；访问的资源 t20231225_1945745.html 则是人们最终要找的具体内容。这就是一个完整的 URL，通过这样的链接，人们就可以在浩瀚的互联网世界中准确地找到某个特定的资源。

5.1.2 超文本

超文本的英文名称为 hypertext，在浏览器中看到的网页就是由超文本解析而成的，网页源代码一般就是 HTML（hypertext markup language，超文本标记语言）代码。HTML 由一系列标签组成，每个标签都有其特定的功能。例如，p 标签用于指定显示段落，img

标签用于显示图片，a 标签用于绑定超链接等。浏览器解析这些标签，以普通用户能接受的形式呈现出来，也就是看到的网页。关于 HTML，本书随后会详细介绍。

例如，使用 Chrome 浏览器打开“第七次人口普查公报（第四号）”页面，在打开的页面空白处右击，选择【检查】菜单项，这样就能够打开浏览器的开发者工具。这时在 Elements 选项卡内就可以看到当前网页的 HTML 源代码，如图 5–1 所示。

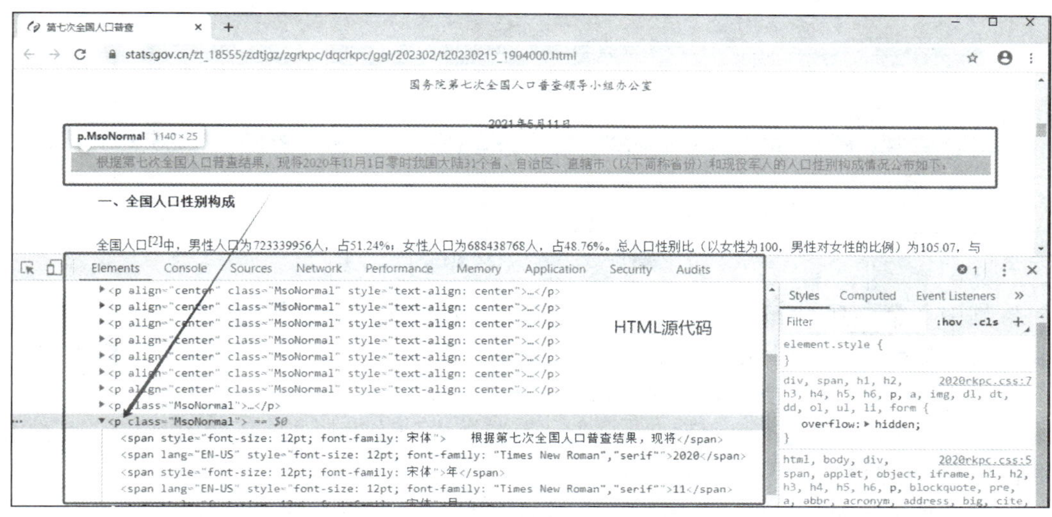

图 5–1　网页源代码

5.1.3　HTTP 请求及响应的基本过程

当用户在浏览器中输入一个 URL 地址并回车后，浏览器中便会呈现相应的网页内容。实际上，整个过程是浏览器向目标网站发起一个请求，目标网站接收到该请求后进行相应的处理和操作，并将对应的结果以超文本等方式传回浏览器，浏览器根据响应的内容进行解析，以网页的形式呈现给用户。HTTP 请求响应模型如图 5–2 所示。

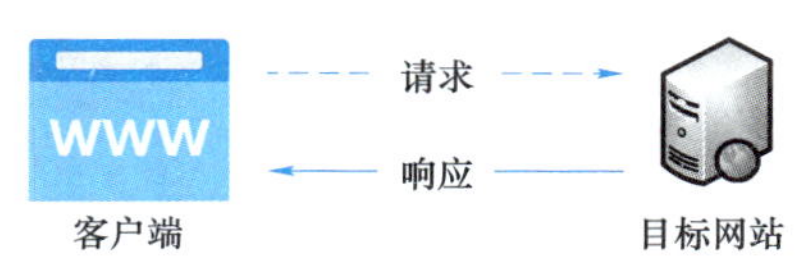

图 5–2　HTTP 请求响应模型

例如，打开 Chrome 浏览器后，右击页面空白处，选择【检查】菜单项，打开开发者工具；接着，在地址栏中输入 https://www.stats.gov.cn/后回车，通过浏览器开发者工具的 Network 选项卡来观察网络请求过程，可以发现，在 Network 选项卡内出现了一个个请求条目，其中每一个条目就代表一次发送请求和接收响应的过程，如图 5–3 所示。

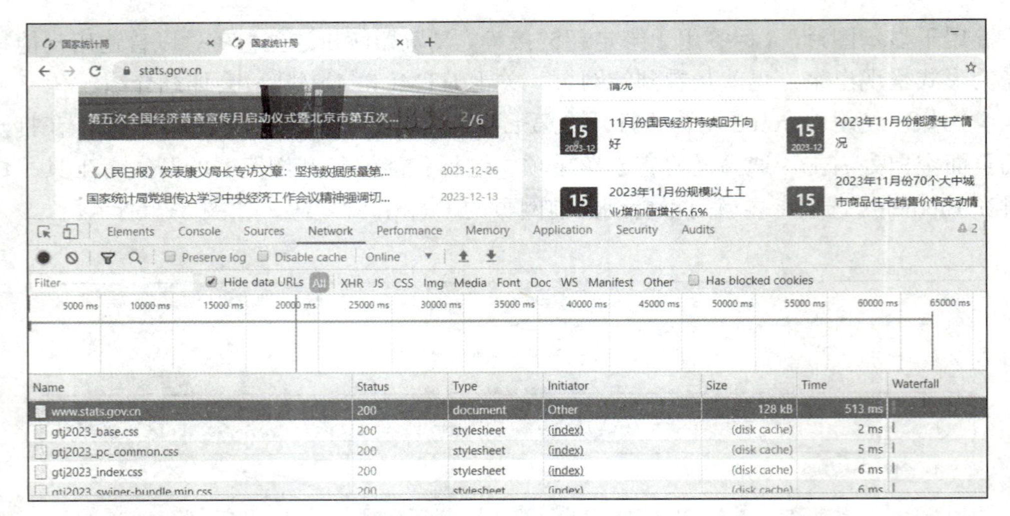

图 5-3　请求及响应过程

其中，第一列 Name 为请求资源的名称，它明确地告诉我们浏览器正在请求的是哪个具体资源；第二列 Status 为响应的状态码，这里 200 表示请求成功，响应正常；第三列 Type 为请求文档类型，这里 document 代表本次请求的目标是 HTML 文本，其内容就是 HTML 代码；第六列 Time 为从发起请求到接收到响应所用的时间，图 5-3 中的 Time 为 513 ms，它直观地反映了本次网络请求的响应速度。

继续单击该条目，可以查看到更为详细的请求响应信息，如图 5-4 所示。

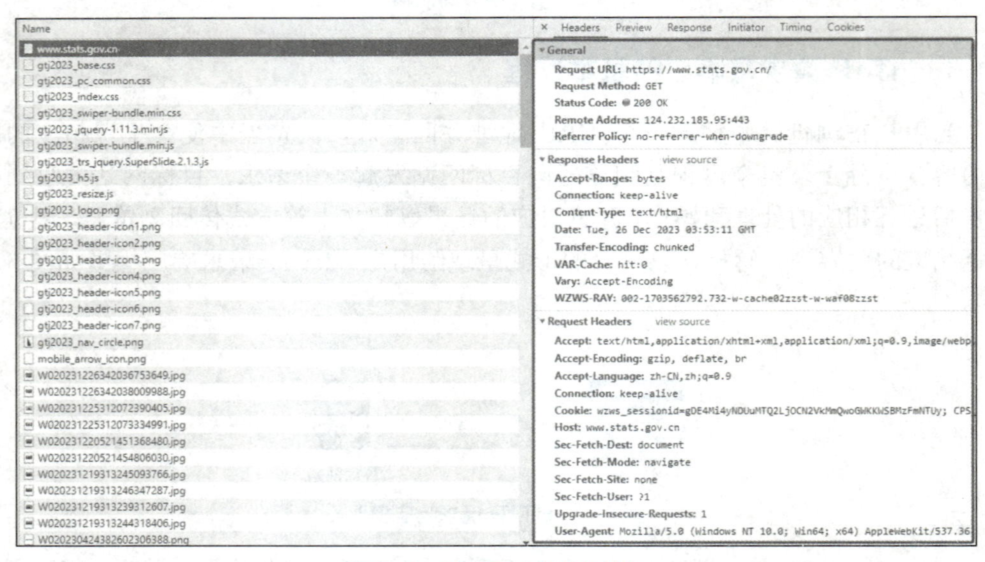

图 5-4　请求及响应详细信息

这里可以看到请求响应的 Headers 标签包括 3 个部分。

首先是 General 部分。Request URL 为本次请求的 URL 地址。Request Method 为请求的方法，本例为 GET（向服务端发起资源请求）方法。常见的请求方法还有 POST（向服务端发起提交数据请求）、PUT（向服务端发起修改数据请求）、DELETE（向服务端发起删除数据请求）。Status Code 为响应状态码。本例中的 200 代表服务器正常响应，本次请求成功。常见的响应状态码还有：404，代表请求的资源不存在；500，代表服务器内部发生不可预期的错误，导致无法完成客户端的请求。在编写爬虫代码时，可以根据响应状态码来判断服务器响应状态，如状态码为 200，则表示服务端成功返回数据，可以进一步处理数据，否则提示用户请求数据异常。

其次是 Response Headers 部分。Response Headers 为 HTTP 协议的响应头，包含了服务端对请求的应答信息。其中，Content-Type 尤为重要，它明确了文档类型，代表返回的数据类型。本例为 text/html，即 HTML 文本。常见的 Content-Type 值有多种含义，其中：application/x-javascript 代表返回的是 JavaScript 文件；image/jpeg 代表返回的是 jpg 格式的图片；application/json 代表返回的是 JSON 格式的数据。此外，Date 标识响应产生的时间。浏览器在接收到响应后，将响应内容解析，以网页的方式呈现给用户。

最后是 Request Headers 部分。Request Headers 为 HTTP 协议的请求头。请求头内包含详细的请求信息，如浏览器标识（User-Agent）、Cookie、Host 等信息，这是请求的一部分，服务器会根据请求头内的信息判断请求是否合法，并做出对应的响应。

5.2　HTML 网页基础

HTML 网页基础

与 HTTP 不同的是，HTML 是一种基础技术，通常与 JavaScript 和 CSS（cascading style sheets，层叠样式表）共同协作，为用户提供界面友好的网页。其中，HTML 主要用于定义网页的结构，对网页元素进行整理和分类；CSS 专注于设置网页元素的版式、颜色、大小等外观样式；而 JavaScript 能够对网页中的元素进行操作，从而实现页面的动态交互效果。

5.2.1　HTML

HTML 不是一种编程语言，而是一种标记语言（markup language），是通过一套标记标签（markup tag）来对文档结构和内容进行描述的规范与标准。HTML 不需要编译，而是直接由浏览器解释和显示。

【例 5-1】简单的 HTML 代码。

```
<!DOCTYPE html>
<html>
    <head>
        <meta charset="utf-8">
        <title>HTML 基础</title>
    </head>
    <body>
        <div id="container">
            <div class="wrapper">
                <h1>我的第一个标题</h1>
```

```
            <p>我的第一个段落。</p>
        </div>
    </div>
  </body>
</html>
```

代码解析：

<!DOCTYPE html>声明为 HTML5 文档；<html>元素是 HTML 页面的根元素；<head>元素包含了文档的元（meta）数据，如<meta charset="utf-8">定义网页编码格式为 utf-8；<title>元素描述了文档的标题；<body>元素包含了可见的页面内容；<div>元素定义 HTML 文档中的一个分隔区块或者一个区域部分，常用于组合块级元素，以便通过 CSS 来对这些元素指定样式。本例中，两个 div 标签分别指定了 id 和 class 属性，并给属性赋值；<h1> 元素定义一个大标题；<p> 元素定义一个段落。

5.2.2 HTML 标签及其基本结构

HTML 标签是由尖括号包围的关键词，如<html>。HTML 标签通常是成对出现的，如<b>和</b>，标签对中的第一个标签是开始标签，第二个标签是结束标签，开始标签和结束标签也被称为开放标签和闭合标签。

浏览器并非直接显示 HTML 标签，而是依据标签来确定如何向用户呈现 HTML 页面的内容。需特别注意的是，仅有<body>标签中的标签及内容会在浏览器的浏览区域予以显示，而<head>标签的内容不会在浏览区域呈现，如图 5-5 所示。

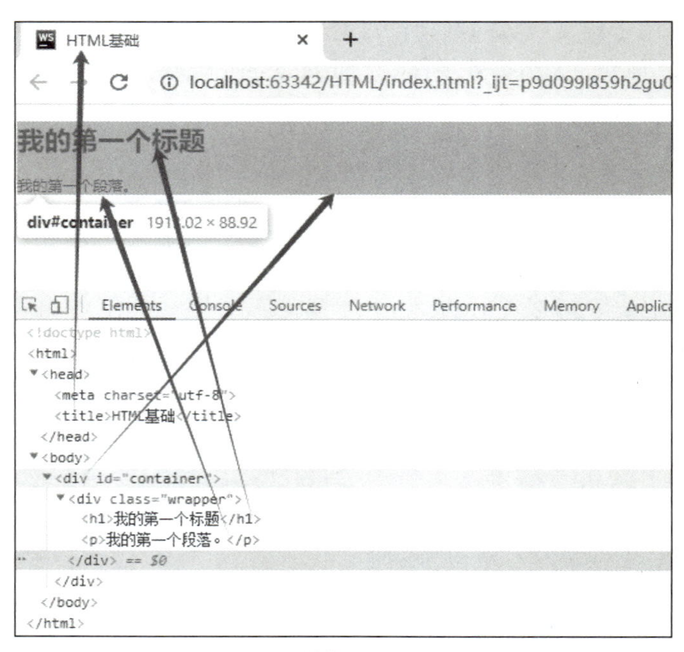

图 5-5　浏览器显示 HTML

这个实例便是网页的一般结构。一个网页的标准结构形式是<html>标签内嵌套<head>标签和<body>标签，head 内定义网页的配置和引用，body 内定义网页的正文。

常见的 HTML 标签如表 5-1 所示。

表 5-1　常见的 HTML 标签

标　签	说　明
<p></p>	段落标签
<h1></h1> ⋮ <h6></h6>	各级标题标签
<a></a>	链接标签
<img />	图片标签
 	强制换行标签
<table></table>	表格标签
<tr></tr>	表格中行标记
<td></td>	表格中行内列标记（必须嵌套在<tr></tr>标签中）
<ul></ul>	无序列表标签
<ol></ol>	有序列表标签
<li></li>	定义有序列表（<ol>标签）和无序列表（<ul>标签）中的各个项目
<div></div>	分区显示标签，通常也称为层标记，一般多层并嵌套使用
…	……

5.2.3　节点树及节点间的关系

在 HTML 中，所有标签定义的内容都是节点，它们构成了一个 HTML DOM（document object model，文档对象模型）树。DOM 是 W3C（万维网联盟）制定的标准。它定义了访问 HTML 文本和 XML 文本的标准，其中 HTML DOM 就是针对 HTML 文本的标准模型。

根据 W3C 的 HTML DOM 标准，HTML 文本中的所有内容都是节点，整个文档是一个文档节点。每个 HTML 元素都是元素节点，HTML 元素内的文本是文本节点。每个 HTML 属性都是属性节点。HTML DOM 将 HTML 文本视作树结构，这种结构被称为节点树，如图 5-6 所示。

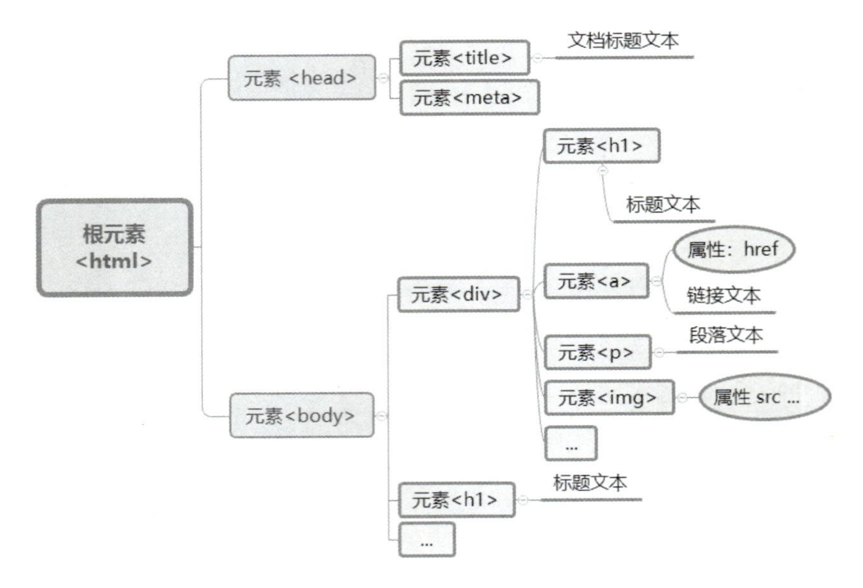

图 5-6　HTML 文本结构示意图

节点树中的各节点具有层级关系。根元素也称为根节点。除了根节点之外，每个节点都有父节点，同时可以拥有任意数量的孩子节点或兄弟节点。如图 5-6 所示，<html>为根节点，<head>和<body>为<html>的孩子节点且互为兄弟节点，<div>和<h1>为<body>的孩子节点且互为兄弟节点。

5.2.4　HTML 标签属性

HTML 通过不同的标签排列或嵌套，定义了网页的文档结构，同时 HTML 标签可以拥有属性，属性赋予了 HTML 元素更多的信息和特征，通过标签的属性可以利用 CSS 设置样式，还可以通过 JavaScript 操作或遍历 DOM 树。

属性总是以 key-value 键值对的形式出现。属性总是在 HTML 元素的开始标签中规定，例如下面的 HTML 代码：

```
<a href ="https://www.stats.gov.cn/">国家统计局</a>
```

<a>定义了链接标签，href 为<a>标签的链接属性，href 属性指定了超链接目标的 URL，属性值为“https://www.stats.gov.cn/”。<a>标签的内容为“国家统计局”，即页面显示的可单击链接内容。

常用的 HTML 标签属性如表 5-2 所示。其中，id 属性和 class 属性主要用于标识和分类 HTML 元素。id 属性用于为 HTML 元素指定一个唯一的标识符。每个 HTML 文本中的元素 id 必须是唯一的，不能重复。可以通过 id 属性来选择和操作特定的元素。class 属性用于为 HTML 元素指定一个或多个类名。类名可以被多个元素共享，同一个 HTML 文本中的多个元素可以具有相同的类名。通过 class 属性，可以将多个元素进行分组，并为它们应用相同的样式。

表 5-2 常见的 HTML 标签属性

属 性	描 述
class	用于为元素指定一个或多个类名，以便通过 CSS 进行样式化
id	用于为元素指定唯一的标识符，以便通过 JavaScript 进行操作
style	用于为元素指定内联样式，以便控制元素的外观和布局
src	用于指定元素的源文件或 URL，例如图像、视频和脚本文件
href	用于指定链接的目标 URL，例如超链接的链接地址
alt	用于指定元素的替代文本，以便在图像无法加载或屏幕阅读器用户使用时使用
width 和 height	用于指定元素的宽度和高度
name	用于为元素指定一个名称，以便在表单提交时识别不同的输入字段
value	用于指定元素的初始值，例如表单字段的值
…	……

5.3 网络爬虫的基本原理

网络爬虫的基本原理

简单来说，爬虫就是获取目标网页、解析网页、提取和保存目标数据的自动化程序。网络爬虫并不是一切皆可爬取，必须要遵循 Robots 协议（也称为爬虫协议、爬虫规则、机器人协议等），以确保合法合规地进行数据采集。爬虫的工作流程一般分为获取网页、解析网页、数据保存等步骤。

（1）获取网页。在网页中能够看到各种各样的信息。爬虫首先要做的就是获取目标网页，一般它对应的就是获取 HTML 代码。前面介绍过 HTTP 请求和响应的基本概念，通过向服务器发起一个请求，返回的响应体就是目标网页，所以爬虫的第一步就是构造一个请求发送到服务端，并接收服务端的响应结果。有很多第三方的 Python 库就提供了这个操作，如 urllib、requests 等，使用这些库提供的方法就能实现发起 HTTP 的请求和接收响应的操作。

（2）解析网页。在获取 HTTP 响应结果后，便获取了网页代码。接下来就是分析、解析网页，并从中提取想要的信息。由于网页具有 DOM 文档结构，网页中的各类标签还具有特定的属性及属性值。解析网页就是通过搜寻或遍历 HTML DOM 树中符合目标元素特征的元素标签，并获取标签内的信息，如属性、文本值等。目标元素特征包括标签名称、标签属性及标签属性值等。同样，有很多第三方的 Python 库可以实现匹配目标元素特征并提取信息，如 BeautifulSoup、pyquery、lxml 等。

（3）数据保存。提取到信息后，一般需要将提取到的数据持久化到本地，以便后续使用，保存数据的方式多种多样，例如文件存储、数据库存储、网络存储等。本章将使用 openpyxl 库实现将数据保存于 Excel 文件中。

5.4 requests 库

requests 库

5.4.1 requests 库的安装

requests 库属于第三方库，默认 Python 不会自带，需要手动安装。其安装方法有 pip 安装、wheel 安装、源码安装等。这里推荐 pip 安装方式。

无论是 Windows 系统、Linux 系统，还是 Mac 系统，都可以通过 pip 包管理工具来安装，安装过程比较简单，在命令行界面中运行以下命令，即可完成 requests 库的安装。

```
pip install requests
```

为验证 requests 库是否安装成功，可在命令行界面进行测试。若未出现错误提示，则表明 requests 库已成功安装。具体如下：

```
C:\Users\t490>python
>>> import requests
>>>
```

5.4.2 requests 库的基本用法

HTTP 中最常见的请求之一就是 GET 请求，利用 requests 库构建 GET 请求的方法为调用 requests 库的 GET 方法，并获取该方法的返回值即可。实例如下。

【例 5-2】requests 库的基本用法。

```
#导入 requests 库
import requests
#定义目标网站的 url 地址
url="https://www.stats.gov.cn/"
#设置 header 信息，模拟浏览器行为
header={'User-Agent':'Mozilla/5.0(Windows NT 10.0;Win64;x64)'
                    'AppleWebKit/537.36(KHTML,like Gecko)'
                    'Chrome/58.0.3029.110 Safari/537.3',
        'Accept-Language':'en-US,en;q=0.9'}
#调用 requests 库的 get()方法，传递 url 及 headers 等参数
#response 变量保存 get 请求得到的响应对象
response=requests.get(url,headers=header)
#自动地从服务器接口响应的内容中(响应体)得到内容编码的方式
response.encoding=response.apparent_encoding
#输出 HTTP 请求的响应码，200 表示请求响应成功
print(response.status_code)
#输出响应中的 HTML 代码
print(response.content)
```

例 5-2 通过 requests 库获取国家统计局网站首页的 HTML 代码，最后输出响应码

和 HTML 代码。设置 header 信息是为了让 HTTP 请求模拟成浏览器的行为，以便服务端正常响应。

例 5-2 的运行结果如图 5-7 所示。

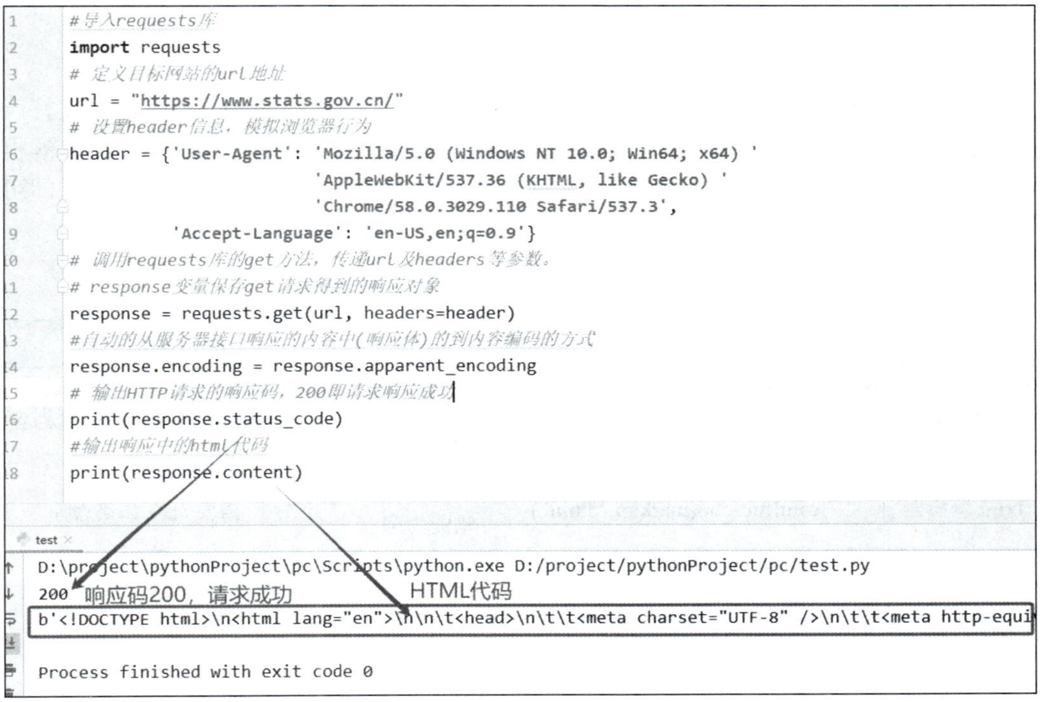

```
1  #导入requests库
2  import requests
3  # 定义目标网站的url地址
4  url = "https://www.stats.gov.cn/"
5  # 设置header信息，模拟浏览器行为
6  header = {'User-Agent': 'Mozilla/5.0 (Windows NT 10.0; Win64; x64) '
7                          'AppleWebKit/537.36 (KHTML, like Gecko) '
8                          'Chrome/58.0.3029.110 Safari/537.3',
9            'Accept-Language': 'en-US,en;q=0.9'}
10 # 调用requests库的get方法，传递url及headers等参数。
11 # response变量保存get请求得到的响应对象
12 response = requests.get(url, headers=header)
13 #自动的从服务器接口响应的内容中(响应体)的到内容编码的方式
14 response.encoding = response.apparent_encoding
15 # 输出HTTP请求的响应码，200即请求响应成功
16 print(response.status_code)
17 #输出响应中的html代码
18 print(response.content)

test
D:\project\pythonProject\pc\Scripts\python.exe D:/project/pythonProject/pc/test.py
200
b'<!DOCTYPE html>\n<html lang="en">\n\n\t<head>\n\t\t<meta charset="UTF-8" />\n\t\t<meta http-equi

Process finished with exit code 0
```

响应码200，请求成功

HTML代码

图 5-7　例 5-2 的运行结果

例 5-2 使用 get()方法即可完成对目标页面发起 GET 请求。除此之外，requests 库还提供了 post()、put()、delete()等方法，以便对目标页面发起 POST、PUT、DELETE 等请求。

5.5　BeautifulSoup 库

BeautifulSoup 库

BeautifulSoup 是一个可以从 HTML 或 XML 文件中提取数据的 Python 库。简单来说，它能够将 HTML 的标签文件解析成树形结构，然后方便地获取指定标签的对应属性。通过 BeautifulSoup 库，可以将指定的 class 值或 id 值作为参数来直接获取对应标签的相关数据。

5.5.1　BeautifulSoup 库的安装

BeautifulSoup 同样属于第三方库，默认 Python 不会自带，需要手动安装。其安装方法有 pip 安装、wheel 安装、源码安装等。这里推荐 pip 安装方式。安装过程比较简单，在命令行界面中运行以下命令，即可完成 BeautifulSoup 库的安装。

```
pip install BeautifulSoup4
```

为验证 BeautifulSoup 库是否安装成功，可在命令行界面进行测试。若未出现错误提示，则表明该库已成功安装。具体如下：

```
C:\Users\t490>python
>>>from bs4 import BeautifulSoup
>>>
```

BeautifulSoup 不仅支持 Python 标准库中的 HTML 解析器（html.parser），还支持一些第三方的解析器。如果不安装它，则 Python 会使用 Python 默认的解析器。lxml 解析器更加强大，速度更快。如需安装 lxml 解析器，直接使用命令“pip install lxml”即可安装。Python 标准库中的 HTML 解析器与 lxml 解析器的对比如表 5–3 所示。

表 5–3　HTML 解析器与 lxml 解析器的对比

解析器	使用方法	优　势	劣　势
HTML 解析器	BeautifulSoup(markup, “html.parser”)	执行速度适中；文档容错能力强	Python 2.7.3 或 Python 3.2.2 以前的版本，文档容错能力差
lxml 解析器	BeautifulSoup(markup, “lxml”)	速度快；文档容错能力强	需要安装 C 语言库

5.5.2　BeautifulSoup 库的基本用法

下面通过一个简单的实例来了解 BeautifulSoup 的基本用法。

【例 5–3】BeautifulSoup 对象的使用。

```
#导入 BeautifulSoup 库
from bs4 import BeautifulSoup
#创建 HTML 文本，保存到 html 变量
html="""
    <!DOCTYPE html>
    <html lang="en">
        <head>
            <meta charset="UTF-8">
            <title>BeautifulSoup 的基本用法</title>
        </head>
        <body>
            <p class="title"><b>《静夜思》</b></p>
            <p class="content">床前明月光，</p>
            <p class="content">疑是地上霜。</p>
            <p class="content">举头望明月，</p>
            <p class="content">低头思故乡。</p>
        </body>
</html>
```

```
"""
#创建 BeautifulSoup 对象
soup=BeautifulSoup(html,"html.parser")
#格式化输出 soup 对象的内容
print(soup.prettify())
```

在例 5-3 中，首先根据 HTML 文本，创建一个 BeautifulSoup 对象 soup，并调用 print()方法格式化输出 soup 对象的内容。

例 5-3 的运行结果如图 5-8 所示。

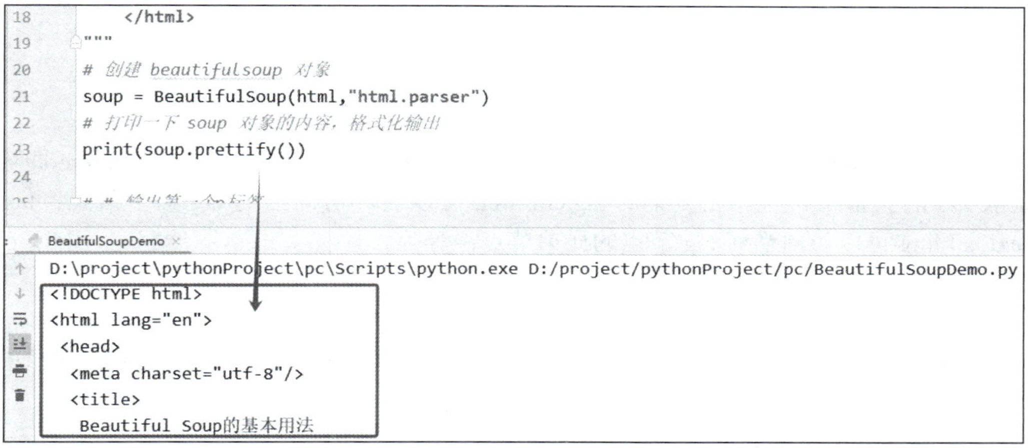

```
18        </html>
19    """
20    # 创建 beautifulsoup 对象
21    soup = BeautifulSoup(html,"html.parser")
22    # 打印一下 soup 对象的内容，格式化输出
23    print(soup.prettify())
24

BeautifulSoupDemo
D:\project\pythonProject\pc\Scripts\python.exe D:/project/pythonProject/pc/BeautifulSoupDemo.py
<!DOCTYPE html>
<html lang="en">
 <head>
  <meta charset="utf-8"/>
  <title>
   Beautiful Soup的基本用法
```

图 5-8　例 5-3 的运行结果

5.5.3　标签属性和值的获取

BeautifulSoup 库将复杂 HTML 文本转换成一个复杂的树形结构，每个节点又都是 BeautifulSoup 对象，而 HTML 中的每一个标签就是一个节点。根据以下示例了解如何利用 BeautifulSoup 库方便地获取标签，以及所获取标签的名称、属性及包含的内容。

【例 5-4】获取标签的属性和值。

```
#输出第一个 p 标签
print(soup.p)
#输出第一个 p 标签的名称 p
print(soup.p.name)
#输出第一个 p 标签包含的内容
print(soup.p.string)
#输出第一个 p 标签的父标签名称
print(soup.p.parent.name)
```

例 5-4 程序代码中的 p 标签就是 soup 对象中的一个子对象。例 5-4 直接输出第一个 p 标签，以及 p 标签的名称、内容与其父标签的名称。

例 5-4 的运行结果如图 5-9 所示。

```
25  # 输出第一个p标签
26  print(soup.p)
27  # 输出第一个p标签的名称p
28  print(soup.p.name)
29  # 输出第一个p标签包含的内容
30  print(soup.p.string)
31  # 输出第一个p标签的父标签名称
32  print(soup.p.parent.name)
```

```
BeautifulSoupDemo
D:\project\pythonProject\pc\Scripts\python.exe D:/project/pythonProj
<p class="title"><b>《静夜思》</b></p>
p
《静夜思》
body
```

图 5-9　例 5-4 的运行结果

通过 soup.tag 的方式可以直接获取 soup 的 tag 子节点。例 5-4 利用 tag.parent 即可获取 tag 的父节点。类似的还有：tag.children 可以循环访问当前 tag 的子节点；tag.next_sibling 可以访问当前 tag 节点的兄弟节点；等等。

5.5.4　文档树搜索

搜索文档树最常用的是 find_all()函数。该函数用于搜索当前 BeautifulSoup 对象的所有子节点。

【例 5-5】搜索 BeautifulSoup 对象的子节点。

```
for item_soup in soup.find_all("p"):
    print(item_soup.string)
```

例 5-5 通过调用 soup 对象的 find_all()函数，获取当前 soup 对象所有的 p 标签，并循环将 p 标签中的内容打印输出。

例 5-5 的运行结果如图 5-10 所示。

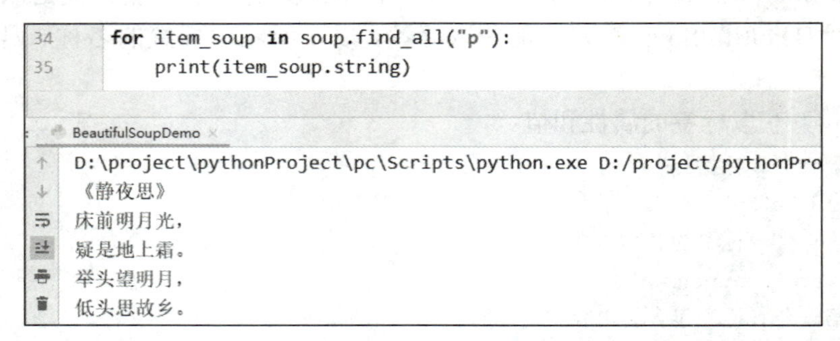

图 5-10　例 5-5 的运行结果

find_all()函数还可以指定 tag 的属性值并进一步精确匹配。

【例 5-6】find_all()函数的使用。

```
for item_soup in soup.find_all("p",{'class':'content'}):
        print(item_soup.string)
```

例 5-6 的运行结果如图 5-11 所示。

```
38    for item_soup in soup.find_all("p",{'class':'content'}):
39        print(item_soup.string)

      for item_soup in soup.find_all(...
n:  BeautifulSoupDemo ×
D:\project\pythonProject\pc\Scripts\python.exe D:/project/pythonPro
床前明月光，
疑是地上霜。
举头望明月，
低头思故乡。
```

图 5-11　例 5-6 的运行结果

例 5-6 中，通过给 find_all()函数传递指定 tag 的 class 属性值，精确匹配到 class 为'content'的子节点，而 class 为'title'的 p 标签则未匹配到。

除 find_all()函数之外，BeautifulSoup 库还提供了：find()函数，用于查找第一个 tag 对象；find_parents()函数和 find_parent()函数，用于搜索当前节点的父辈节点，搜索方法与普通 tag 的搜索方法相同；find_next_siblings()函数，用于返回所有符合条件的后面的兄弟节点；find_previous_siblings()函数，用于返回所有符合条件的前面的兄弟节点；等等。

任务实施

利用 requests、BeautifulSoup 等第三方 Python 库，爬取国家统计局官方网站提供的《第七次全国人口普查公报（第五号）——人口年龄构成情况》中的数据。

通过网络爬取目标网页的内容或数据，一般包括 4 个部分：获取网页、分析网页、解析网页、存储数据，如图 5-12 所示。

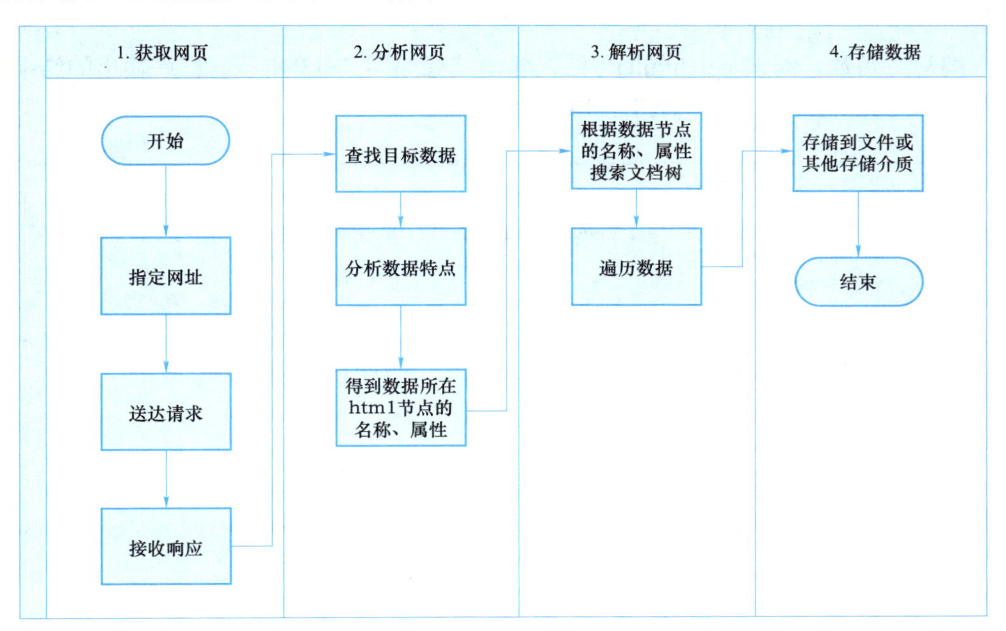

图 5-12　爬取网络数据的流程图

1. 获取网页

使用 requests 库，模拟浏览器向目标网站发起请求并获取响应数据。具体代码如下：

```
#获取 HTML 页面
import requests
from bs4 import BeautifulSoup
from openpyxl import Workbook

#定义函数，从目标 url 中获取 HTML 代码
def get_html(url):
    try:
        #设置 header 信息，模拟浏览器行为
        header={'User-Agent':'Mozilla/5.0(Windows NT 10.0;Win64;x64)'
                            'AppleWebKit/537.36(KHTML,like Gecko)'
                            'Chrome/58.0.3029.110 Safari/537.3',
                'Accept-Language':'en-US,en;q=0.9'}
        #获取网页信息
        response=requests.get(url,headers=header)
        #自动地从服务器接口响应的内容中(响应体)得到内容编码的方式
        response.encoding=response.apparent_encoding
        #查看 HTTP 响应码是否返回 200，不是则抛出异常
        response.raise_for_status()
        #返回 HTTP 响应的对象
        return response
    except:
        return "error"
```

编写主函数，测试 get_html()方法，输出结果如图 5-13 所示。程序输出的结果与浏览器中得到的结果一致，如图 5-14 所示。

```
if __name__ == '__main__':
    # 第七次全国人口普查公报（第五号） URL地址
    url = "https://www.stats.gov.cn/sj/tjgb/rkpcgb/qgrkpcgb/202302/t20230206_1902005.html"
    response = get_html(url)
    print(response.text)
```

```
D:\project\pythonProject\pc\Scripts\python.exe D:/project/pythonProject/pc/doMain.py
<!DOCTYPE html>
    <html lang="en">
        <head>
            <meta charset="UTF-8" />
            <meta http-equiv="X-UA-Compatible" content="IE=edge" />
            <meta name="viewport" content="width=device-width, initial-scale=1.0" />
            <title>第七次全国人口普查公报（第五号） - 国家统计局</title>
            <link href="../../../../../images/gtj2023_base.css" rel="stylesheet" />
            <link href="../../../../../images/gtj2023_pc_common.css" rel="stylesheet" />
```

图 5-13　获取目标网页并打印输出

图 5-14　在浏览器中显示目标网页与 HTML 代码

2. 分析网页

理解 HTML 文本结构，并通过网页内容，分析 HTML 文本结构及数据所在节点的特征，以便准确定位数据。

打开浏览器的开发者工具，输入目标网页地址，找到目标数据所在节点。通过分析得出，目标数据所在节点名称为<table>，table 标签的 class 属性值为“MsoNormal Table”，如图 5-15 所示。

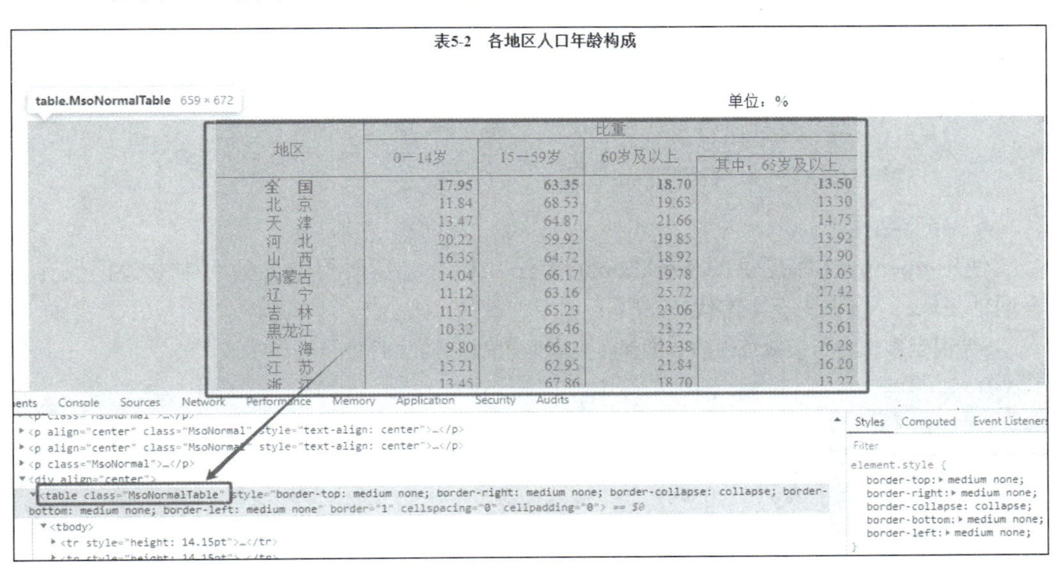

图 5-15　目标数据所在节点及其属性值

3. 解析网页

解析网页及存储数据

使用 BeautifulSoup 库提供的方法，根据数据所在节点的特征，抽取该节点的内容，并遍历其数据子项，然后用数组存储数据。具体代码如下：

```
#解析网页
#定义函数，根据数据所在节点的特征，抽取节点的内容，并遍历数据子项
#将数据保存到数组，本函数返回该数组
```

```
def get_data(html):
    lists=[] #定义数组（二维），用于保存结果数据
    if(html=="error"):
        return None
    #根据html的内容，构建BeautifulSoup对象
    soup=BeautifulSoup(html.content,"html.parser")
    #搜索文档树，搜索出所有class属性值为MsoNormalTable的table节点
    tables=soup.find_all('table',{'class':'MsoNormalTable'},limit=2)
    #遍历所有table节点（本例的页面有两个table为关于人口年龄构成的数据）
    for table in tables:
        #遍历表格中的每一行
        for tr in table.find_all("tr"):
            list=[] #定义一维数组，用于保存每行的数据
            #遍历行中的每一个单元格
            for td in tr.find_all("td"):
                #将每个单元格的数据保存到数组中
                list.append(td.text.strip())
                print(td.text.strip(),end='\t')
            print("\n")
            #将每行的数据保存到总数组
            lists.append(list)
        print("\n--------------\n")
        lists.append([])
    return lists  #返回结果数组
```

4. 存储数据

使用openpyxl库提供的workbook()方法，将上一步所得结果数组中的数据保存至本地的Excel文件中。具体代码如下：

```
#定义函数，将结果数组中的数据保存到本地的Excel文件中
def save_data(lists):
    if(lists is None or len(lists)==0):
        print("未获取到数据")
        return "Data save failed"
    else:
        workbook=Workbook()
        sheet=workbook.active
        for list in lists:
            sheet.append(list) #将数据写入Excle文件
        #保存Excel文件到本地
        workbook.save('D:\\c_demo\\pydemo\\population.xlsx')
        return "Data saved successfully"
```

编写主函数，调用get_html()方法获取HTML代码；调用get_data()方法解析并获取目标数据，保存于二维数组lists中；调用save_data()方法将数组中的数据保存到本

地 Excel 文件中，返回结果，最后输出数据保存结果。

爬虫程序的运行结果如图 5-16 所示，其所爬取的数据如图 5-17 所示。

```
65 ▶ if __name__ == '__main__':
66         # 第七次全国人口普查公报（第五号） URL地址
67         url = "https://www.stats.gov.cn/sj/tjgb/rkpcgb/qgrkpcgb/202302/t20230206_1902005.html"
68         response = get_html(url) #获取目标网页HTML
69         lists = get_data(response) #解析并获取目标数据，保存于二维数组lists中
70         result = save_data(lists)#将数组中的数据保存到本地excel，返回结果
71         print(result) #输出运行结果
     if __name__ == '__main__'
Unnamed
新 疆   22.46   66.26   11.28   7.76


--------------

Data saved successfully

Process finished with exit code 0
```

图 5-16　爬虫程序的运行结果

	A	B	C	D	E
1	年龄	人口数	比重		
2	总　计	1411778724	100.00		
3	0—14岁	253383938	17.95		
4	15—59岁	894376020	63.35		
5	60岁及以上	264018766	18.70		
6	其中：65岁及以	190635280	13.50		
7					
8	地区	比重			
9		0—14岁	15—59岁	60岁及以上	其中：65
10	全　国	17.95	63.35	18.70	13.50
11	北　京	11.84	68.53	19.63	13.30
12	天　津	13.47	64.87	21.66	14.75
13	河　北	20.22	59.92	19.85	13.92
14	山　西	16.35	64.72	18.92	12.90
15	内蒙古	14.04	66.17	19.78	13.05
16	辽　宁	11.12	63.16	25.72	17.42
17	吉　林	11.71	65.23	23.06	15.61
18	黑龙江	10.32	66.46	23.22	15.61
19	上　海	9.80	66.82	23.38	16.28
20	江　苏	15.21	62.95	21.84	16.20

图 5-17　爬取的数据

JavaScript 渲染及 JSON 数据的请求

1. JavaScript 渲染

前面介绍了利用 requests 库及 BeautifulSoup 库完成对目标网页数据的爬取，但存在一些缺点和问题。例如，当使用 requests 库爬取网页时，得到的结果可能和浏览器中看到的不一致——在浏览器中可以看到正常的数据，但是使用 requests 库得到的结果

中并没有，这是因为 requests 库获取的是 HTML 原始文档，原始页面最初不会包含某些数据，而是待页面加载完成后，会通过 JavaScript 再次向服务端请求某个接口的数据，数据处理完成之后，然后通过 JavaScript 操作 DOM 树渲染出来。

这是当前较为常见的问题。现在很多网站采用异步接口、模块化工具来构建，整个网页都是由 JavaScript 渲染出来的，原始 HTML 代码形同空壳。

【例 5–7】原始的 HTML 页面代码。

```
<!DOCTYPE html>
<html lang="en">
<head>
        <meta charset="UTF-8">
        <title>这是一个 JavaScript 渲染页面的 Demo</title>
</head>
<body>
<div id="container"/>
</body>
<script src="app.js"></script>
</html>
```

在例 5–7 中，body 节点内只有一个 id 为 container 的 div 节点，但是在 body 节点后载入了 app.js 这个 JavaScript 文件代码，这段代码就会再次向服务端某接口发起数据请求，并将数据处理后，通过操作 DOM 树将数据渲染到页面上。若单纯使用 requests 库请求该页面，则只能得到例 5–7 中的 HTML 代码，不会继续去加载和执行 app.js 代码，便无法获取目标数据。对于这样的情况，需要分析后台 Ajax 接口，也可以使用 Selenium、Splash 等第三方的 Python 库来模拟 JavaScript 的请求和渲染。

2. JSON 数据的请求

现在很多 URL 地址返回的不是 HTML 代码，而是 JSON 格式的数据，如图 5–18 所示。

http://127.0.0.1:8080/region/list

[{"id":4,"province":"云南","city":"大理","district":"下关","imgPath":""},
{"id":6,"province":"云南","city":"大理","district":"祥云","imgPath":null},
{"id":8,"province":"云南","city":"大理","district":"弥渡","imgPath":null},
{"id":9,"province":"云南","city":"大理","district":"云龙","imgPath":null},
{"id":10,"province":"云南","city":"大理","district":"剑川","imgPath":null},
{"id":12,"province":"云南","city":"大理","district":"宾川","imgPath":null},
{"id":13,"province":"云南","city":"大理","district":"洱源","imgPath":null}]

图 5–18　请求结果为 JSON 格式的数据

如果想要获取字典格式的 JSON 数据，直接调用 json()方法即可。具体代码如下：

```
C:\\Users\\t490>python
>>> import requests
>>> r=requests.get("http://127.0.0.1:8080/region/list")
>>> print(r.json())
```

```
    [{'id':4,'province':'云南','city':'大理','district':'下关','imgPath':''},
{'id':6,'province':'云南','city':'大理','district':'祥云','imgPath':None},
{'id':8,'province':'云南','city':'大理','district':'弥渡','imgPath':None},
{'id':9,'province':'云南','city':'大理','district':'云龙','imgPath':None},
{'id':10,'province':'云南','city':'大理','district':'剑川','imgPath':None},
{'id':12,'province':'云南','city':'大理','district':'宾川','imgPath':None},
{'id':13,'province':'云南','city':'大理','district':'洱源','imgPath':None}]
>>>
```

从以上的代码可以发现，调用 json()方法，就可以将 json 格式的返回结果转换为字典格式的数据。需要注意的是，如果返回结果不是 JSON 格式，调用 json()方法则会抛出 json.decoder. JSONDecodeError 异常。

3. Scrapy 简介

Scrapy 简介

前面介绍了爬虫的一般流程，实现过程中需要将不同的功能定义成不同的方法，或者封装成不同的模块，但仍然存在一些问题，例如代码复用性不强、适用性不广等。在项目实战过程中，往往会采用爬虫框架来实现数据抓取，这样就不必关心爬虫的全部流程、异常处理、任务调度、数据存储等，并且可以提升开发效率、节省开发时间。Scrapy 就是一个非常优秀的爬虫框架，也是目前 Python 中使用最为广泛的爬虫框架。

Scrapy 是一个基于 Twisted 的异步处理框架，是纯 Python 实现的爬虫框架。Scrapy 的架构清晰，模块之间的耦合程度低，可扩展性极强，可以灵活满足各种需求，只需要定制开发几个模块就可以轻松实现一个爬虫。

1）Scrapy 的架构

Scrapy 的架构如图 5-19 所示。

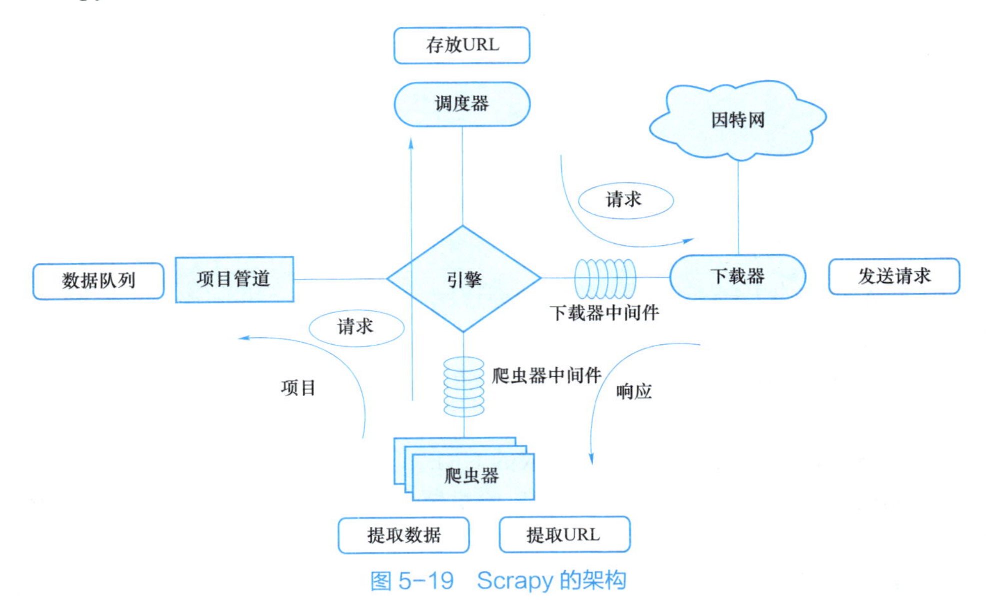

图 5-19　Scrapy 的架构

Scrapy 可以分为以下几个部分。

（1）引擎（engine）：处理整个系统的数据流，触发事务，是整个框架的核心。

（2）项目（item）：定义爬取结果的数据结构，爬取的数据会被赋值成该项目对象。

（3）调度器（scheduler）：接收引擎发过来的请求并将其加入队列中，在引擎再次请求时将请求提供给引擎。

（4）下载器（downloader）：下载网页内容，并将网页内容返回给爬虫器。

（5）爬虫器（spider）：其内定义了爬取的逻辑和网页的解析规则，主要负责解析响应并生成爬取结果和新的请求。

（6）项目管道（item pipeline）：负责处理由爬虫器从网页中爬取的项目，其主要任务是清洗、验证和存储数据。

（7）下载器中间件（downloader middleware）：位于引擎和下载器之间的钩子框架，主要处理引擎与下载器之间的请求及响应。

（8）爬虫器中间件（spider middleware）：位于引擎和爬虫器之间的钩子框架，主要处理爬虫器输入的响应和输出的结果，以及新的请求。

2）数据流

Scrapy 中的数据流由引擎控制。Scrapy 所有组件的工作流程如图 5-20 所示。

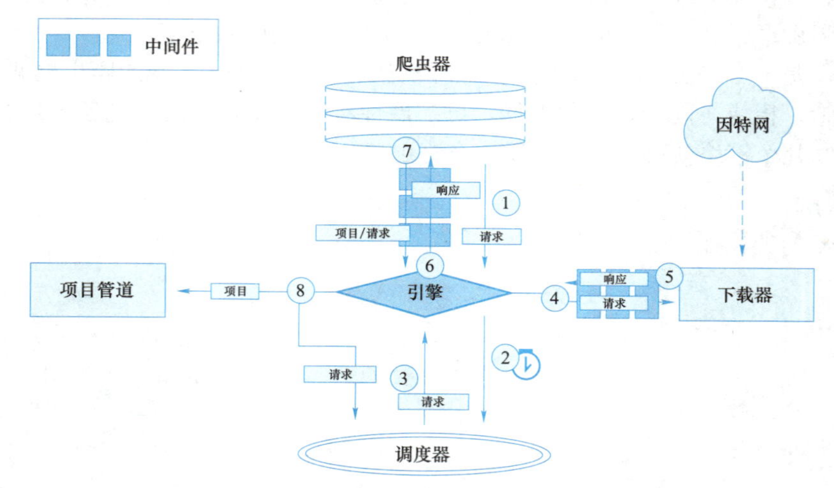

图 5-20　Scrapy 所有组件的工作流程

（1）引擎首先打开一个网站，找到处理该网站的爬虫器，并向该爬虫器请求第一个要爬取的 URL。

（2）引擎从爬虫器中获取第一个要爬取的 URL，并通过调度器以请求的形式调度。

（3）引擎向调度器请求下一个要爬取的 URL。

（4）调度器返回下一个要爬取的 URL 给引擎，引擎将 URL 通过下载器中间件转发给下载器下载。

（5）一旦页面下载完毕，下载器生成该页面的响应，并将其通过下载器中间件发送给引擎。

（6）引擎从下载器中接收到响应，并将其通过爬虫器中间件发送给爬虫器处理。

（7）爬虫器处理响应，并返回爬取到的项目及新的请求给引擎。

（8）引擎将爬虫器返回的项目给项目管道，将新的请求给调度器。

重复第（2）步至第（8）步，直到调度器中没有更多的请求，引擎关闭该网站，爬取结束。

通过多个组件的相互协作、不同组件完成不同的工作、组件对异步处理的支持，Scrapy 最大限度地利用了网络带宽，大大提高了数据爬取和处理的效率。

3）Scrapy 的安装

Scrapy 的安装方法比较简单，在命令行界面中运行以下命令，即可完成 Scrapy 库的安装。

```
pip install Scrapy
```

Scrapy 是用纯 Python 编写的，它依赖于一些关键的 Python 包（以及其他包），如 lxml、w3lib、twisted、cryptography 和 pyOpenSSL。安装 Scrapy 前，须确认依赖包安装完成。

4）Scrapy 项目的创建

Scrapy 是通过命令行来创建项目的，例如：

```
C:\Users\t490>D:
D:\>cd project
D:\project>scrapy startproject ScrapyDemo   #ScrapyDemo 为项目名称
```

以上代码通过命令“scrapy startproject ScrapyDemo”，在 D:\project\路径下创建了一个名为 ScrapyDemo 的 Scrapy 项目。

Scrapy 项目创建之后，项目的文件结构如下。

```
scrapy.cfg
project/
    __init__.py
    items.py
    pipelines.py
    settings.py
    middlewares.py
    spiders/
        __init__.py
        spider1.py
        spider2.py
          ...
```

各个文件的功能描述如下。

（1）scrapy.cfg：Scrapy 项目配置文件，其内定义了项目的配置文件路径、部署等相关信息。

（2）items.py：定义项目的数据结构，所有项目的定义都可以放在这里。

（3）pipelines.py：定义项目管道的实现，所有项目管道的实现都可以放在这里。

（4）settings.py：定义项目的全局配置。

（5）middlewares.py：定义爬虫器中间件和下载器中间件的实现。

（6）spiders：其内包含一个个爬虫器的实现，每个爬虫器都有一个文件。

本部分简单介绍了 Scrapy 的基本架构、数据流、安装及项目创建。如需详细了解 Scrapy 的用法，可参考官方帮助文档（https://docs.scrapy.org/en/latest/）。

技能训练

1. 选择题

（1）网络爬虫又称网络（　　）。

A. 猫　　B. 兔子　　C. 狗　　D. 蜘蛛

（2）网络爬虫的基本流程是（　　）。

A. 发送请求 → 获取相应内容 → 解析内容 → 保存数据

B. 发送请求 → 解析内容 → 获取相应内容 → 保存数据

C. 发送请求 → 获取相应内容 → 保存数据

D. 发送请求 → 解析 DNS → 获取相应内容 → 保存数据

（3）HTML 是（　　）。

A. 数据体　　B. 逻辑代码

C. 超文本标记语言　　D. 超文本传送协议

（4）下列选项中，（　　）是找不到网页的状态码。

A. 200　　B. 404　　C. 301　　D. 501

（5）下列选项中，（　　）是服务端返回数据成功的状态码。

A. 200　　B. 404　　C. 301　　D. 501

（6）以下选项中，（　　）不是 requests 库提供的方法。

A. get()　　B. push()　　C. post()　　D. head()

（7）requests 库的 get()方法是实现网络爬虫时最常用的方法，用于（　　）。

A. 捕捉网页　　B. 获取网页　　C. 下载网页　　D. 占用网页

（8）在 Python 中，（　　）用于导入 requests 库。

A. import sys　　B. import re

C. import requests　　D. import urllib.parse

（9）使用 BeautifulSoup 库可以提取（　　）格式的数据。

A. tuple　　B. XML　　C. dict　　D. int

（10）由于网站的反爬机制，网络爬虫需要模拟成（　　）。

A. 浏览器　　B. B/S　　C. server　　D. agent

2. 判断题

（1）网络爬虫在抓取网页数据时不需要遵守网站的 robots.txt 协议。（　　）

（2）requests 库只能用于发送 GET 请求，不能用于发送 POST 请求。（　　）

（3）BeautifulSoup 库可以直接解析二进制数据格式的网页内容。（　　）

（4）在网络爬虫中，使用 requests 库获取网页响应后，状态码 200 表示请求成功。（　　）

（5）BeautifulSoup 库中的 find_all()方法只能查找 HTML 标签，不能根据属性查找元素。（　　）

（6）网络爬虫抓取的数据一定是准确无误的。（　　）

（7）requests 库在获取网页内容时，不会自动处理重定向。（　　）

（8）BeautifulSoup 库在解析 HTML 时，不需要指定解析器也能正常工作。（　　）

（9）网络爬虫可以无限制地快速抓取网页，不会对目标网站造成任何影响。（　　）

（10）在使用 requests 库发送请求时，不需要导入任何其他模块。（　　）

3. 填空题

（1）在 requests 库中，使用__________方法发送 GET 请求获取网页内容。

（2）BeautifulSoup 库中，用于查找单个符合条件元素的方法是______________。

（3）网络爬虫抓取网页数据的基本步骤通常包括发送请求、获取__________、解析数据。

（4）在 requests 库中，设置请求头信息的参数是________________。

（5）在 BeautifulSoup 库中，根据类名查找元素的参数是_______________。

（6）网络爬虫中，为了避免被网站封禁，通常需要设置___________的时间间隔。

（7）在 requests 库的响应对象中，__________属性可以获取网页的文本内容。

（8）在 BeautifulSoup 库中，查找所有指定标签下的直接子元素的方法是__________。

（9）网络爬虫在解析 HTML 时，常用的解析器除了 BeautifulSoup 库自带的解析器，还有___________解析器。

（10）在 requests 库中，获取响应状态码的属性是________________。

4. 实操题

用 requests 库和 BeautifulSoup 库实现爬取国家统计局公布的云南省统计用区划代码和城乡划分代码（目标网页：https://www.stats.gov.cn/sj/tjbz/tjyqhdmhcxhfdm/2023/53.html）。

要求：保存数据为文本文件，每州市为一个独立文件。

附录 A

课程拓展

1. 拓展目标

为响应职普融通、产教融合、科教融汇，应对新技术、新产业、新业态、新模式，推动职业教育与产业深度互动的产教融合，本部分内容紧密结合技能证书制度和Python 相关职业竞赛，旨在深化学生对 Python 程序设计实际应用的理解和掌握。本部分介绍权威证书，明确相关职业竞赛的标准，为学生提供直接对接产业需求的学习路径。强化学生的实践能力和创新思维，同时阐明与课程相关的核心岗位及技能要求，为学生的职业技能提升和职业生涯规划提供支持。

2. 与课程相关的核心岗位

与 Python 紧密相关的核心岗位信息如表 A–1 所示。

表 A–1　与 Python 紧密相关的核心岗位信息

岗位名称	对应行业	岗位核心技能
数据分析师	数据科学与分析	Python 编程、数据获取、数据分析处理（pandas）、数据可视化（matplotlib）
软件开发工程师	软件开发	Python 编程、面向对象编程、软件开发生命周期、版本控制

3. 全国计算机等级考试（Python 语言程序设计二级考试）

全国计算机等级考试（National Computer Rank Examination，NCRE），是经原国家教育委员会（现教育部）批准，由教育部教育考试院主办，面向社会，用于考查应试人员计算机应用知识与技能的全国性计算机水平考试体系。学习完 Python 语言程序设计之后可以参加 NCRE 的 Python 语言程序设计二级考试，其考核内容如表 A–2 所示。

表 A–2　Python 语言程序设计二级考试的考核内容

考试内容	知识点
Python 语言基本语法元素	（1）程序的基本语法元素：程序的格式框架、缩进、注释、变量、命名、保留字、连接符、数据类型、赋值语句、引用。 （2）基本输入输出函数：input()、eval()、print()。 （3）源程序的书写风格。 （4）Python 语言的特点

续表

考试内容	知识点
基本数据类型	（1）数值类型：整数类型、浮点数类型和复数类型。 （2）数值类型的运算：数值运算操作符、数值运算函数。 （3）真、假、无：True、False、None。 （4）字符串类型及格式化：索引、切片、基本的 format()格式化方法。 （5）字符串类型的操作：字符串操作符、操作函数和操作方法。 （6）类型判断和类型间转换。 （7）逻辑运算和比较运算
程序的控制结构	（1）程序的 3 种控制结构。 （2）程序的分支结构：单分支结构、二分支结构、多分支结构。 （3）程序的循环结构：遍历循环、条件循环。 （4）程序的循环控制：break 和 continue。 （5）程序的异常处理：try-except 及异常处理类型
函数和代码复用	（1）函数的定义和使用。 （2）函数的参数传递：可选参数传递、参数名称传递、函数的返回值。 （3）变量的作用域：局部变量和全局变量。 （4）函数递归的定义和使用
组合数据类型	（1）组合数据类型的基本概念。 （2）列表类型：创建、索引、切片。 （3）列表类型的操作：操作符、操作函数和操作方法。 （4）集合类型：创建。 （5）集合类型的操作：操作符、操作函数和操作方法。 （6）字典类型：创建、索引。 （7）字典类型的操作：操作符、操作函数和操作方法
文件和数据格式化	（1）文件的使用：文件打开、读写和关闭。 （2）数据组织的维度：一维数据和二维数据。 （3）一维数据的处理：表示、存储和处理。 （4）二维数据的处理：表示、存储和处理。 （5）采用 CSV 格式对一、二维数据文件的读写
Python 程序设计方法	（1）过程式编程方法。 （2）函数式编程方法。 （3）生态式编程方法。 （4）递归计算方法
Python 计算生态	（1）标准库的使用：turtle 库、random 库、time 库。 （2）基本的 Python 内置函数。 （3）利用 pip 工具的第三方库安装方法。 （4）第三方库的使用：jieba 库、PyInstaller 库、基本 NumPy 库。 （5）更广泛的 Python 计算生态，只要求了解第三方库的名称，不限于以下领域：网络爬虫、数据分析、文本处理、数据可视化、用户图形界面、机器学习、Web 开发、游戏开发等

4. 相关职业技能大赛

与 Python 相关的大赛有金砖国家职业技能大赛（“人工智能计算机视觉应用”赛项）、全国大学生大数据分析技术技能竞赛等。

1）金砖国家职业技能大赛（“人工智能计算机视觉应用”赛项）

金砖国家职业技能大赛“人工智能计算机视觉应用”赛项根据实际项目需求，围绕人工智能计算机视觉的发展趋势及其核心技术而设计，考核内容包括：环境搭建、数据清洗与预处理、数据可视化、机器学习算法、计算机视觉算法、数据集划分、模型构建、模型优化、模型预测、模型保存等。竞赛的基本知识及能力要求如表 A–3 所示。

表 A–3　竞赛的基本知识及能力要求

模块名称	能力要求
人工智能环境搭建	（1）实现 Python 基础开发环境的安装与配置。 （2）实现深度学习框架的安装与配置，如 TensorFlow、Keras、PyTorch 等。 （3）实现深度学习相关其他工具的安装与配置
数据处理与分析	（1）掌握数据的读取、存储操作。 （2）掌握主流数据库的基本操作，如增删改查。 （3）掌握 Django 框架的基本操作。 （4）掌握数据处理策略与分析方法，如数据清洗、数据预处理、数据增强、数据可视化等。 （5）掌握常见图像处理库、可视化库的应用
机器学习	（1）掌握主流机器学习框架的使用，如 sklearn。 （2）掌握数据特征相关性分析。 （3）掌握机器学习算法，如逻辑回归、决策树、聚类等。 （4）掌握机器学习建模全周期流程，如数据集划分、特征工程、构建模型、模型训练、模型调优、模型预测及应用。 （5）能根据业务具体要求，将业务问题建模为对应的机器学习问题，准确判断任务所适合的机器学习算法。 （6）掌握 Django 框架的基本操作与常用可视化工具应用，结合 Django 框架渲染效果，如数据相关性分析效果、模型训练过程、模型应用效果等
计算机视觉应用	（1）掌握主流深度学习框架的使用，如 TensorFlow、Keras、PyTorch 等。 （2）使用计算机视觉开发工具完成计算机视觉基础算法的训练、预测、应用等全流程，如图像分类、图像识别、目标检测、图像分割等。 （3）构建基础神经网络模型，调用预训练模型进行迁移学习。 （4）调试并解决项目工程中遇到的问题。 （5）运行深度神经网络模型，根据实际运行情况对关键参数进行调试，如损失函数、正则想、优化算法等。 （6）选择合适的模型评价指标验证模型效果。 （7）掌握 Django 框架的基本操作与常用可视化工具应用，结合 Django 框架渲染效果，如模型训练可视化、模型预测效果等

2）全国大学生大数据分析技术技能竞赛

全国大学生大数据分析技术技能竞赛依据北京大数据协会制定的团体标准《大数据分析人员职业技术技能标准》（T/BBDA 001—2021）和考试大纲进行命题，要求学生掌握数据分析基础、数据分析职业法律法规伦理等知识；考核学生使用数据分析工具进行数据获取、转换、清洗、分析、可视化及撰写分析报告等能力。该竞赛的命题将深度还原实际应用场景，提升学生的实际动手能力和岗位胜任能力。

参考文献

[1] 魏伟一，李晓红，高志玲. Python 数据分析与可视化：微课视频版[M]. 2 版. 北京：清华大学出版社，2021.

[2] 黑马程序员. Python 数据分析与应用：从数据获取到可视化[M]. 北京：中国铁道出版社，2019.

[3] 孙占锋，王鹏远，李萍，等. Python 程序设计实践指导[M]. 北京：中国铁道出版社有限公司，2022.

[4] 苏虹，王鹏远，李萍，等. Python 程序设计[M]. 北京：中国铁道出版社有限公司，2023.

[5] Tkinter GUI 教程[EB/OL](2022−02−27)[2023−04−29]. https://www.pytk.net/tkinter.html.

[6] 庄培杰. Python 网络爬虫从入门到实践[M]. 北京：电子工业出版社，2019.

[7] 韦玮. 精通 Python 网络爬虫[M]. 北京：机械工业出版社，2017.

[8] 崔庆才. Python 3 网络爬虫开发实战[M]. 北京：人民邮电出版社，2018.

[9] 千锋教育高教产品研发部. Python 快乐编程：网络爬虫[M]. 北京：清华大学出版社，2019.

[10] 邓维，李贝，汤小洋. Python 网络爬虫技术与应用[M]. 北京：清华大学出版社，2022.

[11] 安子建. 基于 Scrapy 框架的网络爬虫实现与数据抓取分析[D]. 长春：吉林大学，2017.

[12] 郭丽蓉. 基于 Python 的网络爬虫程序设计[J]. 电子技术与软件工程，2017（23）：248−249.

[13] 喃语时光. Python 系列，网络爬虫 Scrapy 框架入门教程[EB/OL]（2023−01−13）[2023−05−13]. https://zhuanlan.zhihu.com/p/598764670?utm_id=0.

[14] 韦玮. Python 基础实例教程：微课版[M]. 北京：人民邮电出版社，2018.

[15] 罗少甫，谢娜娜. Python 程序设计基础[M]. 北京：北京邮电大学出版社，2019.

[16] 刘凌霞，郝宁波，吴海涛. 21 天学通 Python [M]. 2 版. 北京：电子工业出版社，2018.